MEMORIZE ANSWERS

기출문제 + 모의고사 14회

시대에듀

답만 외우는 롤러운전기능사 필기

Always with you

사람이 길에서 우연하게 만나거나 함께 살아가는 것만이 인연은 아니라고 생각합니다.
책을 펴내는 출판사와 그 책을 읽는 독자의 만남도 소중한 인연입니다.
시대에듀는 항상 독자의 마음을 헤아리기 위해 노력하고 있습니다.
늘 독자와 함께하겠습니다.

PREFACE

머리말

최근 국가 및 지방자치단체의 사회간접자본 확충을 위한 투자 증가와 해외 건설 경기 호전이 기대되고 있으며, 롤러와 같은 도로포장용 건설기계 운전 기능인력의 수요는 도로건설, 포장 및 기존 도로의 재포장과 보수 등에 많은 영향을 받는다. 특히 물류비용의 절감을 통한 산업경쟁력의 제고, 안전성 확보 및 장기적으로는 지속적인 도로망 확충 및 종합도로망 구축이 필요하다. 이에 따라 도로포장용 건설기계 운전 기능인력의 수요가 예상된다.

롤러는 포장용 건설기계 중의 하나로 도로공사 등에서 땅 또는 아스팔트 면을 평평하게 다지는 데에 쓰이며, 운전 시 특수한 기술을 필요로 한다. 이는 해당 면허를 취득하는 인원에 비해 부족하지만 조금씩 늘어나는 가동률과 함께 고용 증가를 기대해 볼 수 있다. 이에 롤러운전사를 꿈꾸는 수험생들이 한국산업인력공단에서 실시하는 롤러운전기능사 자격시험에 효과적으로 대비할 수 있도록 다음과 같은 특징을 가진 도서를 출간하게 되었다.

본 도서의 특징

1. 자주 출제되는 기출문제의 키워드를 분석하여 정리한 빨간키를 통해 시험에 완벽하게 대비할 수 있다.
2. 정답이 한눈에 보이는 기출복원문제 7회분과 해설 없이 풀어보는 모의고사 7회분으로 구성하여 필기시험을 준비하는 데 부족함이 없도록 하였다.
3. 명쾌한 풀이와 관련 이론까지 꼼꼼하게 정리한 상세한 해설을 통해 문제의 핵심을 파악할 수 있다.

이 책이 롤러운전기능사를 준비하는 수험생들에게 합격의 안내자로서 많은 도움이 되기를 바라면서 수험생 모두에게 합격의 영광이 함께하기를 기원하는 바이다.

편저자 씀

시험안내

개 요

도로포장은 사회간접시설로서 물류비용의 절감을 통한 다른 산업의 촉매작용을 하는데, 롤러는 이런 작업에 사용되는 포장용 건설기계 중의 하나로 땅 또는 아스팔트 면을 다지는 데 쓰인다. 운전 시 특수한 기술을 요하는 롤러의 안전운행과 기계수명 연장 및 작업능률 제고를 위해 산업현장에 필요한 숙련기능인력 양성이 요구된다.

수행직무

도로, 활주로, 운동경기장, 제방 등의 지반이나 지층을 다져 주기 위해서 정지명세서에 따라 흙, 돌, 자갈, 아스팔트, 콘크리트 등을 굳게 다지는 롤러를 운전하고 정비하는 업무를 수행한다.

진로 및 전망

- 건설업체, 건설기계 대여업체, 한국도로공사 건설기계부서, 지방자치단체의 건설기계 관리부서 등으로 진출할 수 있다.
- 롤러와 같은 도로포장용 건설기계운전기능인력의 수요는 도로건설, 포장 및 기존도로의 재포장과 보수 등에 많은 영향을 받는다. 최근 국가 및 지방자치단체의 사회 간접자본 확충을 위한 투자증가와 해외 건설경기의 호전이 기대되고 있다. 특히 물류비용의 절감을 통한 산업경쟁력의 제고, 안전성 확보 및 장기적으로는 21세기 통일시대를 대비하기 위해서도 지속적인 도로망 확충 및 종합도로망 구축이 필요하다. 이에 따라 도로포장용 건설기계운전기능인력의 수요가 예상된다.

시험일정

구분	필기원서접수 (인터넷)	필기시험	필기합격 (예정자)발표	실기원서접수	실기시험	최종 합격자 발표일
제1회	1월 초순	1월 하순	1월 하순	2월 초순	3월 중순	4월 초순
제2회	3월 중순	3월 하순	4월 중순	4월 하순	6월 초순	6월 하순
제4회	8월 중순	9월 초순	9월 하순	9월 하순	11월 초순	12월 초순

※ 상기 시험일정은 시행처의 사정에 따라 변경될 수 있으니, www.q-net.or.kr에서 확인하시기 바랍니다.

시험요강

❶ 시행처 : 한국산업인력공단

❷ 시험과목

㉠ 필기 : 롤러운전 · 점검 및 안전관리

㉡ 실기 : 롤러운전 실무

❸ 검정방법

㉠ 필기 : 객관식 4지 택일형 60문항(1시간)

㉡ 실기 : 작업형(11분 정도)

❹ 합격기준(필기 · 실기) : 100점을 만점으로 하여 60점 이상

검정현황

연도	필기			실기		
	응시	합격	합격률(%)	응시	합격	합격률(%)
2023	3,861	3,000	77.7%	3,932	1,697	43.2%
2022	3,215	2,450	76.2%	3,323	1,516	45.6%
2021	3,294	2,409	73.1%	3,201	1,534	47.9%
2020	2,414	1,653	68.5%	2,387	995	41.7%
2019	2,750	1,815	66%	2,484	1,027	41.3%
2018	2,395	1,591	66.4%	2,185	983	45%
2017	2,596	1,689	65.1%	2,244	1,041	46.4%
2016	2,529	1,518	60%	1,975	1,022	51.7%
2015	2,375	845	35.6%	1,204	637	52.9%
2014	2,056	753	36.6%	1,097	516	47%
2013	1,966	674	34.3%	1,057	469	44.4%
2012	2,237	946	42.3%	1,439	717	49.8%
2011	2,264	1,129	49.9%	1,562	744	47.6%

시험안내

출제기준(필기)

필기과목명	주요항목	세부항목	세세항목
롤러운전·점검 및 안전관리	장비구조	엔진구조	• 엔진본체 구조와 기능 • 윤활장치 구조와 기능 • 연료장치 구조와 기능 • 흡·배기장치 구조와 기능 • 냉각장치 구조와 기능
		전기장치	• 기초 전기·전자 • 시동 및 예열장치 구조와 기능 • 축전지 및 충전장치 구조와 기능 • 등화 및 계기장치 구조와 기능 • 냉·난방장치 구조와 기능
		차체장치	• 동력전달장치 구조와 기능 • 변속장치 구조와 기능 • 조향장치 구조와 기능 • 주행장치 구조와 기능 • 제동장치 구조와 기능 • 기타 장치
		유압장치	• 유압펌프 구조와 기능 • 유압밸브 구조와 기능 • 유압실린더 및 모터 구조와 기능 • 유압기호 • 유압유 및 기타 부속장치 등
	롤러 안전관리	산업안전보건	• 산업안전일반 • 안전보호구 및 안전장치 확인 • 위험요소 파악 • 안전표시 및 수칙 확인 • 환경오염방지
		작업·장비 안전관리	• 작업 안전관리 및 교육 • 기계·기기 및 공구에 관한 안전사항 • 작업 안전 및 기타 안전사항
	건설기계관리 법규	건설기계 등록 및 검사	• 건설기계 등록 • 건설기계 검사
		면허·사업·벌칙	• 건설기계 조종사의 면허 및 사업 • 건설기계관리법의 벌칙
	조종 및 작업	롤러 조종	• 타이어 롤러 조종 • 진동 롤러 조종 • 머캐덤 롤러 조종 • 콤비 롤러 조종 • 탠덤 롤러 조종 • 기 타
		롤러 작업	• 롤러 구조와 명칭 • 작업장치 기능 • 토사·골재 다짐작업 • 아스콘 다짐작업 • 진동 작업 • 작업 중 점검 • 작업 전후 점검

출제기준(실기)

실기과목명	주요항목	세부항목
롤러운전 실무	작업 전 장비점검	• 장비 사용설명서 파악하기 • 엔진부 점검하기 • 구동부 점검하기 • 전기장치 점검하기 • 안전장치 점검하기
	롤러 안전관리	• 장비 투입 시 안전 확보하기 • 작업 전 안전 확보하기 • 작업 중 안전 확보하기 • 작업 후 안전 관리하기
	콤비 롤러 조종	• 콤비 롤러 조작하기 • 시운전하기
	토사 · 골재 다짐작업	• 토사 · 골재 작업방법 검토하기 • 토사 · 골재 다짐하기
	아스콘 다짐작업	• 아스콘 작업방법 검토하기 • 아스콘 다짐하기
	작업 후 점검	• 장비 점검하기 • 누유 · 누수 확인하기 • 연료 확인과 보충하기

목 차

답만 외우는 롤러운전기능사

빨 빨리보는 간 간단한 키 키워드

당신의 시험에 **빨간불**이 들어왔다면!

최다빈출키워드만 모아놓은 합격비법 핵심 요약집 **빨간키**와 함께하세요!

그대의 합격을 기원합니다.

CHAPTER

01 | 건설기계 기관

[01] 기관 본체

디젤기관과 가솔린기관의 비교

구 분	디젤기관	가솔린기관
연소방법	압축열에 의한 자기착화	전기점화
속도조절	분사되는 연료의 양	흡입되는 혼합가스의 양(기화기에서 혼합)
열효율	32~38%	25~32%
압축온도	500~550℃	120~140℃
폭발압력	55~65kg/cm^2	35~45kg/cm^2
압축압력	30~45kg/cm^2	7~11kg/cm^2

디젤기관과 가솔린기관의 장단점

구 분	디젤기관	가솔린기관
장 점	• 연료비가 저렴하고, 열효율이 높으며, 운전 경비가 적게 든다. • 이상연소가 일어나지 않고, 고장이 적다. • 토크 변동이 적고, 운전이 용이하다. • 대기오염 성분이 적다. • 인화점이 높아서 화재의 위험성이 작다. • 전기점화장치(배전기, 점화코일, 점화플러그, 고압케이블)가 없어 고장률이 낮다.	• 배기량당 출력의 차이가 없고, 제작이 쉽다. • 제작비가 적게 든다. • 가속성이 좋고, 운전이 정숙하다.
단 점	• 마력당 중량이 크다. • 소음 및 진동이 크다. • 연료분사장치 등이 고급재료이고, 정밀 가공해야 한다. • 배기 중에 SO_2 유리탄소가 포함되고, 매연으로 인하여 대기 중에 스모그 현상이 크다. • 시동전동기 출력이 커야 한다.	• 전기점화장치의 고장이 많다. • 기화기식은 회로가 복잡하고, 조정이 곤란하다. • 연료소비율이 높아서 연료비가 많이 든다. • 배기 중에 CO, HC, NO_X 등 유해성분이 많이 포함되어 있다. • 연료의 인화점이 낮아서 화재의 위험성이 크다.

기관에서의 피스톤 행정 : 상사점으로부터 하사점까지의 거리

■ **4행정 사이클 디젤기관의 작동순서(2회전 4행정)**

① **흡입행정** : 피스톤이 상사점으로부터 하강하면서 실린더 내로 공기만을 흡입한다(흡입밸브 열림, 배기밸브 닫힘).

② **압축행정** : 흡기밸브가 닫히고 피스톤이 상승하면서 공기를 압축한다(흡입밸브, 배기밸브 모두 닫힘).

③ **동력(폭발)행정** : 압축행정 말 고온이 된 공기 중에 연료를 분사하면 압축열에 의하여 자연착화한다(흡입밸브, 배기밸브 모두 닫힘).

④ **배기행정** : 연소가스의 팽창이 끝나면 배기밸브가 열리고, 피스톤의 상승과 더불어 배기행정을 한다(흡입밸브 닫힘, 배기밸브 열림).

■ 4행정 기관에서 크랭크축 기어와 캠축 기어의 지름비는 1 : 2, 회전비는 2 : 1이다.

■ **기관에서 엔진오일이 연소실로 올라오는 이유** : 실린더의 마모나 피스톤링의 마모 때문

■ **실린더헤드의 볼트를 조이는 방법** : 중심 부분에서 외측으로 토크렌치를 이용하여 대각선으로 조인다.

■ **피스톤과 실린더 벽 사이의 간극이 클 때 미치는 영향**

① 블로바이에 의해 압축 압력이 낮아진다.

② 피스톤링의 기능 저하로 인하여 오일이 연소실에 유입되어 오일 소비가 많아진다.

③ 피스톤 슬랩(Piston Slap) 현상이 발생되며 기관 출력이 저하된다.

■ **기관의 피스톤이 고착되는 원인**

① 냉각수량이 부족할 때

② 엔진오일이 부족하였을 때

③ 기관이 과열되었을 때

④ 피스톤 간극이 작을 때

■ **동력을 전달하는 계통의 순서**

① 피스톤 → 커넥팅로드 → 크랭크축 → 클러치

② 피스톤은 실린더 내에서 연소가스의 압력을 받아 고속으로 왕복운동을 하면서 동시에 그 힘을 커넥팅로드에 전달해 주는 역할을 한다.

■ **기관의 크랭크 케이스를 환기하는 이유** : 오일의 슬러지 형성을 막기 위하여

■ **유압식 밸브 리프터의 장점**

① 밸브 간극 조정이 필요하지 않다.

② 밸브 개폐시기가 정확하다.

③ 밸브기구의 내구성이 좋다.

■ **밸브 간극** : 밸브 스템 엔드와 로커 암(태핏) 사이의 간극

밸브 간극이 클 때의 영향	밸브 간극이 작을 때의 영향
• 소음이 발생된다. • 흡입 송기량이 부족하게 되어 출력이 감소한다. • 밸브의 양정이 작아진다.	• 후화가 발생된다. • 열화 또는 실화가 발생된다. • 밸브의 열림 기간이 길어진다. • 밸브 스템이 휘어질 가능성이 있다. • 블로바이로 기관 출력이 감소하고, 유해배기가스 배출이 많다.

■ **로커 암** : 기관에서 밸브의 개폐를 돕는 부품

[02] 연료장치

■ **디젤기관의 연소실**

단실식	직접분사실식	• 연소실의 피스톤헤드의 요철에 의해서 형성되어 있다. • 분사노즐에서 분사되는 연료는 피스톤헤드에 설치된 연소실에 직접 분사되는 방식이다. • 직접 분사하여 연소되기 때문에 연료의 분산도 향상을 위해 다공형 노즐을 사용한다. • 연료의 분사 개시압력은 150~300kg/cm^2 정도로 비교적 높다.
복실식	예연소실식	• 실린더헤드에는 주연소실 체적의 30~50% 정도로 예연소실이 설치되고 피스톤이 상사점에 위치할 때 피스톤헤드와 실린더헤드 사이에 주연소실이 형성된다. • 연료의 분사 개시압력은 60~120kg/cm^2 정도이다.
	와류실식	• 실린더헤드에는 압축행정 시에 강한 와류가 발생되도록 주연소실 체적의 70~80% 정도의 와류실이 설치되고 피스톤이 상사점에 위치할 때 피스톤헤드와 실린더헤드 사이에 주연소실이 형성된다. • 연료의 분사 개시압력은 100~125kg/cm^2 정도이다.
	공기실식	실린더헤드에는 압축행정 시에 강한 와류가 발생되도록 주연소실 체적의 6.5~20% 정도의 공기실이 설치되고 피스톤이 상사점에 위치할 때 피스톤헤드와 실린더헤드 사이에 주연소실이 형성된다.

▌ 디젤기관의 연소실 중 직접분사실식의 장단점

장 점	• 연료소비량이 다른 형식보다 적다. • 연소실의 표면적이 작아 냉각손실이 작다. • 연소실이 간단하고 열효율이 높다. • 실린더헤드의 구조가 간단하여 열변형이 적다. • 와류손실이 없다. • 시동이 쉽게 이루어지기 때문에 예열플러그가 필요 없다.
단 점	• 분사압력이 가장 높으므로 분사펌프와 노즐의 수명이 짧다. • 사용연료 변화에 매우 민감하다. • 노크 발생이 쉽다. • 기관의 회전속도 및 부하의 변화에 민감하다. • 다공형 노즐을 사용하므로 값이 비싸다. • 분사상태가 조금만 달라져도 기관의 성능이 크게 변화한다.

▌ 예연소실식 연소실의 특징

① 예열플러그가 필요하다.

② 사용연료의 변화에 둔감하다.

③ 분사압력이 낮다.

▌ **벤트 플러그** : 연료필터에서 공기를 배출하기 위해 사용하는 플러그

▌ 오버플로 밸브의 역할

① 연료필터 엘리먼트를 보호한다.

② 연료공급펌프의 소음 발생을 방지한다.

③ 연료계통의 공기를 배출한다.

▌ **연료분사펌프** : 연료를 압축하여 분사순서에 맞추어 노즐로 압송시키는 장치로 조속기(분사량 제어)와 타이머(분사시기 조절)가 설치되어 있다.

▌ 디젤기관에서 노킹의 원인

① 연료의 세탄가가 낮을 때

② 연료의 분사압력이 낮을 때

③ 연소실의 온도가 낮을 때

④ 착화지연 시간이 길 때

⑤ 연소실에 누적된 연료가 일시에 많이 연소할 때

■ **기관에서 노킹 발생 시 영향** : 출력 저하, 과열, 흡기효율 저하, 회전수 감소

■ **디젤기관에서 노크 방지방법**

① 착화성이 좋은 연료를 사용한다.
② 연소실벽 온도를 높게 유지한다.
③ 착화기간 중의 분사량을 적게 한다.
④ 압축비를 높게 한다.

■ **디젤기관의 연료분사 3대 요건** : 관통력, 분포, 무화상태

■ **디젤기관의 연료탱크에서 분사노즐까지 연료의 순환 순서**

연료탱크 → 연료공급펌프 → 연료필터 → 분사펌프 → 분사노즐

■ **분사노즐** : 분사펌프로부터 보내진 고압의 연료를 미세한 안개모양으로 연소실에 분사하는 부품으로 디젤기관만이 가지고 있는 부품이다.

■ **프라이밍 펌프의 사용 시기** : 연료계통 속 공기를 배출할 때

■ **연료계통에 공기가 흡입되었을 때의 현상** : 연료가 불규칙하게 전달되어 회전이 불량해진다.

■ **전자제어장치(ECU ; Electronic Control Unit)**

전자제어 디젤 분사장치에서 연료를 제어하기 위해 센서로부터 각종 정보(가속페달의 위치, 기관속도, 분사시기, 흡기, 냉각수, 연료온도 등)를 입력받아 전기적 출력신호로 변환하는 장치이다.

■ **디젤기관의 진동 원인**

① 연료공급계통에 공기가 침입하였을 때
② 분사압력이 실린더별로 차이가 있을 때
③ 4기통 기관에서 한 개의 분사노즐이 막혔을 때
④ 인젝터에 분사량 불균율이 있을 때
⑤ 피스톤 및 커넥팅로드의 중량 차이가 클 때
⑥ 연료 분사시기와 분사간격이 다를 때
⑦ 크랭크축에 불균형이 있을 때

[03] 냉각장치

기관의 과열 원인

① 윤활유 또는 냉각수 부족
② 워터펌프 고장
③ 팬 벨트 이완 및 절손
④ 정온기가 닫혀서 고장
⑤ 냉각장치 내부의 물때(Scale) 과다
⑥ 라디에이터 코어의 막힘, 불량
⑦ 이상연소(노킹 등)
⑧ 압력식 캡의 불량

기관의 냉각장치 방식

① **공랭식** : 자연 통풍식, 강제 통풍식
② **수랭식** : 자연 순환식, 강제 순환식(압력 순환식, 밀봉 압력식)

라디에이터의 구성품

① 상부탱크와 코어 및 하부탱크로 구성된다.
② 상부탱크에는 냉각수 주입구(라디에이터 캡으로 밀봉), 오버플로 파이프, 입구 파이프가 있고 중간 위치에는 수관(튜브)과 냉각핀이 있는 코어, 하부탱크에는 출구 파이프, 드레인 플러그가 있다.

라디에이터의 구비조건

① 공기 흐름저항이 작을 것
② 냉각수 흐름저항이 작을 것
③ 가볍고 강도가 클 것
④ 단위면적당 방열량이 클 것

가압식(압력식) 라디에이터의 장점

① 방열기를 작게 할 수 있다.
② 냉각수의 비등점을 높일 수 있다.
③ 냉각장치의 효율을 높일 수 있다.
④ 냉각수 손실이 적다.

압력식 라디에이터 캡 구조와 작용

① 압력식 캡 내면에는 진공 밸브와 압력 밸브, 스프링 등이 있다.

② 냉각계통의 압력에 따라 진공 밸브와 압력 밸브가 여닫힌다.

㉠ 캡의 규정압력보다 냉각계통의 압력이 높을 때 : 압력 스프링을 밀어내어 진공 밸브가 열린다.

㉡ 캡의 규정압력보다 냉각계통의 압력이 낮을 때 : 스프링의 장력에 의해 압력 밸브가 닫힌다.

③ 압력 밸브는 물의 비등점을 높이고, 진공 밸브는 냉각 상태를 유지할 때 과랭현상이 되는 것을 막아 주는 일을 한다.

▮ 실린더헤드가 균열 또는 개스킷이 파손되면 압축가스가 누출되어 라디에이터 캡 쪽으로 기포가 생기면서 연소가스가 누출된다.

▮ 라디에이터 캡의 스프링이 파손되었을 때 가장 먼저 나타나는 현상은 냉각수 비등점이 낮아진다.

▮ **기관 온도계** : 냉각 순환 시 냉각수의 온도를 나타낸다.

전동 팬

모터로 냉각 팬을 구동하는 형식이며, 라디에이터에 부착된 서모 스위치는 냉각수의 온도를 감지하여 일정 온도에 도달하면 팬을 작동(냉각 팬 ON)시키고, 일정 온도 이하로 내려가면 팬의 작동을 정지(냉각 팬 OFF)시킨다.

팬 벨트의 장력에 따른 이상 현상

구분	이상 현상
너무 클 때	• 각 풀리의 베어링 마멸이 촉진된다. • 워터펌프의 고속회전으로 기관이 과랭할 염려가 있다.
너무 작을 때	• 워터펌프 회전속도가 느려 기관이 과열되기 쉽다. • 발전기의 출력이 저하된다. • 소음이 발생하며, 팬 벨트의 손상이 촉진된다.

냉각수량 경고등 점등 원인

① 냉각수량이 부족할 때

② 냉각계통의 물 호스가 파손되었을 때

③ 라디에이터 캡이 열린 채로 운행하였을 때

부동액

① 메탄올(주성분 : 알코올), 에틸렌글리콜, 글리세린 등이 있다.
② 에틸렌글리콜과 글리세린은 단맛이 난다.
③ 부동액은 50 : 50으로 혼합하여 사용하는 것이 바람직하다.
④ 온도변화와 관계없이 화학적으로 안정해야 한다.
⑤ 부동액에는 금속들의 부식을 막기 위해 부식 방지제 등의 첨가제가 첨가되어 있다.

부동액이 구비하여야 할 조건

① 물과 쉽게 혼합될 것
② 침전물의 발생이 없을 것
③ 부식성이 없을 것
④ 물보다 비등점이 높을 것(과열로 인한 피해를 방지)

[04] 윤활장치

윤활유의 기능

냉각작용, 응력분산작용, 방청작용, 마멸 방지 및 윤활작용, 밀봉작용, 청정분산작용

윤활유가 구비하여야 할 조건

① 인화점 및 발화점이 높을 것
② 점성이 적당하고, 온도에 따른 점도변화가 작을 것
③ 응고점이 낮을 것
④ 비중이 적당할 것
⑤ 강인한 유막을 형성할 것
⑥ 카본 생성이 적을 것
⑦ 열 및 산에 대한 안정성이 클 것
⑧ 청정작용이 클 것

윤활유의 점도

① SAE번호로 분류하며, 여름은 높은 점도, 겨울은 낮은 점도를 사용한다.
② SAE번호가 큰 것일수록 점도가 높은 농후한 윤활유이고, SAE번호가 작을수록 점도가 낮은 윤활유를 나타낸다.

■ 윤활유의 점도가 기준보다 높은 것을 사용하면 윤활유 공급이 원활하지 못하여 윤활유 압력이 다소 높아진다.

■ **점도지수(VI)**

윤활유, 작동유 및 그리스 등이 온도의 변화로 점도에 주는 영향의 정도를 표시하는 지수로, 점도지수가 높을수록 온도상승에 대한 점도변화가 작다.

■ **유압이 높아지거나 낮아지는 원인**

높아지는 원인	낮아지는 원인
• 유압조절밸브가 고착되었다. • 유압조절밸브 스프링의 장력이 매우 크다. • 오일 점도가 높거나(기관 온도가 낮을 때) 회로가 막혔다. • 각 저널과 베어링의 간극이 좁다.	• 유압조절밸브의 접촉 불량 및 스프링의 장력이 약하다. • 오일이 연료 등으로 희석되어 점도가 낮다. • 저널 및 베어링의 마멸이 과다하다. • 오일 통로에 공기가 유입되었다. • 오일펌프 설치 볼트의 조임이 불량하다. • 오일펌프의 마멸이 과대하다. • 오일 통로의 파손 및 오일이 누출된다. • 오일 팬 내의 오일이 부족하다.

■ 유압조절밸브를 풀어 주면 압력이 낮아지고, 조여 주면 압력이 높아진다.

■ **윤활유 소비 증대의 원인** : 연소와 누설

■ 윤활방식 중 압송식은 오일펌프로 급유하는 방식으로 4행정 기관에서 일반적으로 사용된다.

■ 오일여과기는 오일의 불순물을 제거한다.

■ **기관의 오일여과기 교환시기** : 윤활유 교환 시 여과기를 같이 교환한다.

■ **오일의 여과방식**

① **전류식** : 윤활유 공급펌프에서 공급된 윤활유 전부가 엔진오일 필터를 거쳐 윤활부로 가는 방식
② **분류식** : 오일펌프에서 공급된 오일의 일부만 여과하여 오일 팬으로 공급, 남은 오일은 그대로 윤활부에 공급하는 방식
③ **션트식** : 오일펌프에서 공급된 오일의 일부만 여과하고, 여과된 오일은 오일 팬을 거치지 않고 여과되지 않은 오일과 함께 윤활부에 공급하는 방식

▌ **피스톤링** : 기밀작용, 열전도 작용, 오일제어 작용을 하며, 압축링과 오일링이 있다.

▌ **오일펌프** : 크랭크축 또는 캠축에 의해 구동되어 오일 팬 내의 오일을 흡입·가압하여 각 윤활부에 공급하는 장치이다.

[05] 흡배기장치(과급기 포함)

▌ **유압장치에서 금속가루 또는 불순물을 제거하기 위해 사용되는 부품**

스트레이너(Strainer) : 펌프의 흡입 측에 붙여 여과작용을 하는 필터(Filter)의 명칭

▌ **습식 공기청정기**

① 청정효율은 공기량이 증가할수록 높아지며, 회전속도가 빠르면 효율이 좋고, 낮으면 저하된다.
② 흡입공기는 오일에 적신 여과망을 통과시켜 여과한다.
③ 공기청정기 케이스 밑에는 일정한 양의 오일이 들어 있다.
④ 습식 공기청정기는 구조가 간단하고, 여과망을 세척유로 세척하여 사용할 수 있다.

▌ **건식 공기청정기**

① 설치 또는 분해·조립이 간단하다.
② 작은 입자의 먼지나 오물을 여과할 수 있다.
③ 건식 공기청정기는 세척 시 압축공기로 안에서 밖으로 불어 낸다.
④ 엔진의 회전속도 변화에도 안정된 공기청정 효율을 얻을 수 있다.

▌ **과급기**

① 실린더 밖에서 공기를 미리 압축하여 흡입행정 시기에 실린더 안으로 압축한 공기를 강제적으로 공급하는 장치를 말한다.
② **설치목적** : 체적효율을 향상시켜 기관 출력을 증대하는 목적으로 설치된다.

▌ **과급기를 구동하는 방식에 따른 구분**

① **터보차저** : 배기가스의 유동에너지에 의해 구동
② **슈퍼차저** : 기관의 동력을 이용하여 구동
③ **전기식 과급기** : 모터를 이용하여 구동

▮ 머플러(소음기)와 관련된 이상 현상

① 카본이 많이 끼면 기관이 과열되는 원인이 될 수 있다.

② 머플러가 손상되어 구멍이 나면 배기음이 커진다.

③ 카본이 쌓이면 기관 출력이 떨어진다.

▮ 기관에서 배기상태가 불량하여 배압이 높을 때 발생하는 현상

① 기관이 과열된다.

② 냉각수 온도가 올라간다.

③ 기관의 출력이 감소된다.

④ 피스톤 운동을 방해한다.

▮ 흑색의 배기가스를 배출하는 원인

분사펌프의 불량으로 과도한 연료가 분사가 되는 경우, 공기청정기가 막힌 경우 등

▮ 배기가스의 색과 기관의 상태

① 무색(무색 또는 담청색)일 때 : 정상연소

② 백색 : 엔진오일 혼합연소

③ 흑색 : 혼합비 농후

④ 엷은 황색 또는 자색 : 혼합비 희박

⑤ 황색에서 흑색 : 노킹 발생

⑥ 검은 연기 : 장비의 노후 및 연료의 품질 불량

CHAPTER

02 | 건설기계 전기

[01] 시동장치(예열장치 포함)

▌옴의 법칙

도체에 흐르는 전류는 전압에 정비례하고, 저항에 반비례한다.

▌전류, 전압, 저항의 기호 및 단위

구 분	기 호	단 위
전 류	I	A(암페어)
전 압	V or E	V(볼트)
저 항	R	Ω(옴)

▌디젤기관의 시동 보조기구

① 감압장치 : 실린더 내의 압축압력을 감압시켜 기동전동기에 무리가 가는 것을 방지

② 예열장치

㉠ 흡기가열 방식 : 흡기히터, 히트레인지

㉡ 예열플러그 방식 : 예열플러그, 예열플러그 파일럿, 예열플러그 저항기, 히트릴레이 등

▌예열플러그

① 정상상태 : 예열플러그가 15~20초에서 완전히 가열된 경우

② 사용시기 : 추운 날씨에 연소실로 유입된 공기를 데워 시동성을 향상시켜 준다.

③ 종 류

㉠ 코일형 : 히트코일이 노출되어 있어 공기와의 접촉이 용이하며, 적열 상태는 좋으나 부식에 약하며, 배선은 직렬로 연결되어 있다.

㉡ 실드형 : 금속튜브 속에 히트코일, 홀딩 핀이 삽입되어 있고, 코일형에 비해 적열 상태가 늦으며, 배선은 병렬로 연결되어 있다(예열시간 60~90초). 또한 저항기가 필요하지 않다.

예열장치의 고장 원인

① 가열시간이 너무 길면 자체 발열에 의해 단선된다.
② 접지가 불량하면 전류의 흐름이 적어 발열이 충분하지 않다.
③ 규정 이상의 전류가 흐르면 단선되는 고장의 원인이 된다.

디젤기관이 시동되지 않는 원인

① 기관의 압축압력이 낮다.
② 연료계통에 공기가 혼입되어 있다.
③ 연료가 부족하다.
④ 연료공급펌프가 불량이다.

디젤기관의 시동을 용이하게 하기 위한 방법

① 압축비를 높인다.
② 흡기온도를 상승시킨다.
③ 겨울철에 예열장치를 사용한다.
④ 시동 시 회전속도를 높인다.

디젤기관을 시동할 때의 주의사항

① 기온이 낮을 때는 예열 경고등이 소등되면 시동한다.
② 기관 시동은 각종 조작레버가 중립위치에 있는가를 확인 후 행한다.
③ 공회전을 필요 이상으로 하지 않는다.
④ 기관이 시동되면 바로 손을 뗀다. 그렇지 않고 계속 잡고 있으면 전동기가 소손되거나 탄다.

▮ 엔진오일의 양과 냉각수량 점검은 기관을 시동하기 전에 해야 할 가장 일반적인 점검 사항이다.

[02] 시동(기동)전동기

▮ 직류전동기의 종류와 특성

종 류	특 성	장 점	단 점
직권전동기	전기자코일과 계자코일이 직렬로 결선된 전동기	기동 회전력이 크다.	회전속도의 변화가 크다.
분권전동기	전기자코일과 계자코일이 병렬로 결선된 전동기	회전속도가 거의 일정하다.	회전력이 비교적 작다.
복권전동기	전기자코일과 계자코일이 직병렬로 결선된 전동기	회전속도가 거의 일정하고, 회전력이 비교적 크다.	직권전동기에 비해 구조가 복잡하다.

▮ 기동전동기 작동부분

① **전동기** : 회전력의 발생

㉠ 회전부분 : 전기자, 정류자

㉡ 고정부분 : 자력을 발생시키는 계자코일, 계자철심, 브러시

※ 계자철심은 기동전동기에서 자력선을 잘 통과시키고 동시에 맴돌이 전류를 감소시키는 작용을 한다.

② **동력전달기구** : 회전력을 기관에 전달

㉠ 벤딕스식

㉡ 전기자 섭동식

㉢ 피니언 섭동식

㉣ 오버러닝 클러치 : 기동전동기의 전기자 축으로부터 피니언 기어로는 동력이 전달되나 피니언 기어로부터 전기자 축으로는 동력이 전달되지 않도록 해 주는 장치

③ **솔레노이드 스위치(마그넷 스위치)** : 기동전동기 회로에 흐르는 전류를 단속하는 역할과 기동전동기의 피니언과 링기어를 맞물리게 하는 역할을 담당

㉠ 풀인 코일(Pull-in Coil) : 전원과 직렬로 연결되어 플런저를 잡아당기는 역할

㉡ 홀드인 코일(Hold-in Coil) : 흡인된 플런저를 유지하는 역할

▮ 겨울철에 기동전동기 크랭킹 회전수가 낮아지는 원인

① 엔진오일의 점도가 상승

② 온도에 의한 축전지의 용량 감소

③ 기온 저하로 기동부하 증가

■ 시동전동기 취급 시 주의사항

① 기관이 시동된 상태에서 시동스위치를 켜서는 안 된다.

② 전선 굵기는 규정 이하의 것을 사용하면 안 된다.

③ 시동전동기의 회전속도가 규정 이하이면 오랜 시간 연속회전시켜도 시동이 되지 않으므로 회전속도에 유의해야 한다.

④ 시동전동기의 연속 사용 기간은 30초 이내이다.

[03] 축전지

■ 전류의 3대 작용과 응용

① **자기작용** : 전동기, 발전기, 솔레노이드 기구 등

② **발열작용** : 전구, 예열플러그

③ **화학작용** : 축전지의 충·방전 작용

■ 축전지(배터리)

건설기계의 각 전기장치를 작동하는 전원으로 사용되며, 발전기의 여유전력을 충전하였다가 필요시 전기장치 각 부분에 전기를 공급한다.

■ **건설기계 기관에서 축전지를 사용하는 주된 목적** : 기동전동기의 작동

■ 축전지의 양극과 음극 단자를 구별하는 방법

구 분	양 극	음 극
문 자	POS	NEG
부 호	+	–
직경(굵기)	음극보다 굵다.	양극보다 가늘다.
색 깔	빨간색	검은색
특 징	부식물이 많은 쪽	

▮ 납산 축전지

① 축전지의 용량은 극판의 크기, 극판의 수, 전해액(황산)의 양에 의해 결정된다.

② 양극판은 과산화납, 음극판은 해면상납을 사용하며, 전해액은 묽은 황산을 이용한다.

③ 납산 축전지를 방전하면 양극판과 음극판의 재질은 황산납이 된다.

④ 1개 셀의 양극(+)과 음극(−)의 단자 전압은 2V이며, 12V를 사용하는 자동차의 배터리는 6개의 셀을 직렬로 접속하여 형성되어 있다.

▮ 병렬연결과 직렬연결

같은 용량, 같은 전압의 축전지를 병렬연결하면 용량은 2배이고, 전압은 한 개일 때와 같다. 직렬연결은 전압이 상승되어 전압은 2배가 되고, 용량은 같다.

▮ 축전지의 수명을 단축하는 요인

① 전해액의 부족으로 극판의 노출로 인한 설페이션

② 전해액에 불순물이 함유된 경우

③ 전해액의 비중이 너무 높을 경우

④ 충전 부족으로 인한 설페이션

⑤ 과충전으로 인한 온도 상승, 격리판의 열화, 양극판의 격자 균열, 음극판의 페이스트 연화

⑥ 과방전으로 인한 음극판의 굽음 또는 설페이션

⑦ 내부에서 극판이 단락 또는 탈락된 경우

▮ 축전지의 취급

① 축전지의 방전이 거듭될수록 전압이 낮아지고, 전해액의 비중도 낮아진다.

② 전해액이 자연 감소된 축전지의 경우 증류수를 보충하면 된다.

③ 전해액을 만들 때는 황산을 증류수에 부어야 한다. 증류수를 황산에 부으면 폭발할 수 있다.

④ 전해액의 온도와 비중은 반비례한다.

▮ 전해액 비중에 의한 충전 상태

① 100% 충전 : 1.260 이상

② 75% 충전 : 1.210 정도

③ 50% 충전 : 1.150 정도

④ 25% 충전 : 1.100 정도

⑤ 0% 상태 : 1.050 정도

■ **축전지 급속충전 시 주의사항**

① 통풍이 잘되는 곳에서 한다.
② 충전 중인 축전지에 충격을 가하지 않도록 한다.
③ 전해액 온도가 45℃를 넘지 않도록 특별히 유의한다.
④ 충전시간은 가능한 한 짧게 한다.
⑤ 축전지를 건설기계에서 탈착하지 않고, 급속충전할 때에는 양쪽 케이블을 분리해야 한다.
⑥ 충전 시 발생되는 수소가스는 가연성·폭발성이므로 주변에 화기, 스파크 등의 인화 요인을 제거하여야 한다.

■ 자기방전은 전해액의 온도·습도·비중이 높을수록, 날짜가 경과할수록 방전량이 크다.

■ 납산 축전지를 방전하면 양극판과 음극판은 황산납으로 바뀐다. 충전 중에는 양극판의 황산납은 과산화납으로, 음극판의 황산납은 해면상납으로 변한다.

■ **축전지 케이스와 커버를 청소할 때 사용하는 용액** : 소다(탄산나트륨)와 물 또는 암모니아수

■ **배터리의 충전상태를 측정할 수 있는 게이지** : 비중계

[04] 충전장치

■ **충전장치의 개요**

① 건설기계의 전원을 공급하는 것은 발전기와 축전지이다.
② 발전기는 플레밍의 오른손법칙을 이용하여 기계적 에너지를 전기적 에너지로 변화시킨다.
③ 발전량이 부하량보다 적을 경우에는 축전지가 전원으로 사용된다.
④ 축전지는 발전기가 충전시킨다.
⑤ 발전량이 부하량보다 많을 때는 발전기를 전원으로 사용한다.

■ **기전력 발생 요소**

① 로터코일이 빠른 속도로 회전하면 많은 기전력을 얻을 수 있다.
② 로터코일을 통해 흐르는 전류(여자전류)가 큰 경우 기전력은 크다.
③ 자극의 수가 많을수록 크다.
④ 권선수가 많은 경우 도선(코일)의 길이가 긴 경우는 자력이 크다.

교류(AC)발전기의 특징

① 속도변화에 따른 적용 범위가 넓고, 소형, 경량이다.
② 실리콘 다이오드로 정류하므로 전기적 용량이 크다.
③ 저속에서도 충전 가능한 출력전압이 발생한다.
④ 출력이 크고, 고속회전에 잘 견딘다.
⑤ 다이오드를 사용하기 때문에 정류 특성이 좋다.
⑥ 브러시 수명이 길다.

■ 건설기계장비의 충전장치는 3상 교류발전기를 많이 사용하고 있다.

교류발전기와 직류발전기의 비교

구 분		교류발전기 (AC Generator, Alternator)	직류발전기 (DC Generator)
구 조		스테이터, 로터, 슬립링, 브러시, 다이오드(정류기)	전기자, 계자철심, 계자코일, 정류자, 브러시
조정기		전압조정기	전압조정기, 전류조정기, 컷아웃 릴레이
기 능	전류발생	스테이터	전기자(아마추어)
	정류작용(AC → DC)	실리콘 다이오드	정류자, 브러시
	역류방지	실리콘 다이오드	컷아웃 릴레이
	여자형성	로 터	계자코일, 계자철심
	여자방식	타여자식(외부전원)	자여자식(잔류자기)

교류발전기의 출력은 로터 전류를 변화시켜 조정

교류발전기의 스테이터는 외부에 고정되어 있는 상태이며, 이 내부에 전자석이 되는 로터가 회전함에 따라 스테이터에서 전류가 발생하는 구조이다.

교류발전기(Alternator) 전압조정기(Regulator)의 종류

접점식, 트랜지스터식, IC전압조정기

■ **IC전압조정기의 특징**

① 조정 전압의 정밀도 향상이 크다.
② 내열성이 크며, 출력을 증대시킬 수 있다.
③ 진동에 의한 전압 변동이 없고, 내구성이 크다.
④ 초소형화가 가능하므로 발전기 내에 설치할 수 있다.
⑤ 외부의 배선을 간략화시킬 수 있다.
⑥ 축전지 충전 성능이 향상되고, 각 전기 부하에 적절한 전력 공급이 가능하다.

■ 직류발전기의 전기자는 계자코일 내에서 회전하며, 교류기전력이 발생된다.

■ **발전기 출력 및 축전지 전압이 낮을 때의 원인**

① 조정 전압이 낮을 때
② 다이오드 단락
③ 축전지 케이블의 접속 불량
④ 충전회로에 부하가 클 때

[05] 등화장치

■ **측광단위**

구 분	정 의	기 호	단 위
조 도	피조면의 밝기	E	lx(럭스)
광 도	빛의 세기	I	cd(칸델라)
광 속	광원에 의해 초(sec)당 방출되는 가시광의 전체량	F	lm(루멘)

■ **전조등 회로의 구성부품**

전조등 릴레이, 전조등 스위치, 디머 스위치, 전조등 전구, 전조등 퓨즈 등

■ **건설기계장비에 설치되는 좌우 전조등 회로의 연결방법** : 병렬연결

■ 실드빔식은 전조등의 필라멘트가 끊어진 경우 렌즈나 반사경에 이상이 없어도 전조등 전부를 교환하여야 하고, 세미실드빔형 전조등은 전구와 반사경을 분리, 교환할 수 있다.

▮ **플래셔 유닛** : 방향등으로의 전원을 주기적으로 끊어 주어 방향등을 점멸하게 하는 장치

▮ **전조등 회로에서 퓨즈의 접촉이 불량할 때의 현상** : 전류의 흐름이 나빠지고, 퓨즈가 끊어질 수 있다.

▮ 퓨즈의 재질은 납과 주석의 합금이고, 퓨즈 대용으로 철사 사용 시 화재의 위험이 있다.

▮ **전기 관련 안전사항**

① 전선의 연결부는 되도록 저항을 적게 해야 한다.
② 전기장치는 반드시 접지하여야 한다.
③ 명시된 용량보다 높은 퓨즈를 사용하면 화재의 위험이 있기 때문에 퓨즈 교체 시에는 반드시 같은 용량의 퓨즈로 바꿔야 한다.
④ 계측기는 최대 측정범위를 초과하지 않도록 해야 한다.

[06] 계기류

▮ **운전 중 엔진오일 경고등이 점등되었을 때의 원인**

① 오일 드레인 플러그가 열렸을 때
② 윤활계통이 막혔을 때
③ 오일 필터가 막혔을 때
④ 오일이 부족할 때
⑤ 오일 압력스위치 배선불량
⑥ 엔진오일의 압력이 낮은 경우

▮ 경음기 스위치를 작동하지 않아도 경음기가 계속 울리는 것은 경음기 릴레이의 접점 용착 때문이다.

▮ **디젤기관 공회전 시 유압계의 경보램프가 꺼지지 않는 원인**

① 오일 팬의 유량 부족
② 유압조정밸브 불량
③ 오일여과기 막힘

CHAPTER

03 | 건설기계 섀시

[01] 동력전달장치

▮ 클러치의 필요성

① 기관 시동 시 기관을 무부하 상태로 하기 위해

② 관성운동을 하기 위해

③ 기어 변속 시 기관의 동력을 차단하기 위해

▮ 클러치판

변속기 입력축의 스플라인에 조립되어 있으며, 클러치축을 통해 변속기에 동력을 전달 및 차단한다.

▮ 클러치가 미끄러지는 원인

① 클러치페달의 자유 간극(유격)이 좁다.

② 플라이휠 및 압력판이 손상되었다.

③ 클러치 디스크의 마멸이 심하다.

④ 변속기 입력축 오일 실이 파손되어 클러치 디스크에 오일이 묻었다.

⑤ 클러치 스프링의 장력이 약하거나, 자유 높이가 감소되었다.

▮ 클러치페달

① 펜던트식과 플로어식이 있다.

② 페달 자유유격은 일반적으로 20~30mm 정도로 조정한다.

③ 클러치판이 마모될수록 자유 간극이 작아져 미끄러진다.

④ 클러치가 완전히 끊긴 상태에서도 발판과 페달과의 간격은 20mm 이상 확보해야 한다.

▮ 클러치가 연결된 상태에서 기어변속을 하면 기어에서 소리가 나고, 기어가 상한다.

▮ 기계의 보수·점검 시 클러치의 상태 확인은 운전 상태에서 해야 하는 작업이다.

▮ 변속기의 필요성

① 기관의 회전속도와 바퀴의 회전속도비를 주행저항에 대응하여 변경한다.
② 기관과 구동축 사이에서 회전력을 변환시켜 전달한다.
③ 기관을 무부하 상태로 한다.
④ 바퀴의 회전방향을 역전시켜 차의 후진을 가능하게 한다.
⑤ 정차 시 기관의 공전운전을 가능하게 한다(중립).

▮ 변속기의 구비조건

① 소형・경량이며, 수리하기가 쉬울 것
② 변속 조작이 쉽고, 신속・정확・정숙하게 이루어질 것
③ 단계가 없이 연속적으로 변속되어야 할 것
④ 전달효율이 좋을 것

▮ 수동변속기 장치

① **인터로크 장치** : 기어의 이중 물림 방지 장치
② **로킹 볼 장치** : 기어 물림의 빠짐 장치
③ **싱크로나이저 링** : 기어변속 시 회전속도가 같아지도록 기어물림을 원활히 해 주는 기구(변속 시에만 작동)

▮ 유성기어장치의 구성요소

선기어, 유성기어, 유성기어 캐리어, 링기어

▮ **자재이음** : 추진축의 각도 변화를 가능하게 하는 이음

※ 추진축 앞뒤에 십자축 자재이음을 두는 이유는 회전 시 발생하는 각속도의 변화를 상쇄시키기 위해서이다.

▮ 차동기어장치

① 선회할 때 좌우 구동바퀴의 회전속도를 다르게 한다.
② 선회할 때 바깥쪽 바퀴의 회전속도를 증대시킨다.
③ 보통의 차동기어장치는 노면 저항을 적게 받는 구동바퀴의 회전속도를 빠르게 할 수 있다.

토크컨버터의 구성부품

펌프(임펠러), 터빈(러너), 스테이터, 가이드 링, 댐퍼클러치 등

※ 가이드 링은 유체클러치 및 토크컨버터에서 와류를 줄여 주는 장치이다.

유체클러치와 토크컨버터의 차이점

토크컨버터에는 임펠러, 터빈 외에 오일의 흐름 방향을 바꾸어 주는 스테이터라는 날개가 하나 더 있다.

토크컨버터 오일의 구비조건

① 비중이 클 것
② 점도가 낮을 것
③ 착화점이 높을 것
④ 융점이 낮을 것
⑤ 유성이 좋을 것
⑥ 내산성이 클 것
⑦ 윤활성이 클 것
⑧ 비등점이 높을 것

액슬 샤프트 지지 형식에 따른 분류

① **전부동식** : 자동차의 모든 중량을 액슬 하우징에서 지지하고 차축은 동력만을 전달하는 방식
② **반부동식** : 차축에서 1/2, 하우징이 1/2 정도의 하중을 지지하는 형식
③ **3/4부동식** : 차축은 동력을 전달하면서 하중은 1/4 정도만 지지하는 형식
④ **분리식 차축** : 승용차량의 후륜 구동차나 전륜 구동차에 사용되며, 동력을 전달하는 차축과 자동차 중량을 지지하는 액슬 하우징을 별도로 조립한 방식

[02] 제동장치

제동장치의 구비조건

① 조작이 간단하고, 운전자에게 피로감을 주지 않을 것
② 브레이크를 작동시키지 않을 때에는 각 바퀴의 회전이 전혀 방해되지 않을 것
③ 최소속도와 차량중량에 대해 항상 충분한 제동작용을 하며, 작동이 확실할 것
④ 신뢰성이 높고, 내구력이 클 것

▮ 브레이크를 밟았을 때 차가 한쪽 방향으로 쏠리는 원인

① 드럼의 변형
② 타이어의 좌우 공기압이 다를 때
③ 드럼 슈에 그리스나 오일이 붙었을 때
④ 휠 얼라인먼트가 잘못되어 있을 경우

▮ 브레이크 파이프 내에 베이퍼 로크가 발생하는 원인

① 드럼의 과열
② 지나친 브레이크 조작
③ 잔압의 저하
④ 오일의 변질에 의한 비등점의 저하

▮ 타이어식 건설기계에서 전후 주행이 되지 않을 때 점검하여야 할 곳

① 변속장치를 점검한다.
② 유니버설 조인트를 점검한다.
③ 주차브레이크 잠김 여부를 점검한다.

[03] 조향장치

▮ 조향기어 백래시가 작으면 핸들이 무거워지고, 너무 크면 핸들의 유격이 커진다.

▮ **타이로드** : 타이어식 건설기계에서 조향바퀴의 토인을 조정하는 곳이다.

▮ 앞바퀴 정렬의 역할

① **토인의 경우** : 타이어 마모를 최소로 한다.
② **캐스터, 킹핀 경사각의 경우** : 조향 시에 바퀴에 복원력을 준다.
③ **캐스터의 경우** : 방향 안정성을 준다.
④ **캠버, 킹핀 경사각의 경우** : 조향핸들의 조작을 작은 힘으로 쉽게 할 수 있다.

▮ 토인의 필요성

① 타이어의 이상마멸을 방지한다.
② 조향바퀴를 평행하게 회전시킨다.
③ 바퀴가 옆방향으로 미끄러지는 것을 방지한다.

▌ 캠버의 필요성

① 수직하중에 의한 앞차축의 휨을 방지한다.
② 조향핸들의 조향 조작력을 가볍게 한다.
③ 하중을 받았을 때 바퀴의 아래쪽이 바깥쪽으로 벌어지는 것을 방지한다.

▌ 조향핸들의 유격이 커지는 원인

① 피트먼 암의 헐거움
② 조향기어, 링키지 조정 불량
③ 앞바퀴 베어링 과대 마모
④ 조향바퀴 베어링 마모
⑤ 타이로드의 엔드볼 조인트 마모

▌ 조향장치의 핸들 조작이 무거운 원인

① 유압이 낮다.
② 오일이 부족하다.
③ 유압계통 내에 공기가 혼입되었다.
④ 타이어의 공기압력이 너무 낮다.
⑤ 오일펌프의 회전이 느리다.
⑥ 오일펌프의 벨트가 파손되었다.
⑦ 오일호스가 파손되었다.
⑧ 앞바퀴 휠 얼라인먼트가 불량하다.

[04] 주행장치

▌ 타이어의 구조

① **트레드** : 직접 노면과 접촉하는 부분으로 카커스와 브레이커를 보호하는 역할
② **숄더** : 타이어의 트레드로부터 사이드 월에 이어지는 어깨 부분(트레드 끝 각)
③ **사이드월** : 타이어 측면부이며, 표면에는 상표명, 사이즈, 제조번호 안전표시, 마모한계 등의 정보를 표시
④ **카커스** : 타이어의 골격부
⑤ **벨트** : 트레드와 카커스 사이에 삽입된 층

⑥ **비드** : 림과 접촉하는 부분
⑦ **그루브** : 트레드에 패인 깊은 홈 부분
⑧ **사이프** : 트레드에 패인 얕은 홈 부분
⑨ **이너 라이너** : 타이어 내면의 고무층으로 공기가 바깥으로 새어 나오지 못하도록 막아 주는 역할

▮ 타이어의 트레드 패턴

타이어의 제동력, 구동력 및 견인력을 높이며, 조종 안정성을 향상시키고, 타이어의 방열효과 및 배수효과를 준다.

▮ 타이어 패턴 중 슈퍼 트랙션 패턴

① 러그 패턴의 중앙 부분에 역손된 부분을 없애고, 진행 방향에 대해 방향 성능을 지니도록 한 것이다.
② 기어 형태로 연약한 흙을 잡으면서 주행한다.
③ 패턴 사이에 흙이 끼는 것을 방지한다.

▮ 트레드가 마모되면 지면과 접촉면적은 크고, 마찰력이 감소되어 제동성능이 나빠진다.

▮ 타이어 호칭 치수

① **저압타이어** : 타이어 폭(inch) – 타이어 내경 – 플라이 수
② **고압타이어** : 타이어 외경(inch) – 타이어 폭 – 플라이 수

▮ 타이어식 건설기계 현가장치에 사용되는 공기스프링의 특징

① 차체의 높이가 항상 일정하게 유지된다.
② 스프링 정수를 자동적으로 조정한다.
③ 고유 진동수를 거의 일정하게 유지한다.

CHAPTER

04 | 롤러 작업장치

[01] 롤러 구조

▌롤러의 정의 및 용도

① **사전적 의미** : 도로공사 등에서 지면을 평평하게 다지기 위해 지면 위를 이동하면서 일정한 압력을 연속적으로 가하는 다짐용 기계 등에 사용된다.

② **건설기계 관계법령에서 롤러의 범위**

㉠ 조종석과 전압장치를 가진 자주식인 것

㉡ 피견인 진동식인 것

③ **용도** : 도로 또는 바닥을 구성하고 있는 돌, 흙 등의 입자들을 인위적인 에너지를 가하여 밀도를 높이기 위한 다짐용 기계를 말한다.

▌토공건설기계

토사 등을 직접 굴삭, 적재, 운반, 운송, 살포 및 다짐 등의 작업을 하는 건설기계로서 불도저, 굴착기, 로더, 스크레이퍼, 덤프트럭, 모터그레이더, 롤러, 천공기, 항타 및 항발기를 말한다. 다만 트럭식 건설기계는 제외한다.

▌규격 표시방법

중량은 자체중량과 밸러스트(부가 하중)를 부착하였을 때의 중량으로 표시할 수 있다.

※ 8~12ton이라는 것은 자체중량 8ton에 밸러스트 4ton을 가중시킬 수 있어 총 12ton이라는 의미이다.

▌롤러의 성능과 능력은 선압, 윤하중, 다짐 폭, 접지압, 기진력으로 나타낸다.

▌롤러의 다짐방식에 의한 구분

① **전압식(자체중량을 이용)** : 로드 롤러(머캐덤 롤러, 탠덤 롤러), 탬핑 롤러, 타이어 롤러, 콤비 롤러 등

② **진동식(진동을 이용)** : 진동 롤러, 진동식 타이어 롤러, 진동 분사력 콤팩터 등

③ **충격식(충격하중을 이용)** : 래머, 탬퍼 등

롤러의 구조에 따른 분류

① 자주식 롤러 : 차륜 배열상태로 분류

㉠ Macadam Roller : 2축 3륜인 것

㉡ Tandem Roller : 2축 2륜인 것

㉢ 3Axle Tandem Roller : 3축 3륜인 것

② 피견인식 롤러 : 피견인식 탬핑 롤러, 피견인식 진동 롤러

로드 롤러(Road Roller)

로드 롤러는 쇠바퀴를 이용해 다지기 하는 기계로 3륜식의 머캐덤 롤러와 2축식의 탠덤 롤러가 있으며, 동력전달장치에 의해 기계식과 유압식으로 대별된다.

머캐덤 롤러(Macadam Roller)

① 3륜 철륜으로 구성되어 작업의 직진성을 위해 차동제한장치가 있다.

② 가열 포장 아스팔트의 초기 다짐 롤러로 가장 적당하다.

탠덤 롤러(Tandem Roller)

2륜식과 3륜식이 있으며, 사질토, 점질토, 쇄석 등의 다짐과 아스팔트 포장의 표층 다짐에 적합하다.

탬핑 롤러(Tamping Roller)

① 강판으로 만든 속이 빈 원통의 외주에 다수의 돌기를 붙인 것으로 사질토보다는 점토질의 다짐에 효과적인 롤러로 종류에는 자주식과 피견인식이 있다.

② 도로의 성토, 하천제방, 어스 댐(Earth Dam) 등의 넓은 면적을 두꺼운 층으로 균일한 다짐을 요하는 경우 사용되는 롤러이다.

③ 탬핑 롤러의 형태에 따른 구분

㉠ Sheep Foot Roller : 양발굽 모양의 가늘고 긴 돌기를 지그재그로 배치한 것

㉡ Taper Foot Roller : 드럼에 많은 수의 사다리꼴 모양 돌기를 붙인 것

㉢ Turn Foot Roller : 표면 지층에서 20cm가 넘는 연약한 지반에 사용되며, 흙의 표면을 분쇄하여 다질 수 있고, 그물 모양의 바퀴를 사용하는 롤러 형식

㉣ Grid Roller : 강봉을 격자상으로 엮은 것

▮ 타이어 롤러

공기 타이어의 특성을 이용하여 노면을 다지는 기계이며, 아스팔트 포장 2차 다듬질에 효과적으로 사용되고, 기동성이 좋다.

① 다짐속도가 비교적 빠르다.

② 골재를 파괴시키지 않고, 골고루 다질 수 있다.

③ 아스팔트 혼합재 다짐용으로 적합하다.

④ 타이어의 공기압과 밸러스트(부가 하중)에 따라 전압능력을 조절할 수 있다.

⑤ 타이어는 내압변화가 적고, 접지압 분포가 균일한 전용 타이어를 사용한다.

▮ 타이어 롤러의 차륜 지지 방식

① **고정식** : 롤러의 타이어 전체가 하나의 축에 설치되어 있다.

② **상호요동식** : 2개 이상의 타이어가 동시에 동일한 축에 설치되어 축 중앙부 차체의 핀에 결합되어 있어 지면에 대응하여 좌우로 요동한다.

③ **독립지지식(수직 가동식)** : 각 바퀴마다 독립된 유압실린더 또는 공기 스프링 등을 사용하여 개별 상하 운동을 하는 방식. 즉, 타이어가 각각의 축에 지지되어 있어 요동하는 형식이다.

▮ 콤비 롤러(Combi Roller)

① 콤비네이션 롤러(Combination Roller)를 말하며, 앞부분은 드럼으로 진동을 가할 수 있고, 뒷부분은 타이어식으로 구동장치가 설치되어 있다.

② 드럼과 타이어식의 조합으로 차체중량이 5ton 이하로 비교적 좁은 공간이나 협소한 공사현장 작업 시 용이하다.

▮ 진동 롤러

수평방향의 하중이 수직으로 미칠 때 원심력을 가하고, 기전력을 서로 조합하여 흙을 다짐하며, 적은 무게로 큰 다짐효과를 올릴 수 있는 롤러로, 종류에는 자주식과 피견인식이 있다.

① 롤러에 진동을 주어 다짐효과가 증가한다.

② 점성이 부족한 자갈과 모래의 다짐에 효과가 있다.

③ 롤러의 자중 부족을 차륜 내 기진기의 원심력으로 보충한다.

④ 동력전달계통은 기진 계통과 주행 계통을 갖추고 있다.

▌ 진동 롤러 기진력의 크기를 결정하는 요소

① 편심추의 편심량에 비례한다.
② 편심추의 회전수에 비례한다.
③ 편심추의 무게에 비례한다.

▌ 진동 분사력 콤팩터

교대에서의 매립 재료 전압과 좁은 면적 등에서의 다짐과 같이 일반 롤러의 전압이 어려운 장소에 이용되고 있다.

▌ 다짐 방법에 따른 장비

① **점토질** : 머캐덤 롤러, 탠덤 롤러, 타이어 롤러, 탬핑 롤러
② **사질토** : 진동 롤러, 진동형 타이어 롤러

▌ 래 머 : 내연기관의 폭발로 인한 반력과 낙하하는 충격으로 다지며, 댐 코어 다짐과 같은 국부적인 다짐에 양호하다.

▌ 탬 퍼 : 전압판의 연속적인 충격으로 전압하는 기계로 갓길 및 소규모 도로 토공에 쓰인다.
※ Rammer와 Tamper : 연약한 점질토가 아닌 어떠한 흙에 대해서도 사용할 수 있다.

[02] 작업장치 기능

▌ 동력전달장치는 유압식 구동방식과 기계식 구동방식 2종류가 있다. 유압식 구동방식이 주류이며, 기계식 구동방식은 로드 롤러, 타이어 롤러 및 소형 핸드가이드 롤러 등 일부 기종에 사용되고 있다.

▌ 유압식 진동 롤러 동력전달 순서

기관 → 유압펌프 → 유압제어장치 → 유압모터 → 차동기어장치 → 최종감속장치 → 바퀴

▌ 진동 롤러

① **주행계통** : 기관 → 주 클러치 → 변속 및 전·후진기어 → 종감속기어 → 바퀴
② **기진계통** : 기관 → 기진용 클러치 → 기진용 변속기 → 기진기 → 바퀴

로드 롤러의 동력전달 순서

기관 → 주 클러치 → 변속기 → 감속기어 → 차동장치 → 최종감속기어 → 뒤차륜

타이어 롤러의 동력전달 순서

기관 → 주 클러치 → 변속기 → 전·후진기어(역전기) → 감속 및 차동장치 → 최종감속기어 → 뒤 차륜

머캐덤 롤러의 동력전달 순서

기관 → 클러치 → 변속기 → 역전기 → 차동장치 → 종감속장치 → 뒤차륜

머캐덤 롤러의 차동장치 사용 목적

커브에서 무리한 힘을 가하지 않고 선회하기 위해서 사용한다.

머캐덤 롤러의 차동제한장치가 작용할 때

부정지와 연약지반에서는 차동장치가 작동 시 한쪽 바퀴에 슬립(Slip)이 발생하면 주행이 불가능하게 된다. 이러한 경우에는 차동제한장치를 사용하여 양 차륜에 일정한 토크로 구동하게 한다.

각부 장치

① **혼합실** : 바닥에서 긁어 올린 재료에 첨가제를 섞어서 혼합하는 철제 탱크를 말한다.

② **드럼(Drum)** : 드럼은 주철 또는 주강재 강관을 사용하며, 내부에 밸러스트(Ballast)로 모래, 물, 오일을 넣는 밀폐형과 주철블록을 별도로 설치하는 개방형이 있다.

③ **롤 스크레이퍼(Roll Scraper)** : 드럼 표면에 흙 또는 아스팔트 등 재료가 부착하지 않도록 긁어내는 장치다.

④ **살수장치** : 다짐 효과의 향상과 아스팔트가 타이어 또는 롤에 부착되지 않게 하기 위한 장치로 기계식 또는 전기식의 노즐 분사 방식이어야 한다.

⑤ **부가하중**

㉠ 정적하중 : 드럼 내부에 철, 모래, 오일 등을 넣거나 웨이트를 추가하는 것

㉡ 동적하중 : 유압을 이용하여 롤러의 진동진압을 가하는 것

[03] 작업 방법

다짐작업의 종류

① **성토 다짐** : 표층 위에 일정 높이로 쌓아 올린 흙을 롤러로 작업하여 단단한 지반으로 만드는 다짐 작업

② **토사 다짐** : 토사 입자 사이의 틈을 줄이는 다짐 작업

▮ 아스팔트 다짐(롤링) 작업 시 바퀴에 아스팔트 부착 방지를 위해 바퀴에 물을 뿌린다.

롤러의 다짐작업 방법

① 소정의 접지압력을 받을 수 있도록 부가하중을 증감한다.

② 다짐작업 시 전·후진 조작을 원활히 하고, 정지시간은 짧게 한다.

③ 다짐작업 시 주행속도는 일정하게 하고, 급격한 조향은 하지 않는다.

④ 직선으로 1/2씩 중첩되게 다짐을 한다.

⑤ 구동바퀴는 포장 방향으로 진행한다.

⑥ 종단 방향에 따라 낮은 쪽에서 높은 쪽으로 향하여 차츰 폭을 옮기며 다진다.

진동(Vibration)작업 방법

① 정지한 상태에서 진동시키지 말아야 한다.

② 진흙에 롤러가 빠지는 등 주행이 곤란한 경우 진동작업을 멈추어야 한다.

③ 콘크리트 위에서나 단단한 노면 위에서는 진동작업을 하지 말아야 한다.

④ 주행 방향 전환은 느린 속도로 천천히 하여야 한다.

롤러 점검사항

① 시동 전 점검사항

㉠ 보닛을 열어 엔진오일, 냉각수, 팬 벨트 장력 등을 확인한다.

㉡ 브레이크액 및 클러치액 용량을 점검한다.

㉢ 작동유량 게이지의 작동유량을 확인한다.

㉣ 차체의 외관 및 롤러, 타이어의 상태를 확인한다.

② 시동 후 점검사항

㉠ 엔진 작동상태 및 소리를 듣고 이상음 발생 여부를 확인한다.

㉡ 각종 계기의 작동상태를 확인한다.

㉢ 브레이크, 핸들의 작동상태를 확인한다.

㉣ 5~10분 정도 엔진을 예열한다.

㉤ 주행레버 및 작업레버를 작동시켜 시험운전을 한다.

③ 주행 작업 시 주의사항

㉠ 천천히 출발하고, 천천히 멈춘다.

㉡ 조종사 이외 탑승하지 않도록 한다.

㉢ 경사지를 운행할 때는 저속으로 운전한다.

㉣ 경사지를 옆으로 운행하지 말고, 방향전환이나 회전하면 안 된다.

④ 작업 후 조치사항

㉠ 평지 등 안전한 장소에 정지시키고, 반드시 바퀴 앞뒤에 고임목을 고인다.

㉡ 작동레버를 중립에 위치하고, 주차레버를 당겨 둔다.

㉢ 시동스위치와 배터리 메인 스위치를 끈다.

CHAPTER

05 | 유압 일반

[01] 유압유

유압 작동유의 주요 기능

① 윤활작용
② 냉각작용
③ 부식을 방지
④ 동력전달 기능
⑤ 필요한 요소 사이를 밀봉

유압 작동유가 갖추어야 할 조건

① 동력을 확실하게 전달하기 위한 비압축성일 것
② 내연성, 점도지수, 체적 탄성계수 등이 클 것
③ 산화안정성이 있을 것
④ 유동점·밀도, 독성, 휘발성, 열팽창계수 등이 작을 것
⑤ 열전도율, 장치와의 결합성, 윤활성 등이 좋을 것
⑥ 발화점·인화점이 높고, 온도변화에 대해 점도변화가 작을 것
⑦ 방청·방식성이 있을 것
⑧ 비중이 낮아야 하고, 기포의 생성이 적을 것
⑨ 강인한 유막을 형성할 것
⑩ 물, 먼지 등의 불순물과 분리가 잘될 것

유압유의 점도

① 유압유 성질 중 가장 중요하다.
② 점성의 점도를 나타내는 척도이다.
③ 오일의 온도에 따른 점도변화를 점도지수로 표시한다.
④ 점도지수가 높은 오일은 온도변화에 대하여 점도의 변화가 작다.
⑤ 온도가 상승하면 점도는 저하된다.
⑥ 온도가 내려가면 점도는 높아진다.
⑦ 유압유에 점도가 다른 오일을 혼합하였을 경우 열화현상을 촉진시킨다.

유압유의 점도별 이상 현상

유압유의 점도가 너무 높을 경우	유압유의 점도가 너무 낮을 경우
• 유동저항의 증가로 인한 압력손실 증가 • 동력손실 증가로 기계효율 저하 • 내부마찰의 증대에 의한 온도 상승 • 소음 또는 공동현상 발생 • 유압기기 작동의 둔화	• 압력 저하로 정확한 작동 불가 • 유압펌프, 모터 등의 용적효율 저하 • 내부 오일의 누설 증대 • 압력 유지의 곤란 • 기기의 마모 가속화

유압이 높아지거나 낮아지는 원인

높아지는 원인	낮아지는 원인
• 유압조절밸브가 고착되었다. • 유압조절밸브의 스프링 장력이 매우 크다. • 오일의 점도가 높거나(엔진의 온도가 낮을 때), 회로가 막혔다. • 각 저널과 베어링의 간극이 좁다.	• 유압조절밸브의 접촉 불량 및 스프링 장력이 약하다. • 오일에 연료 등이 희석되어 점도가 낮다. • 저널 및 베어링의 마멸이 과다하다. • 오일 통로에 공기가 유입되었다. • 오일펌프 설치 볼트의 조임이 불량하다. • 오일펌프의 마멸이 과대하다. • 오일 통로의 파손 및 오일이 누출된다. • 오일 팬 내의 오일이 부족하다.

윤활유 첨가제 종류

극압 및 내마모 첨가제, 부식 및 녹방지제, 유화제, 소포제, 유동점 강하제, 청정분산제, 산화방지제, 점도지수 향상제 등

유압장치에서 오일에 거품(기포)이 생기는 이유

① 오일탱크와 펌프 사이에서 공기가 유입될 때

② 오일이 부족할 때

③ 펌프 축 주위의 토출 측 실(Seal)이 손상되었을 때

유압회로 내에 기포가 발생하면 일어나는 현상

① 열화 촉진, 소음 증가

② 오일탱크의 오버플로

③ 공동현상, 실린더 숨 돌리기 현상

▮ 유압 작동유에 수분이 미치는 영향

① 작동유의 윤활성을 저하시킨다.
② 작동유의 방청성을 저하시킨다.
③ 작동유의 산화와 열화를 촉진시킨다.
④ 오일과 유압기기의 수명을 감소시킨다.

▮ 작동유의 열화를 판정하는 방법

① 흔들었을 때 생기는 거품이 없어지는 양상 확인
② 점도 상태로 확인
③ 색깔의 변화나 수분, 침전물의 유무 확인
④ 자극적인 악취 유무(냄새로 확인) 확인

▮ 유압유의 점검사항 : 점도, 내마멸성, 소포성, 윤활성 등

▮ 유압오일의 온도가 상승되는 원인

① 고속 및 과부하로의 연속작업
② 오일냉각기의 불량
③ 오일의 점도가 부적당할 때

▮ 작동유 온도 상승 시 유압계통에 미치는 영향

① 점도 저하에 의해 오일 누설의 증가
② 펌프 효율 저하
③ 밸브류의 기능 저하
④ 작동유의 열화 촉진
⑤ 작동 불량 현상이 발생
⑥ 온도변화에 의해 유압기기의 열변형
⑦ 기계적인 마모 발생

▮ 오일탱크의 구성품 : 스트레이너, 배플, 드레인 플러그, 주입구 캡, 유면계 등

▮ 오일탱크 내 오일의 적정온도 범위 : 30~50℃

■ 드레인 플러그는 오일탱크 내의 오일을 전부 배출시킬 때 사용된다.

■ **플러싱**

유압계통의 오일장치 내에 슬러지 등이 생겼을 때 그것을 용해하여 장치 내를 깨끗이 하는 작업이다.

■ **플러싱 후의 처리방법**

① 작동유 탱크 내부를 다시 청소한다.
② 유압유는 플러싱이 완료된 후 즉시 보충한다.
③ 잔류 플러싱 오일을 반드시 제거하여야 한다.
④ 라인필터 엘리먼트를 교환한다.

[02] 유압기기

■ **압력(P)** : 단위면적(A)에 미치는 힘(F), $P = F/A$

■ **압력의 단위** : atm, psi, bar, kgf/cm^2, kPa, mmHg 등

■ **유압장치** : 오일의 유체에너지를 이용하여 기계적인 일을 하는 것

■ **유압장치의 작동원리** : 밀폐된 용기에 채워진 유체의 일부에 압력을 가하면 유체 내의 모든 곳에 같은 크기로 전달된다는 파스칼의 원리를 응용한 것이다.

■ **유압장치의 기본 구성요소**

① **유압발생장치** : 유압펌프, 오일탱크 및 배관, 부속장치(오일냉각기, 필터, 압력계)
② **유압제어장치** : 유압원으로부터 공급받은 오일을 일의 크기, 방향, 속도를 조정하여 작동체로 보내 주는 장치(방향전환밸브, 압력제어밸브, 유량조절밸브)
③ **유압구동장치** : 유체에너지를 기계적 에너지로 변환시키는 장치(유압모터, 요동모터, 유압실린더 등)

■ **유압장치의 장단점**

장 점	• 작은 동력원으로 큰 힘을 낼 수 있다. • 과부하 방지가 용이하다. • 운동방향을 쉽게 변경할 수 있다. • 에너지 축적이 가능하다.
단 점	• 구조가 복잡하여 고장원인을 발견하기 어렵다. • 오일의 온도변화에 따라 점도가 변하면 기계의 작동속도도 변하게 된다. • 관로를 연결하는 곳에서 작동유가 누출될 수 있다. • 작동유 누유로 인해 환경오염을 유발할 수 있다.

■ 유압 구성품을 분해하기 전에 내부압력을 제거하려면 기관 정지 후 조정레버를 모든 방향으로 작동한다.

■ **유압장치의 부품 교환 후 우선 시행하여야 할 작업** : 유압장치 공기빼기 작업

■ **유압 액추에이터(작업장치)를 교환하였을 경우 반드시 해야 할 작업**

공기빼기 작업, 누유 점검, 공회전 작업

[03] 유압펌프

■ **원동기와 펌프**

① 원동기는 열에너지를 기계적 에너지로 전환하는 장치

② 펌프는 원동기의 기계적 에너지를 유체 에너지로 전환시키는 장치

■ **유압펌프(압유공급)**

유압탱크에서 유압유를 흡입하고, 압축하여 유압장치의 관로를 따라 액추에이터로 공급

① **정토출량형** : 기어펌프, 베인펌프 등

② **가변토출량형** : 피스톤펌프, 베인펌프 등

■ **용적식 펌프의 종류**

① **왕복식** : 피스톤펌프, 플런저펌프

② **회전식** : 기어펌프, 베인펌프, 나사펌프 등

■ **유량** : 단위시간에 이동하는 유체의 체적

▮ 유압펌프의 용량은 주어진 압력과 그때의 토출량으로 표시한다.

▮ **유량의 단위** : 분당 토출량(GPM)

▮ **유압펌프에서 토출량** : 펌프가 단위시간당 토출하는 액체의 체적

▮ 작동유의 점도가 낮으면 유압펌프에서 토출이 가능하다.

▮ **유압펌프가 오일을 토출하지 않을 경우**

① 오일탱크의 유면이 낮다.
② 오일의 점도가 너무 높다.
③ 흡입관으로 공기가 유입된다.

▮ **펌프에서 오일은 토출되나 압력이 상승하지 않는 원인**

① 유압회로 중 밸브나 작동체의 누유가 발생할 때
② 릴리프 밸브(Relief Valve)의 설정압이 낮거나 작동이 불량할 때
③ 펌프 내부 이상으로 누유가 발생할 때

▮ **기어펌프의 특징**

① 정용량펌프이다.
② 구조가 다른 펌프에 비해 간단하다.
③ 유압 작동유의 오염에 비교적 강한 편이다.
④ 외접식과 내접식이 있다.
⑤ 피스톤펌프에 비해 효율이 떨어진다.
⑥ 베인펌프에 비해 소음이 비교적 크다.

▮ **베인펌프의 주요 구성요소** : 베인, 캠 링, 회전자 등

▮ **베인펌프의 특징**

① 수명이 중간 정도이다.
② 맥동과 소음이 적다.
③ 간단하고, 성능이 좋다.
④ 소형 · 경량이다.

피스톤펌프의 특징

① 효율이 가장 높다.
② 발생압력이 고압이다.
③ 토출량의 범위가 넓다.
④ 구조가 복잡하다.
⑤ 가변용량이 가능하다(회전수가 같을 때 펌프의 토출량이 변할 수 있다).
⑥ 축은 회전 또는 왕복운동을 한다.

공동현상(Cavitation)

유체의 급격한 압력 변화로 발생하는 공동에 의해 소음, 진동, 마모가 발생하는 현상이다.

숨 돌리기 현상

공기가 실린더에 혼입되면 피스톤의 작동이 불량해져서 작동시간 지연을 초래하는 현상이다.

기어펌프의 폐입현상

① 토출량 감소, 축의 동력 증가, 케이싱 마모 등의 원인이 된다.
② 폐입현상은 소음과 진동의 원인이 된다.
③ 폐입된 부분에서 압축이나 팽창을 받는다.
④ 릴리프 홈이 적용된 기어를 사용하여 방지한다.

유압펌프에서 소음이 발생할 수 있는 원인

① 오일의 양이 적을 때
② 오일 속에 공기가 들어 있을 때
③ 오일의 점도가 너무 높을 때
④ 필터의 여과 입도가 너무 적은 경우
⑤ 펌프의 회전속도가 너무 빠른 경우
⑥ 펌프 축의 편심 오차가 큰 경우
⑦ 스트레이너가 막혀 흡입용량이 너무 작아진 경우
⑧ 흡입관 접합부로부터 공기가 유입된 경우

■ **유압펌프의 고장 현상**

① 소음이 크게 된다.
② 오일의 배출압력이 낮다.
③ 샤프트 실(Seal)에서 오일 누설이 있다.
④ 오일의 흐르는 양이나 압력이 부족하다.

■ 유압펌프 내의 내부 누설은 작동유의 점도에 반비례하여 증가한다.

■ **축압기의 용도** : 유압에너지의 저장, 충격 압력 흡수, 압력 보상, 유체의 맥동 감쇠 등

■ **유압탱크의 구비조건**

① 발생한 열을 냉각하기 위한 충분한 구조로 설치되어야 한다.
② 작동유를 빼낼 수 있는 드레인 플러그를 탱크 아래쪽에 설치한다.
③ 흡입관과 복귀관 사이에 격판이 설치되어야 한다.
④ 이물질이 들어가지 않는 밀폐된 구조이며, 주입구에는 불순물이 유입되지 않도록 여과망이 설치되어야 한다.
⑤ 탱크의 유량을 알 수 있도록 유면계가 설치되어야 한다.
⑥ 탱크 안을 청소할 수 있는 측판이 있어야 한다.
⑦ 장치에서 스트레이너를 분해, 결합하기에 충분한 거리가 있어야 한다.
⑧ 탱크의 용량은 일반적으로 펌프 토출량의 3~5배에 해당하는 용량으로 결정한다.

■ 유압탱크의 유면은 적정범위보다 가득 찬(Full) 상태에 가깝게 유지하도록 한다.

[04] 제어밸브

■ **압력제어밸브** : 유압장치의 과부하 방지와 유압기기의 보호를 위하여 최고압력을 규제하고, 유압회로 내의 필요한 압력을 유지하는 밸브이다.

릴리프 밸브	유압회로의 최고압력을 제어하며, 회로의 압력을 일정하게 유지시키는 밸브로서 펌프와 제어밸브 사이에 설치된다.
감압(리듀싱) 밸브	유압회로에서 입구압력을 감압하여 유압실린더 출구 설정압력 유압으로 유지하는 밸브이다.
언로드(무부하) 밸브	유압장치에서 고압·소용량, 저압·대용량 펌프를 조합, 운전할 때, 작동압이 규정압력 이상으로 상승 시 동력 절감을 하기 위해 사용하는 밸브이다.
시퀀스 밸브	유압회로의 압력에 의해 유압 액추에이터의 작동 순서를 제어하는 밸브이다.
카운터밸런스 밸브	실린더가 중력으로 인하여 제어속도 이상으로 낙하하는 것을 방지하는 밸브이다.

유압 라인에서 압력에 영향을 주는 요소

① 유체의 흐름양
② 유체의 점도
③ 관로 직경의 크기

유압회로에 사용되는 3종류의 제어밸브

① **압력제어밸브** : 일의 크기 제어
② **유량제어밸브** : 일의 속도 제어
③ **방향제어밸브** : 일의 방향 제어

채터링 현상

유압계통에서 릴리프 밸브 스프링의 장력이 약화될 때 발생될 수 있는 현상으로 릴리프 밸브에서 볼(Ball)이 밸브의 시트(Seat)를 때려 소음을 발생시킨다.

▮ 유압조절밸브를 풀어 주면 압력이 낮아지고, 조여 주면 압력이 높아진다.

유량제어밸브의 속도제어 회로

① **미터 인 회로** : 유압실린더의 입구 측에 유량제어밸브를 설치하여 작동기로 유입되는 유량을 제어함으로써 작동기의 속도를 제어하는 회로
② **미터 아웃 회로** : 유압실린더 출구에 유량제어밸브 설치
③ **블리드 오프 회로** : 유압실린더 입구에 병렬로 설치

서지(Surge) 현상

유압회로 내의 밸브를 갑자기 닫았을 때, 오일의 속도에너지가 압력에너지로 변하면서 일시적으로 압력이 과도하게 증가하는 현상

※ 서지압(Surge Pressure) : 과도적으로 발생하는 이상 압력의 최댓값

▮ **방향제어밸브** : 회로 내 유체의 흐르는 방향을 조절하는 데 쓰이는 밸브이다.

체크 밸브	유압회로에서 역류를 방지하고, 회로 내의 잔류압력을 유지하는 밸브
셔틀 밸브	회로 내 유체의 흐름 방향을 제어하는 데 사용되는 밸브
디셀러레이션 밸브	액추에이터의 속도를 서서히 감속시키는 데 사용하는 밸브
스풀 밸브	원통형 슬리브 면에 내접하여 축 방향으로 이동하여 유로를 개폐하는 형식의 밸브

▮ **방향제어밸브에서 내부 누유에 영향을 미치는 요소**

밸브 간극의 크기, 밸브 양단의 압력 차, 유압유의 점도

[05] 유압실린더와 유압모터

▮ **유압 액추에이터** : 유압펌프에서 송출된 압력에너지(힘)를 기계적 에너지로 변환하는 것

▮ 실린더는 열에너지를 기계적 에너지로 변환하여 동력을 발생시킨다.

▮ 유체의 압력에너지에 의해서 모터는 회전운동을, 실린더는 직선운동을 한다.

▮ **유압실린더의 분류**

① **단동형** : 피스톤형, 플런저 램형

② **복동형** : 단로드형, 양로드형

③ **다단형** : 텔레스코픽형, 디지털형

▮ **유압실린더의 주요 구성부품** : 피스톤, 피스톤로드, 실린더 튜브, 실, 쿠션 기구 등

▮ **기계적 실(Mechanical Seal)**

유압장치에서 회전축 둘레의 누유를 방지하기 위하여 사용되는 밀봉장치(Seal)

▮ **더스트 실(Dust Seal)**

유압장치에서 피스톤로드에 있는 먼지 또는 오염물질 등이 실린더 내로 혼입되는 것을 방지하는 역할

▮ **O링(가장 많이 사용하는 패킹)의 구비조건**

① 오일 누설을 방지할 수 있을 것

② 운동체의 마모를 적게 할 것(마찰계수가 작을 것)

③ 체결력(죄는 힘)이 클 것

④ 누설을 방지하는 기구에서 탄성이 양호하고, 압축변형이 적을 것

⑤ 사용 온도 범위가 넓을 것

⑥ 내노화성이 좋을 것

⑦ 상대 금속을 부식시키지 말 것

▮ **오일 누설의 원인** : 실의 마모와 파손, 볼트의 이완 등이 있다.

▮ **쿠션 기구** : 유압실린더에서 피스톤행정이 끝날 때 발생하는 충격을 흡수하기 위해 설치하는 장치이다.

▮ **유압실린더의 움직임이 느리거나 불규칙할 때의 원인**

① 피스톤링이 마모되었다.
② 유압유의 점도가 너무 높다.
③ 회로 내에 공기가 혼입되어 있다.

▮ **유압실린더에서 실린더의 과도한 자연낙하현상(표류현상)이 발생하는 원인**

① 릴리프 밸브의 조정 불량
② 실린더 내 피스톤 실의 마모
③ 컨트롤밸브 스풀의 마모

▮ **유압실린더의 숨 돌리기 현상이 생겼을 때 일어나는 현상**

① 피스톤 작동이 불안정하게 된다.
② 시간의 지연이 생긴다.
③ 서지압이 발생한다.

▮ **실린더에 마모가 생겼을 때 나타나는 현상**

크랭크 실의 윤활유 오손, 불완전연소, 압축효율 저하, 출력의 감소

▮ 실린더 벽이 마멸되면 오일 소모량이 증가, 압축 및 폭발압력이 감소한다.

▮ **유압모터**

유체에너지를 연속적인 회전운동으로 하는 기계적 에너지로 바꾸어 주는 기기

유압모터의 종류

기어형	• 구조가 간단하고, 가격이 저렴하다. • 일반적으로 스퍼기어를 사용하나 헬리컬기어도 사용한다. • 유압유에 이물질이 혼입되어도 고장 발생이 적다.
베인형	출력토크가 일정하고, 역전 및 무단변속기로서 상당히 가혹한 조건에도 사용한다.
플런저형/ 피스톤형	• 구조가 복잡하고, 대형이다. • 펌프의 최고 토출압력, 평균 효율이 가장 높아 고압, 대출력 요구 시에 사용한다.

유압모터의 장점

넓은 범위의 무단변속이 용이하다.

유압모터의 단점

① 작동유의 점도변화에 의하여 유압모터의 사용에 제약이 있다.

② 작동유는 인화하기 쉽다.

③ 작동유에 먼지나 공기가 침입하지 않도록 특히 보수에 주의해야 한다.

유압장치의 기호

정용량형 유압펌프	가변용량형 유압펌프	유압압력계	유압동력원	어큐뮬레이터
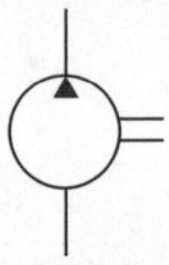	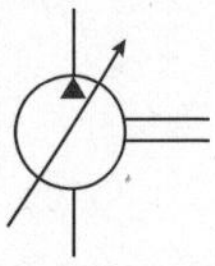		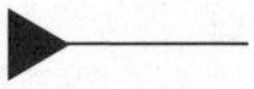	
공기유압변환기	드레인 배출기	단동실린더	체크 밸브	복동가변식 전자 액추에이터
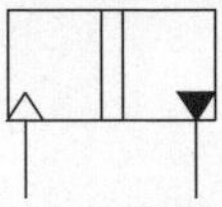	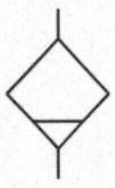	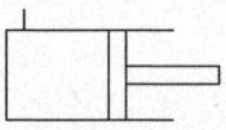	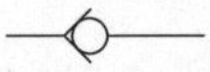	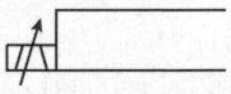
릴리프 밸브	감압 밸브	순차 밸브	무부하 밸브	전동기
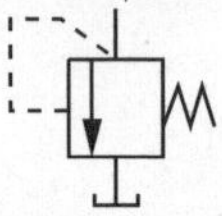	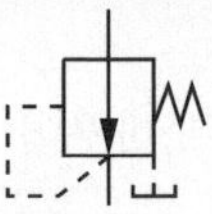	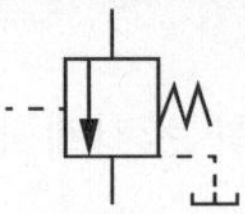	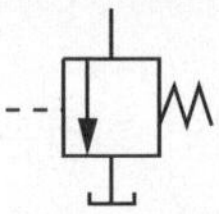	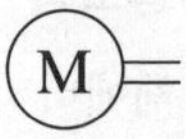 M

[06] 기타 부속장치 등

▮ 오일 냉각기

① 작동유의 온도를 40~60℃ 정도로 유지하여 열화를 방지하는 역할을 한다.
② 슬러지 형성을 방지하고, 유막의 파괴를 방지한다.

▮ 오일 쿨러(Cooler)의 구비조건

① 촉매작용이 없을 것
② 온도 조정이 잘될 것
③ 정비 및 청소하기에 편리할 것
④ 유압유 흐름저항이 작을 것

▮ 유압장치의 수명 연장을 위한 가장 중요한 요소는 오일 필터의 점검 및 교환이다.

▮ 플렉시블 호스는 유압장치에서 작동 및 움직임이 있는 곳의 연결관으로 적합하다.

▮ 나선 와이어 블레이드는 압력이 매우 높은 유압장치에 사용한다.

▮ **유압장치에서 사용되는 배관의 종류** : 강관, 스테인리스관, 알루미늄관 등

▮ 기호 회로도에 사용되는 유압기호의 표시방법

① 기호에는 흐름 방향을 표시한다.
② 각 기기의 기호는 정상상태 또는 중립상태를 표시한다.
③ 유압장치 기호도 회전표시를 할 수 있다.
④ 기호에는 각 기기의 구조나 작용압력을 표시하지 않는다.

CHAPTER

06 | 건설기계관리 법규

[01] 건설기계관리법

▮ 건설기계관리법의 목적(법 제1조)

건설기계의 등록 · 검사 · 형식승인 및 건설기계사업과 건설기계조종사면허 등에 관한 사항을 정하여 건설기계를 효율적으로 관리하고 건설기계의 안전도를 확보하여 건설공사의 기계화를 촉진함을 목적으로 한다.

▮ 건설기계(법 제2조제1항제1호)

건설공사에 사용할 수 있는 기계로서 대통령령으로 정하는 것을 말한다.

▮ 건설기계의 범위(영 [별표 1])

건설기계명	범 위
1. 불도저	무한궤도 또는 타이어식인 것
2. 굴착기	무한궤도 또는 타이어식으로 굴착장치를 가진 자체중량 1ton 이상인 것
3. 로 더	무한궤도 또는 타이어식으로 적재장치를 가진 자체중량 2ton 이상인 것. 다만, 차체굴절식 조향장치가 있는 자체중량 4ton 미만인 것은 제외
4. 지게차	타이어식으로 들어올림장치와 조종석을 가진 것. 다만, 전동식으로 솔리드타이어를 부착한 것 중 도로(「도로교통법」에 따른 도로를 말하며, 이하 같다)가 아닌 장소에서만 운행하는 것은 제외
5. 스크레이퍼	흙 · 모래의 굴착 및 운반장치를 가진 자주식인 것
6. 덤프트럭	적재용량 12ton 이상인 것. 다만, 적재용량 12ton 이상 20ton 미만의 것으로 화물운송에 사용하기 위하여 「자동차관리법」에 의한 자동차로 등록된 것을 제외
7. 기중기	무한궤도 또는 타이어식으로 강재의 지주 및 선회장치를 가진 것. 다만, 궤도(레일)식인 것을 제외
8. 모터그레이더	정지장치를 가진 자주식인 것
9. 롤 러	• 조종석과 전압장치를 가진 자주식인 것 • 피견인 진동식인 것
10. 노상안정기	노상안정장치를 가진 자주식인 것
11. 콘크리트배칭플랜트	골재저장통 · 계량장치 및 혼합장치를 가진 것으로서 원동기를 가진 이동식인 것
12. 콘크리트피니셔	정리 및 사상장치를 가진 것으로 원동기를 가진 것
13. 콘크리트살포기	정리장치를 가진 것으로 원동기를 가진 것
14. 콘크리트믹서트럭	혼합장치를 가진 자주식인 것(재료의 투입 · 배출을 위한 보조장치가 부착된 것을 포함)

건설기계명	범 위
15. 콘크리트펌프	콘크리트배송능력이 $5m^3/h$ 이상으로 원동기를 가진 이동식과 트럭적재식인 것
16. 아스팔트믹싱플랜트	골재공급장치・건조가열장치・혼합장치・아스팔트공급장치를 가진 것으로 원동기를 가진 이동식인 것
17. 아스팔트피니셔	정리 및 사상장치를 가진 것으로 원동기를 가진 것
18. 아스팔트살포기	아스팔트살포장치를 가진 자주식인 것
19. 골재살포기	골재살포장치를 가진 자주식인 것
20. 쇄석기	20kW 이상의 원동기를 가진 이동식인 것
21. 공기압축기	공기토출량이 $2.83m^3/min(7kg/cm^2$ 기준) 이상의 이동식인 것
22. 천공기	천공장치를 가진 자주식인 것
23. 항타 및 항발기	원동기를 가진 것으로 해머 또는 뽑는 장치의 중량이 0.5ton 이상인 것
24. 자갈채취기	자갈채취장치를 가진 것으로 원동기를 가진 것
25. 준설선	펌프식・버킷식・디퍼식 또는 그래브식으로 비자항식인 것. 다만, 「선박법」에 따른 선박으로 등록된 것은 제외
26. 특수건설기계	1.부터 25.까지의 규정 및 27.에 따른 건설기계와 유사한 구조 및 기능을 가진 기계류로서 국토교통부장관이 따로 정하는 것
27. 타워크레인	수직타워의 상부에 위치한 지브(Jib)를 선회시켜 중량물을 상하, 전후 또는 좌우로 이동시킬 수 있는 것으로서 원동기 또는 전동기를 가진 것. 다만, 「산업집적활성화 및 공장설립에 관한 법률」에 따라 공장등록대장에 등록된 것은 제외

건설기계사업(법 제2조)

건설기계대여업, 건설기계정비업, 건설기계매매업 및 건설기계해체재활용업을 말한다.

건설기계사업의 등록(법 제21조)

건설기계사업을 하려는 자(지방자치단체는 제외)는 대통령령으로 정하는 바에 따라 사업의 종류별로 특별자치시장・특별자치도지사・시장・군수 또는 자치구의 구청장에게 등록하여야 한다.

건설기계대여업

① 건설기계의 대여를 업(業)으로 하는 것을 말한다(법 제2조).

② 건설기계대여업 등록의 구분(영 제13조제2항)

㉠ 일반건설기계대여업 : 5대 이상의 건설기계로 운영하는 사업(2 이상의 개인 또는 법인이 공동으로 운영하는 경우를 포함)

㉡ 개별건설기계대여업 : 1인의 개인 또는 법인이 4대 이하의 건설기계로 운영하는 사업

건설기계정비업

① 건설기계를 분해·조립 또는 수리하고 그 부분품을 가공제작·교체하는 등 건설기계를 원활하게 사용하기 위한 모든 행위(경미한 정비행위 등 국토교통부령으로 정하는 것은 제외)를 업으로 하는 것을 말한다(법 제2조).

※ 건설기계정비업의 범위에서 제외되는 행위(규칙 제1조의3)

- 오일의 보충
- 에어클리너 엘리먼트 및 필터류의 교환
- 배터리·전구의 교환
- 타이어의 점검·정비 및 트랙의 장력 조정
- 창유리의 교환

② 건설기계정비업 등록의 구분(영 제14조제2항)

㉠ 종합건설기계정비업

㉡ 부분건설기계정비업

㉢ 전문건설기계정비업

건설기계매매업(법 제2조)

중고(中古) 건설기계의 매매 또는 그 매매의 알선과 그에 따른 등록사항에 관한 변경신고의 대행을 업으로 하는 것을 말한다.

건설기계해체재활용업(법 제2조)

폐기 요청된 건설기계의 인수(引受), 재사용 가능한 부품의 회수, 폐기 및 그 등록말소 신청의 대행을 업으로 하는 것을 말한다.

타이어식 건설기계의 조명장치 설치(건설기계 안전기준에 관한 규칙 제155조제1항)

구분	조명장치
1. 최고주행속도가 15km/h 미만인 건설기계	가. 전조등 나. 제동등(단, 유량 제어로 속도를 감속하거나 가속하는 건설기계는 제외) 다. 후부반사기 라. 후부반사판 또는 후부반사지
2. 최고주행속도가 15km/h 이상 50km/h 미만인 건설기계	가. 1.에 해당하는 조명장치 나. 방향지시등 다. 번호등 라. 후미등 마. 차폭등
3. 「도로교통법」에 따른 운전면허를 받아 조종하는 건설기계 또는 50km/h 이상 운전이 가능한 타이어식 건설기계	가. 1. 및 2.에 따른 조명장치 나. 후퇴등 다. 비상점멸 표시등

■ 건설기계 안전기준에 관한 규칙상 건설기계 "높이"의 정의(건설기계 안전기준에 관한 규칙 제2조)

작업장치를 부착한 자체중량 상태의 건설기계의 가장 위쪽 끝이 만드는 수평면으로부터 지면까지의 최단거리를 말한다.

[02] 건설기계의 등록 · 검사

■ 건설기계의 등록(법 제3조제1~3항)

① 건설기계의 소유자는 대통령령으로 정하는 바에 따라 건설기계를 등록하여야 한다.

> **등록의 신청(영 제3조제1 · 2항)**
>
> ① 법 제3조제1항에 따라 건설기계를 등록하려는 건설기계의 소유자는 건설기계등록신청서(전자문서로 된 신청서를 포함)에 다음의 서류(전자문서를 포함)를 첨부하여 건설기계소유자의 주소지 또는 건설기계의 사용본거지를 관할하는 특별시장 · 광역시장 · 도지사 또는 특별자치도지사(시 · 도지사)에게 제출하여야 한다.
>
> ㉠ 다음의 구분에 따른 해당 건설기계의 출처를 증명하는 서류(단, 해당 서류를 분실한 경우에는 해당 서류의 발행사실을 증명하는 서류(원본 발행기관에서 발행한 것으로 한정)로 대체 가능)
>
> - 국내에서 제작한 건설기계 : 건설기계제작증
> - 수입한 건설기계 : 수입면장 등 수입사실을 증명하는 서류(단, 타워크레인의 경우에는 건설기계제작증을 추가로 제출하여야 함)
> - 행정기관으로부터 매수한 건설기계 : 매수증서
>
> ㉡ 건설기계의 소유자임을 증명하는 서류. 다만, ㉠의 서류가 건설기계의 소유자임을 증명할 수 있는 경우에는 당해 서류로 갈음할 수 있다.
>
> ㉢ 건설기계제원표
>
> ㉣ 「자동차손해배상보장법」에 따른 보험 또는 공제의 가입을 증명하는 서류(「자동차손해배상보장법 시행령」에 해당되는 건설기계의 경우에 한정하되, 시장 · 군수 또는 구청장(자치구의 구청장을 말함)에게 신고한 매매용 건설기계를 제외)
>
> ② ①의 규정에 의한 건설기계등록신청은 건설기계를 취득한 날(판매를 목적으로 수입된 건설기계의 경우에는 판매한 날)부터 2월 이내에 하여야 한다. 다만, 전시 · 사변 기타 이에 준하는 국가비상사태하에 있어서는 5일 이내에 신청하여야 한다.

② 건설기계의 소유자가 ①에 따른 등록을 할 때에는 특별시장 · 광역시장 · 특별자치시장 · 도지사 또는 특별자치도지사(시 · 도지사)에게 건설기계 등록신청을 하여야 한다.

③ 시 · 도지사는 ②에 따른 건설기계 등록신청을 받으면 신규등록검사를 한 후 건설기계등록원부에 필요한 사항을 적고, 그 소유자에게 건설기계등록증을 발급하여야 한다.

자동차손해배상보장법에 따른 자동차보험에 반드시 가입하여야 하는 건설기계의 범위(자동차손해배상보장법 시행령 제2조)

① 덤프트럭
② 타이어식 기중기
③ 콘크리트믹서트럭
④ 트럭적재식 콘크리트펌프
⑤ 트럭적재식 아스팔트살포기
⑥ 타이어식 굴착기
⑦ 「건설기계관리법 시행령」 [별표 1]에 따른 특수건설기계 중 다음의 특수건설기계
   ㉠ 트럭지게차
   ㉡ 도로보수트럭
   ㉢ 노면측정장비(노면측정장치를 가진 자주식인 것)

미등록 건설기계의 임시운행(규칙 제6조)

① 규정에 의하여 건설기계의 등록 전에 일시적으로 운행을 할 수 있는 경우
   ㉠ 등록신청을 하기 위하여 건설기계를 등록지로 운행하는 경우
   ㉡ 신규등록검사 및 확인검사를 받기 위하여 건설기계를 검사장소로 운행하는 경우
   ㉢ 수출을 하기 위하여 건설기계를 선적지로 운행하는 경우
   ㉣ 수출을 하기 위하여 등록말소한 건설기계를 점검・정비의 목적으로 운행하는 경우
   ㉤ 신개발 건설기계를 시험・연구의 목적으로 운행하는 경우
   ㉥ 판매 또는 전시를 위하여 건설기계를 일시적으로 운행하는 경우
② ①의 사유로 건설기계를 임시운행하고자 하는 자는 임시번호표를 제작하여 부착하여야 한다. 이 경우 건설기계를 제작・조립 또는 수입한 자가 판매한 건설기계에 대하여는 제작・조립 또는 수입한 자가 기준에 따라 제작한 임시번호표를 부착하여야 한다.
③ 임시운행기간은 15일 이내로 한다. 다만, ① ㉤의 경우에는 3년 이내로 한다.

등록사항의 변경신고(영 제5조제1항)

건설기계의 소유자는 건설기계등록사항에 변경(주소지 또는 사용본거지가 변경된 경우를 제외)이 있는 때에는 그 변경이 있은 날부터 30일(상속의 경우에는 상속개시일부터 6개월) 이내에 건설기계등록사항변경신고서(전자문서로 된 신고서를 포함)에 다음의 서류(전자문서를 포함)를 첨부하여 등록을 한 시・도지사에게 제출하여야 한다. 다만, 전시・사변 기타 이에 준하는 국가비상사태하에 있어서는 5일 이내에 하여야 한다.

① 변경내용을 증명하는 서류
② 건설기계등록증(자가용 건설기계 소유자의 주소지 또는 사용본거지가 변경된 경우는 제외)
③ 건설기계검사증(자가용 건설기계 소유자의 주소지 또는 사용본거지가 변경된 경우는 제외)

▌ 등록이전(영 제6조제1항 전단)

건설기계의 소유자는 등록한 주소지 또는 사용본거지가 변경된 경우(시・도 간의 변경이 있는 경우에 한함)에는 그 변경이 있은 날부터 30일(상속의 경우에는 상속개시일부터 6개월) 이내에 건설기계등록이전신고서에 소유자의 주소 또는 건설기계의 사용본거지의 변경사실을 증명하는 서류와 건설기계등록증 및 건설기계검사증을 첨부하여 새로운 등록지를 관할하는 시・도지사에게 제출(전자문서에 의한 제출을 포함)하여야 한다.

▌ 등록의 말소(법 제6조제1항)

시・도지사는 등록된 건설기계가 다음의 어느 하나에 해당하는 경우에는 그 소유자의 신청이나 시・도지사의 직권으로 등록을 말소할 수 있다. 다만, ①, ⑤, ⑧(건설기계의 강제처리(법 제34조의2 제2항)에 따라 폐기한 경우로 한정) 또는 ⑫에 해당하는 경우에는 직권으로 등록을 말소하여야 한다.
① 거짓이나 그 밖의 부정한 방법으로 등록을 한 경우
② 건설기계가 천재지변 또는 이에 준하는 사고 등으로 사용할 수 없게 되거나 멸실된 경우
③ 건설기계의 차대(車臺)가 등록 시의 차대와 다른 경우
④ 건설기계가 건설기계안전기준에 적합하지 아니하게 된 경우
⑤ 정기검사 명령, 수시검사 명령 또는 정비 명령에 따르지 아니한 경우
⑥ 건설기계를 수출하는 경우
⑦ 건설기계를 도난당한 경우
⑧ 건설기계를 폐기한 경우
⑨ 건설기계해체재활용업을 등록한 자(건설기계해체재활용업자)에게 폐기를 요청한 경우
⑩ 구조적 제작 결함 등으로 건설기계를 제작자 또는 판매자에게 반품한 경우
⑪ 건설기계를 교육・연구 목적으로 사용하는 경우
⑫ 대통령령으로 정하는 내구연한을 초과한 건설기계. 다만, 정밀진단을 받아 연장된 경우는 그 연장기간을 초과한 건설기계
⑬ 건설기계를 횡령 또는 편취당한 경우

■ 등록 말소 신청(법 제6조제2항)

건설기계의 소유자는 다음의 구분에 따라 시・도지사에게 등록 말소를 신청하여야 한다.

① 다음의 어느 하나에 해당하는 사유가 발생한 경우 : 사유가 발생한 날부터 30일 이내

㉠ 건설기계가 천재지변 또는 이에 준하는 사고 등으로 사용할 수 없게 되거나 멸실된 경우

㉡ 건설기계를 폐기한 경우(건설기계의 강제처리(법 제34조의2제2항)에 따라 폐기한 경우는 제외)

㉢ 건설기계해체재활용업을 등록한 자(건설기계해체재활용업자)에게 폐기를 요청한 경우

㉣ 구조적 제작 결함 등으로 건설기계를 제작자 또는 판매자에게 반품한 경우

㉤ 건설기계를 교육・연구 목적으로 사용하는 경우

② 건설기계를 도난당한 경우에 해당하는 사유가 발생한 경우 : 사유가 발생한 날부터 2개월 이내

■ 등록원부의 보존(규칙 제12조)

시・도지사는 건설기계등록원부를 건설기계의 등록을 말소한 날부터 10년간 보존하여야 한다.

■ 건설기계등록번호표(등록번호표)에는 용도・기종 및 등록번호를 표시하여야 한다(규칙 제13조제1항).

■ 건설기계 등록번호표 색상, 일련번호 및 기종별 기호표시(규칙 [별표 2])

① 등록번호표 일련번호와 색상

구 분		일련번호(숫자)	번호표의 색상
비사업용	관 용	0001 ~ 0999	흰색 바탕에 검은색 문자
	자가용	1000 ~ 5999	
대여사업용		6000 ~ 9999	주황색 바탕에 검은색 문자

② 기종별 기호표시

01 : 불도저
02 : 굴착기
03 : 로더
04 : 지게차
05 : 스크레이퍼
06 : 덤프트럭
07 : 기중기
08 : 모터그레이더
09 : 롤러
10 : 노상안정기
11 : 콘크리트배칭플랜트
12 : 콘크리트피니셔
13 : 콘크리트살포기
14 : 콘크리트믹서트럭
15 : 콘크리트펌프
16 : 아스팔트믹싱플랜트
17 : 아스팔트피니셔
18 : 아스팔트살포기
19 : 골재살포기
20 : 쇄석기
21 : 공기압축기
22 : 천공기
23 : 항타 및 항발기
24 : 자갈채취기
25 : 준설선
26 : 특수건설기계
27 : 타워크레인

▮ 등록번호표의 반납(법 제9조)

등록된 건설기계의 소유자는 다음의 어느 하나에 해당하는 경우에는 10일 이내에 등록번호표의 봉인을 떼어낸 후 그 등록번호표를 국토교통부령으로 정하는 바에 따라 시·도지사에게 반납하여야 한다. 다만, 건설기계가 천재지변 또는 이에 준하는 사고 등으로 사용할 수 없게 되거나 멸실된 경우, 건설기계를 도난당한 경우 또는 건설기계를 폐기한 경우의 사유로 등록을 말소하는 경우에는 그러하지 아니하다.

① 건설기계의 등록이 말소된 경우

② **건설기계의 등록사항 중 다음의 사항(대통령령으로 정하는 사항)이 변경된 경우(영 제10조)**

㉠ 등록된 건설기계 소유자의 주소지 또는 사용본거지의 변경(시·도 간의 변경이 있는 경우에 한함)

㉡ 등록번호의 변경

③ 등록번호표의 부착 및 봉인을 신청하는 경우

▮ 특별표지판 부착을 하여야 하는 대형건설기계의 범위(건설기계 안전기준에 관한 규칙 제2조)

① 길이가 16.7m를 초과하는 건설기계

② 너비가 2.5m를 초과하는 건설기계

③ 높이가 4.0m를 초과하는 건설기계

④ 최소회전반경이 12m를 초과하는 건설기계

⑤ 총중량이 40ton을 초과하는 건설기계(단, 굴착기, 로더 및 지게차는 운전중량이 40ton을 초과하는 경우를 말한다)

⑥ 총중량 상태에서 축하중이 10ton을 초과하는 건설기계(단, 굴착기, 로더 및 지게차는 운전중량 상태에서 축하중이 10ton을 초과하는 경우를 말한다)

▮ 건설기계 검사의 종류(법 제13조제1항)

① **신규등록검사** : 건설기계를 신규로 등록할 때 실시하는 검사

② **정기검사** : 건설공사용 건설기계로서 3년의 범위에서 국토교통부령으로 정하는 검사유효기간이 끝난 후에 계속하여 운행하려는 경우에 실시하는 검사와 「대기환경보전법」 및 「소음·진동관리법」에 따른 운행차의 정기검사

③ **구조변경검사** : 건설기계의 주요 구조를 변경하거나 개조한 경우 실시하는 검사

④ **수시검사** : 성능이 불량하거나 사고가 자주 발생하는 건설기계의 안전성 등을 점검하기 위하여 수시로 실시하는 검사와 건설기계 소유자의 신청을 받아 실시하는 검사

▌정기검사의 신청 등(규칙 제23조제1·4·5항)

① 정기검사를 받으려는 자는 검사유효기간의 만료일 전후 각각 31일 이내의 기간[검사 또는 명령이행 기간의 연장(규칙 제31조의2제3항)에 따라 검사유효기간이 연장된 경우로서 타워크레인 또는 천공기(터널보링식 및 실드굴진식으로 한정한다)가 해체된 경우에는 설치 이후부터 사용 전까지의 기간으로 하고, 검사유효기간이 경과한 건설기계로서 소유권이 이전된 경우에는 이전등록한 날부터 31일 이내의 기간으로 하며, 이하 "정기검사 신청기간"이라 한다]에 별도 서식의 정기검사 신청서를 시·도지사에게 제출해야 한다. 다만, 검사대행자가 지정된 경우에는 검사대행자에게 이를 제출해야 하고, 검사대행자는 받은 신청서 중 타워크레인 정기검사신청서가 있는 경우에는 총괄기관이 해당 검사신청의 접수 및 검사업무의 배정을 할 수 있도록 그 신청서와 첨부서류를 총괄기관에 즉시 송부해야 한다.

② ①에 따라 검사신청(타워크레인의 경우 검사업무의 배정을 말한다)을 받은 시·도지사 또는 검사대행자는 신청을 받은 날(타워크레인의 경우 검사업무를 배정받은 날을 말한다)부터 5일 이내에 검사일시와 검사장소를 지정하여 신청인에게 통지해야 한다. 이 경우 검사장소는 건설기계소유자의 신청에 따라 변경할 수 있다.

③ 시·도지사 또는 검사대행자는 검사결과 해당 건설기계가 검사기준에 적합하다고 인정하는 경우에는 건설기계검사증에 유효기간을 적어 발급해야 한다. 이 경우 유효기간의 산정은 정기검사신청기간까지 정기검사를 신청한 경우에는 종전 검사유효기간 만료일의 다음 날부터, 그 외의 경우에는 검사를 받은 날의 다음 날부터 기산한다.

▌정기검사 유효기간(규칙 [별표 7])

① 연식 20년 이하
   ㉠ 1년 : 덤프트럭, 콘크리트 믹서트럭, 콘크리트펌프(트럭적재식), 도로보수트럭(타이어식), 트럭지게차(타이어식)
   ㉡ 2년 : 로더(타이어식), 지게차(1ton 이상), 모터그레이더, 노면파쇄기(타이어식), 노면측정장비(타이어식), 수목이식기(타이어식)
   ㉢ 3년 : 그 밖의 특수건설기계, 그 밖의 건설기계

② 연식 20년 초과
   ㉠ 6개월 : 덤프트럭, 콘크리트 믹서트럭, 콘크리트펌프(트럭적재식), 도로보수트럭(타이어식), 트럭지게차(타이어식)
   ㉡ 1년 : 로더(타이어식), 지게차(1ton 이상), 모터그레이더, 특수건설기계(노면파쇄기(타이어식), 노면측정장비(타이어식), 수목이식기(타이어식), 그 밖의 특수건설기계), 그 밖의 건설기계

③ 연식의 기준 없는 건설기계, 특수건설기계의 정기검사 유효기간
   ㉠ 6개월마다 : 타워크레인
   ㉡ 1년마다 : 굴착기, 기중기, 아스팔트살포기, 천공기, 항타 및 항발기, 터널용 고소작업차

※ 신규등록 후의 최초 유효기간의 산정은 등록일부터 기산하며, 연식은 신규등록일(수입된 중고건설기계의 경우 제작연도의 12월 31일)부터 기산하며, 타워크레인을 이동 설치하는 경우에는 이동 설치할 때마다 정기검사를 받아야 한다.

검사 또는 명령이행 기간의 연장(규칙 제31조의2)

① 건설기계의 소유자는 천재지변, 건설기계의 도난, 사고발생, 압류, 31일 이상에 걸친 정비 또는 그 밖의 부득이한 사유로 규정에 따른 검사 또는 정기검사 명령, 수시검사 명령 또는 정비 명령의 이행을 위한 검사(이하 "정기검사 등"이라 한다)의 신청기간 내에 검사를 신청할 수 없는 경우에는 정기검사 등 신청기간 만료일까지 별도 서식의 검사·명령이행 기간 연장신청서에 연장사유를 증명할 수 있는 서류를 첨부하여 시·도지사(정기검사, 구조변경검사, 수시검사의 경우로서 검사대행자가 지정된 경우에는 검사대행자)에게 제출해야 한다.

② ①에 따라 검사·명령이행 기간 연장신청을 받은 시·도지사는 그 신청일부터 5일 이내에 검사·명령이행 기간의 연장 여부를 결정하여 신청인에게 서면으로 통지하고 검사대행자에게 통보해야 한다. 이 경우 검사·명령이행 기간 연장 불허통지를 받은 자는 정기검사 등의 신청기간 만료일부터 10일 이내에 검사신청을 해야 한다.

③ ②에 따라 검사·명령이행 기간을 연장하는 경우 그 연장기간은 다음의 구분에 따른 기간 이내로 한다. 이 경우 정기검사, 구조변경검사, 수시검사는 ㉠에 따른 연장기간동안 검사유효기간이 연장된 것으로 본다.

㉠ 정기검사, 구조변경검사, 수시검사 : 6개월[다만, 남북경제협력 등으로 북한지역의 건설공사에 사용되는 건설기계와 해외임대를 위하여 일시 반출되는 건설기계의 경우에는 반출기간, 압류된 건설기계의 경우에는 그 압류기간, 타워크레인 또는 천공기(터널보링식 및 실드굴진식으로 한정)가 해체된 경우에는 해체되어 있는 기간으로 한다]

㉡ 정기검사 명령, 수시검사 명령 또는 정비 명령 : 31일

④ 시·도지사는 정기검사 등을 신청한 건설기계가 섬지역(육지와 연결된 섬지역 및 제주도는 제외한다) 또는 산간벽지에 위치한 경우에는 검사대행자의 요청에 따라 필요하다고 인정되는 기간 동안 정기검사 등의 처리기간을 연장할 수 있다. 이 경우 검사대행자는 건설기계의 소유자에게 예상되는 처리기간을 지체 없이 서면으로 통지해야 한다.

⑤ 건설기계의 소유자가 해당 건설기계를 사용하는 사업을 영위하는 경우로서 해당 사업의 휴업을 신고한 경우에는 해당 사업의 개시신고를 하는 때까지 검사유효기간이 연장된 것으로 본다.

⑥ 건설기계매매업자가 규정에 따라 시장·군수·구청장에게 매매용 건설기계를 사업장에 제시한 사실을 신고한 경우에는 해당 건설기계의 매도를 신고하는 때까지 검사유효기간이 연장된 것으로 본다.

▮ 구조변경검사 시 신청서류(규칙 제25조제1항 전단)

구조변경검사를 받으려는 자는 주요 구조를 변경 또는 개조한 날부터 20일 이내에 건설기계구조변경검사신청서에 다음의 서류를 첨부하여 시·도지사에게 제출해야 한다.

① 변경 전·후의 주요제원대비표

② 변경 전·후의 건설기계의 외관도(외관의 변경이 있는 경우에 한함)

③ 변경한 부분의 도면

④ 선급법인 또는 한국해양교통안전공단이 발행한 안전도검사증명서(수상작업용 건설기계에 한함)

⑤ 규정에 의하여 건설기계를 제작하거나 조립하는 자 또는 규정에 의하여 건설기계정비업자의 등록을 한 자가 발행하는 구조변경사실을 증명하는 서류

▮ 정기검사 명령(법 제13조제5항, 규칙 제30조제1항)

① 시·도지사는 정기검사를 받지 아니한 건설기계의 소유자에게 국토교통부령으로 정하는 바에 따라 정기검사를 받을 것을 명령하여야 한다.

② 시·도지사는 정기검사를 받지 않은 건설기계의 소유자에게 정기검사를 명령하려는 때에는 정기검사 명령의 이행을 위한 검사의 신청기간을 31일 이내로 정하여 건설기계의 소유자에게 별도 서식의 건설기계 정기검사명령서를 서면으로 통지해야 한다. 다만, 건설기계소유자의 주소 등을 통상적인 방법으로 확인할 수 없거나 통지가 불가능한 경우에는 해당 특별시·광역시·특별자치시·도 또는 특별자치도의 공보 및 인터넷 홈페이지에 공고해야 한다.

▮ 정비명령(규칙 제31조제1항)

시·도지사는 검사에 불합격된 건설기계에 대해서는 31일 이내의 기간을 정하여 해당 건설기계의 소유자에게 검사를 완료한 날(검사를 대행하게 한 경우에는 검사결과를 보고받은 날)부터 10일 이내에 정비명령을 해야 한다. 다만, 건설기계소유자의 주소 등을 통상적인 방법으로 확인할 수 없거나 통지가 불가능한 경우에는 해당 시·도의 공보 및 인터넷 홈페이지에 공고해야 한다.

▮ 검사대행

① 국토교통부장관은 필요하다고 인정하면 건설기계의 검사에 관한 시설 및 기술능력을 갖춘 자를 지정하여 검사의 전부 또는 일부를 대행하게 할 수 있다(법 제14조제1항).

② 검사대행자로 지정을 받으려는 자는 건설기계검사대행자지정신청서에 다음의 서류를 첨부하여 국토교통부장관에게 제출해야 한다(규칙 제33조제1항).

㉠ 규정에 의한 시설의 소유권 또는 사용권이 있음을 증명하는 서류

㉡ 보유하고 있는 기술자의 명단 및 그 자격을 증명하는 서류

㉢ 검사업무규정안

▮ 검사장소(규칙 제32조)

① 다음에 해당하는 건설기계에 대하여 검사를 하는 경우에는 [별표 9]의 규정에 의한 시설을 갖춘 검사장소(검사소)에서 검사를 하여야 한다.

㉠ 덤프트럭

㉡ 콘크리트믹서트럭

㉢ 콘크리트펌프(트럭적재식)

㉣ 아스팔트살포기

㉤ 트럭지게차(국토교통부장관이 정하는 특수건설기계인 트럭지게차)

② ①의 건설기계가 다음의 어느 하나에 해당하는 경우에는 ①의 규정에 불구하고 해당 건설기계가 위치한 장소에서 검사할 수 있다.

㉠ 도서지역에 있는 경우

㉡ 자체중량이 40ton을 초과하거나 축하중이 10ton을 초과하는 경우

㉢ 너비가 2.5m를 초과하는 경우

㉣ 최고속도가 35km/h 미만인 경우

③ ①의 건설기계 외의 건설기계에 대하여는 건설기계가 위치한 장소에서 검사를 할 수 있다.

▮ 건설기계의 구조변경범위(규칙 제42조)

규정에 의한 주요 구조의 변경 및 개조의 범위는 다음과 같다. 다만, 건설기계의 기종변경, 육상작업용 건설기계규격의 증가 또는 적재함의 용량증가를 위한 구조변경은 이를 할 수 없다.

① 원동기 및 전동기의 형식변경

② 동력전달장치의 형식변경

③ 제동장치의 형식변경

④ 주행장치의 형식변경

⑤ 유압장치의 형식변경

⑥ 조종장치의 형식변경

⑦ 조향장치의 형식변경

⑧ 작업장치의 형식변경. 다만, 가공작업을 수반하지 아니하고 작업장치를 선택부착하는 경우에는 작업장치의 형식변경으로 보지 아니한다.

⑨ 건설기계의 길이・너비・높이 등의 변경

⑩ 수상작업용 건설기계의 선체의 형식변경

⑪ 타워크레인 설치기초 및 전기장치의 형식변경

▮ 건설기계의 형식 승인(법 제18조제2항)

건설기계를 제작·조립 또는 수입(제작 등)하려는 자는 해당 건설기계의 형식에 관하여 국토교통부령으로 정하는 바에 따라 국토교통부장관의 승인을 받아야 한다. 다만, 대통령령으로 정하는 건설기계의 경우에는 그 건설기계의 제작 등을 한 자가 국토교통부령으로 정하는 바에 따라 그 형식에 관하여 국토교통부장관에게 신고하여야 한다.

▮ 건설기계의 사후관리(규칙 제55조제1·2항)

① 건설기계형식에 관한 승인을 얻거나 그 형식을 신고한 자(제작자 등)는 건설기계를 판매한 날부터 12개월(당사자 간에 12개월을 초과하여 별도 계약하는 경우에는 그 해당 기간) 동안 무상으로 건설기계의 정비 및 정비에 필요한 부품을 공급하여야 한다. 다만, 취급설명서에 따라 관리하지 아니함으로 인하여 발생한 고장 또는 하자와 정기적으로 교체하여야 하는 부품 또는 소모성 부품에 대하여는 유상으로 정비하거나 정비에 필요한 부품을 공급할 수 있다.

② ①의 경우 12개월 이내에 건설기계의 주행거리가 20,000km(원동기 및 차동장치의 경우에는 40,000km)를 초과하거나 가동시간이 2,000시간을 초과하는 때에는 12개월이 경과한 것으로 본다.

[03] 건설기계조종사의 면허

▮ 건설기계조종사면허(법 제26조제1항)

건설기계를 조종하려는 사람은 시장·군수 또는 구청장에게 건설기계조종사면허를 받아야 한다. 다만, 국토교통부령으로 정하는 건설기계를 조종하려는 사람은 「도로교통법」 제80조에 따른 운전면허를 받아야 한다.

▮ 건설기계조종사면허증 발급신청(규칙 제71조제1항)

건설기계조종사면허를 받고자 하는 자는 건설기계조종사면허증 발급신청서에 다음의 서류를 첨부하여 시장·군수 또는 구청장에게 제출해야 한다.

① 신체검사서

② 소형건설기계조종교육이수증(소형건설기계조종사면허증을 발급 신청하는 경우에 한정)

③ 건설기계조종사면허증(건설기계조종사면허를 받은 자가 면허의 종류를 추가하고자 하는 때에 한함)

④ 신청일 전 6개월 이내에 모자 등을 쓰지 않고 촬영한 천연색 상반신 정면사진 1장

▮ 「도로교통법」에 의한 운전면허를 받아 조종하여야 하는 건설기계의 종류(규칙 제73조제1항)

덤프트럭, 아스팔트살포기, 노상안정기, 콘크리트믹서트럭, 콘크리트펌프, 천공기(트럭적재식), 특수건설기계 중 국토교통부장관이 지정하는 건설기계

▮ 소형건설기계의 조종에 관한 교육과정의 이수로 「국가기술자격법」에 따른 기술자격의 취득을 대신할 수 있는 국토교통부령으로 정하는 소형건설기계(규칙 제73조제2항)

① 5ton 미만의 불도저
② 5ton 미만의 로더
③ 5ton 미만의 천공기(단, 트럭적재식은 제외)
④ 3ton 미만의 지게차
⑤ 3ton 미만의 굴착기
⑥ 3ton 미만의 타워크레인
⑦ 공기압축기
⑧ 콘크리트펌프(단, 이동식에 한정)
⑨ 쇄석기
⑩ 준설선

▮ 건설기계조종사면허의 종류(규칙 [별표 21])

면허의 종류	조종할 수 있는 건설기계
1. 불도저	불도저
2. 5ton 미만의 불도저	5ton 미만의 불도저
3. 굴착기	굴착기
4. 3ton 미만의 굴착기	3ton 미만의 굴착기
5. 로 더	로 더
6. 3ton 미만의 로더	3ton 미만의 로더
7. 5ton 미만의 로더	5ton 미만의 로더
8. 지게차	지게차
9. 3ton 미만의 지게차	3ton 미만의 지게차
10. 기중기	기중기
11. 롤 러	롤러, 모터그레이더, 스크레이퍼, 아스팔트피니셔, 콘크리트피니셔, 콘크리트살포기 및 골재살포기
12. 이동식 콘크리트펌프	이동식 콘크리트펌프
13. 쇄석기	쇄석기, 아스팔트믹싱플랜트 및 콘크리트배칭플랜트
14. 공기압축기	공기압축기
15. 천공기	천공기(타이어식, 무한궤도식 및 굴진식을 포함. 단, 트럭적재식은 제외), 항타 및 항발기

면허의 종류	조종할 수 있는 건설기계
16. 5ton 미만의 천공기	5ton 미만의 천공기(트럭적재식은 제외)
17. 준설선	준설선 및 자갈채취기
18. 타워크레인	타워크레인
19. 3ton 미만의 타워크레인	3ton 미만의 타워크레인 중 세부 규격에 적합한 타워크레인

▌ 건설기계조종사의 적성검사 기준(규칙 제76조제1항)

① 두 눈을 동시에 뜨고 잰 시력(교정시력 포함)이 0.7 이상이고, 두 눈의 시력(교정시력 포함)이 각각 0.3 이상일 것

② 55dB(보청기를 사용하는 사람은 40dB)의 소리를 들을 수 있고, 언어분별력이 80% 이상일 것

③ 시각은 150° 이상일 것

④ 다음의 사유에 해당되지 아니할 것

㉠ 건설기계 조종상의 위험과 장해를 일으킬 수 있는 정신질환자 또는 뇌전증환자로서 국토교통부령으로 정하는 사람

㉡ 건설기계 조종상의 위험과 장해를 일으킬 수 있는 마약·대마·향정신성의약품 또는 알코올중독자로서 국토교통부령으로 정하는 사람

▌ 건설기계조종사면허의 결격사유(법 제27조)

다음의 어느 하나에 해당하는 사람은 건설기계조종사면허를 받을 자격이 없다.

① 18세 미만인 사람

② 건설기계 조종상의 위험과 장해를 일으킬 수 있는 정신질환자 또는 뇌전증환자로서 국토교통부령으로 정하는 사람

③ 앞을 보지 못하는 사람, 듣지 못하는 사람, 그 밖에 국토교통부령으로 정하는 장애인

④ 건설기계 조종상의 위험과 장해를 일으킬 수 있는 마약·대마·향정신성의약품 또는 알코올중독자로서 국토교통부령으로 정하는 사람

⑤ 법 제28조제1호부터 제7호까지의 어느 하나에 해당하는 사유로 건설기계조종사면허가 취소된 날부터 1년(거짓이나 그 밖의 부정한 방법으로 건설기계조종사면허를 받은 경우 및 건설기계조종사면허의 효력정지기간 중 건설기계를 조종한 경우의 사유로 취소된 경우에는 2년)이 지나지 아니하였거나 건설기계조종사면허의 효력정지처분 기간 중에 있는 사람

건설기계조종사면허의 취소 · 정지처분기준(규칙 [별표 22])

위반행위	처분기준
① 거짓이나 그 밖의 부정한 방법으로 건설기계조종사면허를 받은 경우	취 소
② 건설기계조종사면허의 효력정지기간 중 건설기계를 조종한 경우	취 소
③ 다음 중 어느 하나에 해당하게 된 경우 ㉠ 건설기계 조종상의 위험과 장해를 일으킬 수 있는 정신질환자 또는 뇌전증환자로서 국토교통부령으로 정하는 사람 ㉡ 앞을 보지 못하는 사람, 듣지 못하는 사람, 그 밖에 국토교통부령으로 정하는 장애인 ㉢ 건설기계 조종상의 위험과 장해를 일으킬 수 있는 마약 · 대마 · 향정신성의약품 또는 알코올중독자로서 국토교통부령으로 정하는 사람	취 소
④ 건설기계의 조종 중 고의 또는 과실로 중대한 사고를 일으킨 경우 ㉠ 인명피해 • 고의로 인명피해(사망 · 중상 · 경상 등)를 입힌 경우 • 과실로 「산업안전보건법」에 따른 중대재해가 발생한 경우 • 그 밖의 인명피해를 입힌 경우 – 사망 1명마다 – 중상 1명마다 – 경상 1명마다 ㉡ 재산피해 : 피해금액 50만원마다 ㉢ 건설기계의 조종 중 고의 또는 과실로 「도시가스사업법」에 따른 가스공급시설을 손괴하거나 가스공급시설의 기능에 장애를 입혀 가스의 공급을 방해한 경우	 취 소 취 소 면허효력정지 45일 면허효력정지 15일 면허효력정지 5일 면허효력정지 1일 (90일을 넘지 못함) 면허효력정지 180일
⑤ 「국가기술자격법」에 따른 해당 분야의 기술자격이 취소되거나 정지된 경우	「국가기술자격법」에 따라 조치
⑥ 건설기계조종사면허증을 다른 사람에게 빌려 준 경우	취 소
⑦ 법을 위반하여 술에 취하거나 마약 등 약물을 투여한 상태에서 조종한 경우 ㉠ 술에 취한 상태(혈중알코올농도 0.03% 이상 0.08% 미만을 말한다. 이하 같다)에서 건설기계를 조종한 경우 ㉡ 술에 취한 상태에서 건설기계를 조종하다가 사고로 사람을 죽게 하거나 다치게 한 경우 ㉢ 술에 만취한 상태(혈중알코올농도 0.08% 이상)에서 건설기계를 조종한 경우 ㉣ 2회 이상 술에 취한 상태에서 건설기계를 조종하여 면허효력정지를 받은 사실이 있는 사람이 다시 술에 취한 상태에서 건설기계를 조종한 경우 ㉤ 약물(마약, 대마, 향정신성 의약품 및 「유해화학물질 관리법 시행령」에 따른 환각물질)을 투여한 상태에서 건설기계를 조종한 경우	 면허효력정지 60일 취 소 취 소 취 소 취 소
⑧ 정기적성검사를 받지 않고 1년이 지난 경우	취 소
⑨ 정기적성검사 또는 수시적성검사에서 불합격한 경우	취 소

▌ 건설기계조종사면허증의 반납(규칙 제80조)

① 건설기계조종사면허를 받은 사람은 다음의 어느 하나에 해당하는 때에는 그 사유가 발생한 날부터 10일 이내에 시장・군수 또는 구청장에게 그 면허증을 반납해야 한다.

㉠ 면허가 취소된 때

㉡ 면허의 효력이 정지된 때

㉢ 면허증의 재교부를 받은 후 잃어버린 면허증을 발견한 때

② 건설기계조종사면허를 받은 사람은 본인의 의사에 따라 해당 면허를 자진해서 시장・군수 또는 구청장에게 반납할 수 있다. 이 경우 건설기계조종사면허증 반납신고서를 작성하여 반납하려는 면허증과 함께 제출해야 한다.

[04] 건설기계관리법규의 벌칙

▌ 2년 이하의 징역 또는 2,000만원 이하의 벌금(법 제40조)

① 등록되지 아니한 건설기계를 사용하거나 운행한 자

② 등록이 말소된 건설기계를 사용하거나 운행한 자

③ 시・도지사의 지정을 받지 아니하고 등록번호표를 제작하거나 등록번호를 새긴 자

④ 검사대행자 또는 그 소속 직원에게 재물이나 그 밖의 이익을 제공하거나 제공 의사를 표시하고 부정한 검사를 받은 자

⑤ 건설기계의 주요 구조나 원동기, 동력전달장치, 제동장치 등 주요 장치를 변경 또는 개조한 자

⑥ 무단 해체한 건설기계를 사용・운행하거나 타인에게 유상・무상으로 양도한 자

⑦ 제작결함의 시정에 따른 시정명령을 이행하지 아니한 자

⑧ 등록을 하지 아니하고 건설기계사업을 하거나 거짓으로 등록을 한 자

⑨ 등록이 취소되거나 사업의 전부 또는 일부가 정지된 건설기계사업자로서 계속하여 건설기계사업을 한 자

▌ 1년 이하의 징역 또는 1,000만원 이하의 벌금(법 제41조)

① 거짓이나 그 밖의 부정한 방법으로 건설기계 등록을 한 자

② 건설기계의 등록번호를 지워 없애거나 그 식별을 곤란하게 한 자

③ 건설기계의 구조변경검사 또는 수시검사를 받지 아니한 자

④ 검사에 불합격된 건설기계 정비명령을 이행하지 아니한 자

⑤ 정기검사 명령, 수시검사 명령 또는 정비 명령을 하는 경우 함께 명령한 사용・운행 중지 명령을 위반하여 사용・운행한 자

⑥ 사업정지명령을 위반하여 사업정지기간 중에 검사를 한 자

⑦ 형식승인, 형식변경승인 또는 확인검사를 받지 아니하고 건설기계의 제작 등을 한 자
⑧ 사후관리에 관한 명령을 이행하지 아니한 자
⑨ 내구연한을 초과한 건설기계 또는 건설기계 장치 및 부품을 운행하거나 사용한 자
⑩ 내구연한을 초과한 건설기계 또는 건설기계 장치 및 부품의 운행 또는 사용을 알고도 말리지 아니하거나 운행 또는 사용을 지시한 고용주
⑪ 부품인증을 받지 아니한 건설기계 장치 및 부품을 사용한 자
⑫ 부품인증을 받지 아니한 건설기계 장치 및 부품을 건설기계에 사용하는 것을 알고도 말리지 아니하거나 사용을 지시한 고용주
⑬ 매매용 건설기계의 운행금지 등의 의무를 위반하여 매매용 건설기계를 운행하거나 사용한 자
⑭ 폐기인수 사실을 증명하는 서류의 발급을 거부하거나 거짓으로 발급한 자
⑮ 폐기요청을 받은 건설기계를 폐기하지 아니하거나 등록번호표를 폐기하지 아니한 자
⑯ 건설기계조종사면허를 받지 아니하고 건설기계를 조종한 자
⑰ 건설기계조종사면허를 거짓이나 그 밖의 부정한 방법으로 받은 자
⑱ 소형건설기계의 조종에 관한 교육과정의 이수에 관한 증빙서류를 거짓으로 발급한 자
⑲ 술에 취하거나 마약 등 약물을 투여한 상태에서 건설기계를 조종한 자와 그러한 자가 건설기계를 조종하는 것을 알고도 말리지 아니하거나 건설기계를 조종하도록 지시한 고용주
⑳ 건설기계조종사면허가 취소되거나 건설기계조종사면허의 효력정지처분을 받은 후에도 건설기계를 계속하여 조종한 자
㉑ 건설기계를 도로나 타인의 토지에 버려둔 자

▮ 과태료(법 제44조)

① 다음의 어느 하나에 해당하는 자에게는 300만원 이하의 과태료를 부과한다.
㉠ 등록번호표를 부착하지 아니하거나 봉인하지 아니한 건설기계를 운행한 자
㉡ 정기검사를 받지 아니한 자
㉢ 건설기계임대차 등에 관한 계약서를 작성하지 아니한 자
㉣ 정기적성검사 또는 수시적성검사를 받지 아니한 자
㉤ 시설 또는 업무에 관한 보고를 하지 아니하거나 거짓으로 보고한 자
㉥ 소속 공무원의 검사·질문을 거부·방해·기피한 자
㉦ 정당한 사유 없이 직원의 출입을 거부하거나 방해한 자
② 다음의 어느 하나에 해당하는 자에게는 100만원 이하의 과태료를 부과한다.
㉠ 수출의 이행 여부를 신고하지 아니하거나 폐기 또는 등록을 하지 아니한 자
㉡ 등록번호표를 부착·봉인하지 아니하거나 등록번호를 새기지 아니한 자
㉢ 등록번호표를 가리거나 훼손하여 알아보기 곤란하게 한 자 또는 그러한 건설기계를 운행한 자
㉣ 등록번호의 새김명령을 위반한 자

ⓜ 건설기계안전기준에 적합하지 아니한 건설기계를 사용하거나 운행한 자 또는 사용하게 하거나 운행하게 한 자
ⓗ 조사 또는 자료제출 요구를 거부·방해·기피한 자
ⓢ 검사유효기간이 끝난 날부터 31일이 지난 건설기계를 사용하게 하거나 운행하게 한 자 또는 사용하거나 운행한 자
ⓞ 특별한 사정 없이 건설기계임대차 등에 관한 계약과 관련된 자료를 제출하지 아니한 자
ⓙ 건설기계사업자의 의무를 위반한 자
ⓒ 안전교육 등을 받지 아니하고 건설기계를 조종한 자

③ 다음의 어느 하나에 해당하는 자에게는 50만원 이하의 과태료를 부과한다.
㉠ 임시번호표를 붙이지 아니하고 운행한 자
㉡ 등록사항의 변경신고에 따른 신고를 하지 아니하거나 거짓으로 신고한 자
㉢ 등록의 말소를 신청하지 아니한 자
㉣ 등록번호표 제작자가 지정받은 사항을 변경하려는 경우 변경신고를 하지 아니하거나 거짓으로 변경신고한 자
㉤ 등록번호표를 반납하지 아니한 자
㉥ 국토교통부령으로 정하는 범위를 위반하여 건설기계를 정비한 자
㉦ 건설기계형식의 승인 등에 따른 신고를 하지 아니한 자
㉧ 건설기계사업자의 변경신고 등의 의무에 따른 신고를 하지 아니하거나 거짓으로 신고한 자
㉨ 건설기계사업의 양도·양수 등의 신고에 따른 신고를 하지 아니하거나 거짓으로 신고한 자
㉩ 매매용 건설기계를 사업장에 제시하거나 판 경우에 신고를 하지 아니하거나 거짓으로 신고한 건설기계매매업자
㉪ 건설기계를 수출 전까지 등록을 말소한 시·도지사에게 등록말소사유 변경신고를 하지 아니하거나 거짓으로 신고한 자
㉫ 건설기계의 소유자 또는 점유자의 금지행위를 위반하여 건설기계를 세워 둔 자

④ ①부터 ③까지의 규정에 따른 과태료는 대통령령으로 정하는 바에 따라 국토교통부장관, 시·도지사, 시장·군수 또는 구청장이 부과·징수한다.

CHAPTER

07 | 안전관리

[01] 산업안전일반

▮ "산업재해"란 노무를 제공하는 사람이 업무에 관계되는 건설물·설비·원재료·가스·증기·분진 등에 의하거나 작업 또는 그 밖의 업무로 인하여 사망 또는 부상하거나 질병에 걸리는 것을 말한다(산업안전보건법 제2조제1호).

▮ 안전점검은 산업재해 방지 대책을 수립하기 위하여 위험요인을 발견하는 방법으로 주된 목적은 위험을 사전에 발견하여 시정하는 것이다.

▮ **안전수칙 준수의 효과**

① 직장의 신뢰도를 높여 준다.
② 이직률이 감소된다.
③ 기업의 투자경비를 절감할 수 있다.
④ 상하 동료 간 인간관계가 개선된다.
⑤ 고유 기술이 축적되어 품질이 향상되고, 생산효율을 높인다.
⑥ 회사 내 규율과 안전수칙이 준수되어 질서유지가 실현된다.

▮ **산업재해 조사목적**

① 동종재해 및 유사재해 재발 방지(근본적인 목적)
② 재해원인 규명
③ 자료 수집으로 예방 대책 수립

▮ **사고와 부상의 종류**

① **중상해** : 부상으로 인하여 2주 이상의 노동손실을 가져온 상해 정도
② **경상해** : 부상으로 인하여 1일 이상 14일 미만의 노동손실을 가져온 상해 정도
③ **경미상해** : 부상으로 8시간 이하의 휴무 또는 작업에 종사하면서 치료를 받는 상해 정도

▌산업재해의 통상적 분류에서 통계적 분류

① **사망** : 업무상 목숨을 잃게 되는 경우

② **중상해** : 부상으로 인하여 8일 이상 노동력 상실을 가져온 상해

③ **경상해** : 부상으로 1일 이상 7일 이하의 노동력 상실을 가져온 상해

④ **무상해 사고** : 응급처치 이하의 상처로 작업에 종사하면서 치료를 받는 상해

▌재해발생 시 조치요령

운전 정지 → 피해자 구조 → 응급조치 → 2차 재해방지

▌사고의 원인

<table>
<tr><td rowspan="3">직접원인</td><td>물적 원인</td><td>불안전한 상태(1차 원인)</td></tr>
<tr><td>인적 원인</td><td>불안전한 행동(1차 원인)</td></tr>
<tr><td>천재지변</td><td>불가항력</td></tr>
<tr><td rowspan="3">간접원인</td><td>교육적 원인</td><td rowspan="2">개인적 결함(2차 원인)</td></tr>
<tr><td>기술적 원인</td></tr>
<tr><td>관리적 원인</td><td>사회적 환경, 유전적 요인</td></tr>
</table>

▌사고유발의 직접원인

불안전한 상태(물적 원인)	불안전한 행동(인적 원인)
• 물적인 자체의 결함 • 방호조치의 결함 • 물건의 두는 방법, 작업개소의 결함 • 보호구, 복장 등의 결함 • 작업환경의 결함 • 부외적, 자연적 불안전한 상태 • 작업방법의 결함	• 위험한 장소 접근 • 안전장치의 기능 제거 • 복장, 보호구의 잘못 사용 • 기계·기구의 잘못 사용 • 운전 중인 기계장치의 손질 • 불안전한 속도 조작 • 위험물 취급 부주의 • 불안전한 상태 방치 • 불안전한 자세 동작 • 감독 및 연락 불충분

▌보호구의 구비조건

① 착용이 간편할 것

② 작업에 방해가 안 될 것

③ 위험, 유해요소에 대한 방호성능이 충분할 것

④ 재료의 품질이 양호할 것

⑤ 구조와 끝마무리가 양호할 것

⑥ 외양과 외관이 양호할 것

■ 장갑은 선반작업, 드릴작업, 목공기계작업, 연삭작업, 제어작업 등을 할 때 착용하면 불안전한 보호구이다.

■ **작업복의 조건**

① 주머니가 적고, 팔이나 발이 노출되지 않는 것이 좋다.
② 점퍼형으로 상의 옷자락을 여밀 수 있는 것이 좋다.
③ 소매가 단정할 수 있도록, 소매를 오므려 붙이도록 되어 있는 것이 좋다.
④ 소매를 손목까지 가릴 수 있는 것이 좋다.
⑤ 작업복은 몸에 알맞고, 동작이 편해야 한다.
⑥ 작업복은 항상 깨끗한 상태로 입어야 한다.
⑦ 착용자의 연령, 성별을 감안하여 적절한 스타일을 선정한다.

■ **방호장치의 일반 원칙**

① 작업방해의 제거
② 작업점의 방호
③ 외관상의 안전화
④ 기계특성의 적합성

■ **안전보건표지의 종류와 형태(산업안전보건법 시행규칙 [별표 6])**

① 금지표지

출입금지	보행금지	차량통행금지	사용금지
탑승금지	**금 연**	**화기금지**	**물체이동금지**

② 경고표지

인화성물질경고	산화성물질경고	폭발성물질경고	급성독성물질경고

부식성물질경고	발암성 · 변이원성 · 생식독성 · 전신독성 · 호흡기 과민성물질경고	방사성물질경고	고압전기경고

매달린물체경고	낙하물경고	고온경고	저온경고

몸균형상실경고	레이저광선경고	위험장소경고	

③ 지시표지

보안경 착용	방독마스크 착용	방진마스크 착용	보안면 착용	안전모 착용

귀마개 착용	안전화 착용	안전장갑 착용	안전복 착용	
		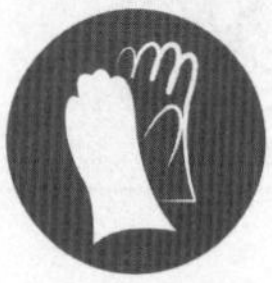		

④ 안내표지

녹십자표지	응급구호표지	들 것	세안장치	비상용기구
				비상용 기구
비상구	좌측비상구		우측비상구	

[02] 기계 · 기기 및 공구에 관한 사항

▮ 주요 렌치

① **오픈엔드렌치** : 박스렌치보다 큰 힘을 줄 수는 없지만 보다 빠르게 볼트, 너트를 조이거나 풀 수 있으며, 연료파이프라인의 피팅(연결부)을 풀고 조일 때 사용한다.

② **파이프렌치** : 파이프 또는 이와 같이 둥근 물체를 잡고 돌리는 데 사용한다.

③ **토크렌치** : 여러 개의 볼트머리나 너트를 조일 때 조이는 힘을 균일하게 하기 위해 사용하는 렌치로 한 손은 지지점을 고정한 뒤, 눈으로는 게이지 눈금을 확인하면서 조인다.

④ **복스렌치** : 볼트머리나 너트 주위를 완전히 감싸기 때문에 미끄러질 위험성이 적으므로 오픈엔드렌치보다 더 빠르고, 수월하게 작업할 수 있다는 장점이 있다.

⑤ **조정렌치** : 볼트머리나 너트를 가장 안전하게 조이거나 풀 수 있는 공구이다.

▮ 스패너 작업 시 유의 사항

① 스패너의 입(口)이 너트의 치수와 들어맞는 것을 사용해야 한다.
② 스패너에 더 큰 힘을 전달하기 위해 자루에 파이프 등을 끼우는 행위를 하지 않아야 한다.
③ 스패너와 너트가 맞지 않을 때 쐐기를 넣어 사용하지 않아야 한다.
④ 너트에 스패너를 깊이 물리도록 하여 완전히 감싸고 조금씩 당기는 방식으로 풀고, 조인다.
⑤ 스패너 작업 시 몸의 균형을 잡는다.
⑥ 스패너를 해머처럼 사용하는 등 본래의 용도가 아닌 방식으로 사용하지 않는다.
⑦ 스패너를 죄고, 풀 때에는 항상 앞으로 당긴다.
⑧ 장시간 보관할 때에는 방청제를 얇게 바른 뒤 건조한 장소에 보관한다.

■ **해머 사용 시 유의 사항**

① 손상된 해머(손잡이에 금이 갔거나 해머의 머리가 손상된 것, 쐐기가 없는 것, 낡은 것, 모양이 찌그러진 것)를 사용하지 말 것

② 협소한 장소나 발판이 불안한 장소에서 해머 작업을 하지 않는다.

③ 재료에 변형이나 요철이 있을 때 해머를 타격하면 한쪽으로 튕겨서 부상당할 수 있으므로 주의한다.

④ 불꽃이 생기거나 파편이 생길 수 있는 작업에서는 반드시 보호안경을 써야 한다.

⑤ 장갑이나 기름 묻은 손으로 자루를 잡지 않는다.

⑥ 작업할 물건에 해머를 대고 무게중심이 잘 잡히도록 몸의 위치와 발을 고정하여 작업한다.

⑦ 작업에 적합한 무게의 해머를 선택하여 목표에 잘 맞도록 처음부터 크게 휘두르지 않도록 한두 번 가볍게 타격하다가 점차 크게 휘둘러 적당한 힘으로 작업한다.

■ **연삭 작업 시 유의 사항**

① 연삭숫돌은 사용 전 3분 이상 시운전(공회전)하고, 만약 사용 전에 연삭숫돌을 점검하여 균열이 있는 것은 사용하지 않으며, 소음이나 진동이 심할 때 즉시 정지하여 점검한다.

② 연삭기의 덮개 노출각도는 전체 원주의 1/4을 초과하지 말고, 연삭숫돌과 받침대 간격은 3mm 이내로 유지한다.

③ 작업 시 연삭숫돌의 측면을 사용하여 작업하지 말고, 연삭숫돌 정면으로부터 150° 정도 비켜서서 작업한다.

④ 가공물은 급격한 충격을 피하고 점진적으로 접촉시킨다.

⑤ 작업모, 안전화, 보안경, 방진마스크, 보호장갑을 착용한다.

■ 사용한 공구는 면걸레로 깨끗이 닦아서 공구상자나 공구를 보관하는 지정된 장소에 보관한다.

■ 작업복 등이 말려들 수 있는 위험이 존재하는 기계 및 기구에는 회전축, 커플링, 벨트 등이 있으며, 동력전달장치에서 발생하는 재해 중 벨트로 인해 발생하는 사고가 가장 많다.

■ 회전하는 물체를 탈・부착하거나 풀리에 벨트를 거는 등의 작업을 하는 경우에는 회전 물체가 완전히 정지할 때까지 기다렸다가 작업을 해야 한다.

[03] 작업안전(가스)

■ 도시가스사업법상 용어(도시가스사업법 시행규칙 제2조)

① **고압** : 1MPa 이상의 압력(게이지 압력)을 말한다. 다만, 액체상태의 액화가스는 고압으로 본다.

② **중압** : 0.1MPa 이상 1MPa 미만의 압력을 말한다. 다만, 액화가스가 기화되고, 다른 물질과 혼합되지 아니한 경우에는 0.01MPa 이상 0.2MPa 미만의 압력을 말한다.

③ **저압** : 0.1MPa 미만의 압력을 말한다. 다만, 액화가스가 기화되고, 다른 물질과 혼합되지 아니한 경우에는 0.01MPa 미만의 압력을 말한다.

※ $1MPa = 10.197kg/cm^2$

■ 도시가스가 누출되었을 경우 폭발할 수 있는 조건

① 누출된 가스의 농도는 폭발범위 내에 들어야 한다.

② 누출된 가스에 불씨 등의 점화원이 있어야 한다.

③ 점화가 가능한 공기(산소)가 있어야 한다.

④ 가스 누출에 의해 폭발범위 내에 점화원이 존재할 경우 가스는 폭발한다.

■ 지상에 설치되어 있는 가스배관의 외면에는 반드시 표시해야 할 사항으로 가스명, 흐름 방향, 압력 등이 있다.

■ 가스배관 지하매설 심도(도시가스사업법 시행규칙 [별표 6])

① **공동주택 등의 부지 내** : 0.6m 이상

② **폭 8m 이상의 도로** : 1.2m 이상. 다만, 도로에 매설된 최고사용압력이 저압인 배관에서 횡으로 분기하여 수요가에게 직접 연결되는 배관의 경우에는 1m 이상으로 할 수 있다.

③ **폭 4m 이상 8m 미만인 도로** : 1m 이상. 다만, 다음의 어느 하나에 해당하는 경우에는 0.8m 이상으로 할 수 있다.

㉠ 호칭지름이 300mm(KS M 3514에 따른 가스용 폴리에틸렌관의 경우에는 공칭외경 315mm를 말한다) 이하로서 최고 사용압력이 저압인 배관

㉡ 도로에 매설된 최고사용압력이 저압인 배관에서 횡으로 분기하여 수요가에게 직접 연결되는 배관

■ 배관은 외면으로부터 도로의 경계까지 수평거리 1m 이상, 도로 밑의 다른 시설물과 0.3m 이상의 거리를 유지한다(도시가스사업법 시행규칙 [별표 5]).

■ **도시가스배관 매설상황 확인(도시가스사업법 제30조의3)**

도시가스사업이 허가된 지역에서 굴착공사를 하려는 자는 굴착공사를 하기 전에 해당 지역을 공급권역으로 하는 도시가스사업자가 해당 토지의 지하에 도시가스배관이 묻혀 있는지에 관하여 확인하여 줄 것을 산업통상자원부령으로 정하는 바에 따라 정보지원센터에 요청하여야 한다. 다만, 도시가스배관에 위험을 발생시킬 우려가 없다고 인정되는 굴착공사로서 대통령령으로 정하는 공사의 경우에는 그러하지 아니하다.

■ 도시가스 배관의 표면색상은 지상 배관은 황색으로 하고, 매설 배관은 최고사용압력이 저압인 배관은 황색, 중압인 배관은 적색으로 한다(도시가스사업법 시행규칙 [별표 5]).

■ **가스용기의 도색 구분(고압가스 안전관리법 시행규칙 [별표 24])**

가스의 종류	산 소	수 소	아세틸렌	그 밖의 가스
도색 구분	녹 색	주황색	황 색	회 색

[04] 작업안전(전기)

■ 전기기기에 의한 감전사고를 막기 위하여 필요한 설비로 접지설비가 가장 중요하다.

■ 애자란 전선을 철탑의 완금(Arm)에 기계적으로 고정시키고, 전기적으로 절연하기 위해서 사용하는 것이다.

■ 가공전선로의 위험 정도는 애자의 개수에 따라 판별한다.

■ **전압 계급별 애자 수**

공칭전압(kV)	22.9	66	154	345
애자 수	2~3	4~5	9~11	18~23

■ 굴착으로부터 전력케이블을 보호하기 위하여 표지시트, 지중선로 표시기, 보호판 등을 시설한다.

■ 전선로가 매설된 도로에서 기계굴착 작업 중 모래가 발견되면 인력으로 작업을 한다.

- 도로에서 파일 항타, 굴착작업 중 지하에 매설된 전력케이블에 충격 또는 손상이 가해지면 전력공급이 차단되거나 일정 시일 경과 후 부식 등으로 전력공급이 중단될 수 있다.

- 지하 전력케이블이 지상 전주로 입상 또는 지상 전력선이 지하 전력케이블로 입하하는 전주상에는 기기가 설치되어 있어 절대로 접촉 또는 근접해서는 안 된다.

- 굴착작업 중 주변의 고압선로 등에 주의할 사항은 작업 전 작업장치를 한 바퀴 회전시켜 고압선과 안전거리를 확인한 후 작업한다.

- 전력케이블이 매설돼 있음을 표시하기 위한 표지 시트는 차도에서 지표면 아래 30cm 깊이에 설치되어 있다.

[05] 작업상의 안전(연소와 소화)

- **연소의 3요소** : 가연성 물질, 점화원(불), 공기(산소)

- **화재의 분류 및 소화대책**

  ① A급 화재 : 일반화재 – 냉각소화

  ② B급 화재 : 유류・가스화재 – 질식소화

  ③ C급 화재 : 전기화재 – 냉각 또는 질식소화

  ④ D급 화재 : 금속화재 – 질식소화(냉각소화는 금지)

- **소화설비**

  ① 포말소화설비는 연소면을 포말로 덮어 산소의 공급을 차단하는 질식작용에 의해 화염을 진화시킨다.

  ② 분말소화설비는 미세한 분말소화제를 화염에 방사시켜 화재를 진화시킨다.

  ③ 물분무소화설비는 연소물의 온도를 인화점 이하로 냉각시키는 효과가 있다.

  ④ 이산화탄소소화설비는 질식작용에 의해 화염을 진화시킨다.

[06] 작업상의 안전(용접)

■ **아세틸렌 용접장치 안전기의 설치**

① 취관마다 안전기를 설치한다(주관 및 취관에 가장 가까운 분기관(分岐管)마다 안전기를 부착한 경우 제외).

② 가스용기가 발생기와 분리되어 있는 아세틸렌 용접장치에 대하여 발생기와 가스용기 사이에 안전기를 설치한다.

■ 토치에 점화시킬 때에는 아세틸렌 밸브를 먼저 열고 난 다음에 산소 밸브를 연다.

■ **가스용접 호스** : 산소용은 흑색 또는 녹색, 아세틸렌용은 적색으로 표시한다.

■ 용접작업 시 유해 광선으로 눈에 이상이 생겼을 때 응급처치요령은 냉수로 씻어 낸 다음 치료한다.

기출복원문제

제1회~제7회 기출복원문제

행운이란 100%의 노력 뒤에 남는 것이다.

– 랭스턴 콜먼(Langston Coleman)

제 1 회 | 기출복원문제

01 냉각장치에서 라디에이터의 구비조건으로 틀린 것은?

① 공기의 흐름저항이 클 것
② 단위면적당 방열량이 클 것
③ 가볍고 작으며, 강도가 클 것
④ 냉각수의 흐름저항이 작을 것

해설
① 공기 흐름저항이 작을 것

02 공회전 상태의 기관에서 크랭크축의 회전과 관계없이 작동되는 기구는?

① 발전기 ② 캠 샤프트
③ 플라이휠 ④ 스타트 모터

해설
스타트 모터
자동차는 엔진의 활동으로 만들어내는 힘을 이용하여 움직이는데, 엔진이 정지 상태에서 활동하려면 외부의 힘이 반드시 필요하다. 이때 엔진이 활동할 수 있도록 엔진 외부에서 힘을 불어 넣는 장치가 스타트 모터이며, 셀프 스타터(Self-starter)라고 불리기도 한다.

03 4행정 사이클 기관의 윤활방식 중 피스톤과 피스톤핀까지 윤활유를 압송하여 윤활하는 방식은?

① 압력식 ② 압송식
③ 비산식 ④ 비산압송식

해설
압송식 : 크랭크축에 의해 구동되는 오일펌프가 오일 팬 안의 오일을 흡입, 가압하여 각 섭동부에 보내는 방식

04 수랭식 냉각 방식에서 냉각수를 순환시키는 방식이 아닌 것은?

① 자연 순환식
② 강제 순환식
③ 진공 순환식
④ 밀봉 압력식

해설
냉각 방식
- 공랭식 : 자연 통풍식, 강제 통풍식
- 수랭식 : 자연 순환식, 강제 순환식(압력 순환식, 밀봉 압력식)

05 디젤기관 연료장치 내에 있는 공기를 배출하기 위하여 사용하는 펌프는?

① 연료 펌프

② 공기 펌프

③ 인젝션 펌프

④ 프라이밍 펌프

해설

프라이밍 펌프

디젤엔진의 최초 기동 시 또는 연료 공급라인의 탈·장착 시 연료탱크로부터 분사펌프까지의 연료라인 내에 연료를 채우고 연료 속에 들어 있는 공기를 빼내는 역할을 한다.

06 엔진오일의 구비조건으로 틀린 것은?

① 응고점이 높을 것

② 비중과 점도가 적당할 것

③ 인화점과 발화점이 높을 것

④ 기포 발생과 카본 생성에 대한 저항력이 클 것

해설

① 응고점이 낮을 것

07 디젤기관에서 직접분사실식의 장점이 아닌 것은?

① 연료소비량이 적다.

② 냉각손실이 적다.

③ 연료계통의 연료누출 염려가 작다.

④ 구조가 간단하여 열효율이 높다.

해설

직접분사실식의 장점

- 연료소비량이 다른 형식보다 적다.
- 연소실의 표면적이 작아 냉각손실이 적다.
- 열효율이 높다.
- 실린더헤드의 구조가 간단하여 열변형이 적다.
- 와류손실이 없다.
- 시동이 용이하고, 예열플러그가 필요 없다.

08 팬벨트에 대한 점검과정이다. 가장 적합하지 않은 것은?

① 팬벨트는 눌러(약 10kgf) 처짐이 약 13~20mm 정도로 한다.

② 팬벨트는 풀리의 밑부분에 접촉되어야 한다.

③ 팬벨트의 조정은 발전기를 움직이면서 조정한다.

④ 팬벨트가 너무 헐거우면 기관 과열의 원인이 된다.

해설

팬벨트와 풀리의 밑부분은 접촉되지 않고, 공간이 있어야 미끄럼이 생기지 않는다.

09 보기에서 피스톤과 실린더 벽 사이의 간극이 클 때 미치는 영향을 모두 고른 것은?

보기
a. 마찰열에 의해 소결되기 쉽다.
b. 블로바이에 의해 압축압력이 낮아진다.
c. 피스톤링의 기능 저하로 인하여 오일이 연소실에 유입되어 오일 소비가 많아진다.
d. 피스톤 슬랩 현상이 발생되며 기관 출력이 저하된다.

① a, b, c
② c, d
③ **b, c, d**
④ a, b, c, d

해설
피스톤과 실린더 사이의 간극이 너무 크면 압축압력 저하로 출력이 떨어지며, 엔진오일에 거품이 발생하여 수명이 단축된다.

10 축전지 커버에 붙은 전해액을 세척하려 할 때 사용하는 중화제로 가장 좋은 것은?

① 증류수
② 비눗물
③ 암모니아수
④ **베이킹 소다수**

해설
천연중화제인 베이킹 소다는 산성을 중화시키는 데 사용된다.

11 기동회로에서 전력공급선의 전압강하는 얼마이면 정상인가?

① **0.2V 이하**
② 1.0V 이하
③ 10.5V 이하
④ 9.5V 이하

해설
12V 축전지일 때 기동회로의 전압 시험에서 전압강하가 0.2V 이하이면 정상이다.

12 납산 축전지의 전해액을 만들 때 황산과 증류수의 혼합 방법에 대한 설명으로 틀린 것은?

① 조금씩 혼합하며 잘 저어서 냉각시킨다.
② 증류수에 황산을 부어 혼합한다.
③ **전기가 잘 통하는 금속제 용기를 사용하여 혼합한다.**
④ 추운 지방인 경우 온도가 표준온도일 때 비중이 1.280이 되게 측정하면서 작업을 끝낸다.

해설
전해액을 만들 때는 전기가 잘 통하지 않는 용기를 사용하여야 한다.

13 직류발전기와 비교했을 때 교류발전기의 특징으로 틀린 것은?

① 전압 조정기만 필요하다.
② 크기가 크고 무겁다.
③ 브러시 수명이 길다.
④ 저속 발전 성능이 좋다.

해설
교류발전기는 소형·경량이다.

14 같은 용량, 같은 전압의 축전지를 병렬로 연결하였을 때 맞는 것은?

① 용량과 전압은 일정하다.
② 용량과 전압이 2배로 된다.
③ 용량은 한 개일 때와 같으나 전압은 2배로 된다.
④ 용량은 2배이고 전압은 한 개일 때와 같다.

해설
병렬연결과 직렬연결
- 같은 용량, 같은 전압의 축전지를 병렬연결하면 용량은 2배이고, 전압은 한 개일 때와 같다.
- 직렬연결은 전압이 상승되어 전압은 2배가 되고, 용량은 같다.

15 이동하지 않고 물질에 정지하고 있는 전기는?

① 동전기
② 정전기
③ 직류전기
④ 교류전기

해설
정전기
서로 다른 두 물체를 마찰시키면 전기가 생기는데, 움직이지 않고 한군데 머무른다고 하여 정지해 있는 전기라는 뜻이다. 이때에 한쪽은 양의 전기(+), 다른 쪽은 음의 전기(−)가 생긴다.

16 토크 컨버터에서 회전력이 최댓값이 될 때를 무엇이라 하는가?

① 토크 변환비
② 회전력
③ 스톨 포인트
④ 유체 충돌 손실비

해설
스톨 포인트(Stall Point)란
$\frac{\text{터빈의 회전속도}(NT)}{\text{펌프의 회전속도}(NP)} = 0$을 말한다.

17 추진축의 각도 변화를 가능하게 하는 이음은?

✓① 자재 이음
② 슬립 이음
③ 플랜지 이음
④ 등속 이음

해설

유니버설 조인트(Universal Joint, 자재 이음) : 동력전달장치에서 두 축 간의 충격완화와 각도 변화를 융통성 있게 동력 전달하는 기구이다.
② 슬립 이음 : 변속기 출력축의 스플라인에 설치되어 축방향으로 이동하면서 드라이브 라인의 길이 변화에 대응하는 것을 말한다.
③ 플랜지 이음 : 연결하려는 축에 플랜지를 만들어 키 또는 볼트로 고정하는 이음이다.
④ 등속 이음 : 구조가 복잡하고 가격이 비싸지만, 드라이브 라인의 각도가 크게 변화할 때에도 동력전달효율이 높다는 장점을 가지고 있다.

18 앞바퀴 정렬 요소 중 캠버의 필요성에 대한 설명으로 틀린 것은?

① 앞차축의 휨을 작게 한다.
② 조향휠의 조작을 가볍게 한다.
✓③ 조향 시 바퀴의 복원력이 발생한다.
④ 토(Toe)와 관련성이 있다.

해설

캠버의 필요성
- 수직하중에 의한 앞차축의 휨을 방지한다.
- 조향 핸들의 조향 조작력을 가볍게 한다.
- 하중을 받았을 때 바퀴의 아래쪽이 바깥쪽으로 벌어지는 것을 방지한다.

19 플라이휠과 압력판 사이에 설치되어 있으며, 변속기 입력축을 통해 변속기에 동력을 전달하는 것은?

① 압력판
✓② 클러치 디스크
③ 릴리스 레버
④ 릴리스 포크

해설

압력판은 클러치 스프링에 의해 플라이휠 쪽으로 작용하여 클러치 디스크를 플라이휠에 압착시키고 클러치 디스크는 압력판과 플라이휠 사이에서 마찰력에 의해 엔진의 회전을 변속기에 전달하는 일을 한다.

20 디젤엔진에 사용되는 과급기가 하는 역할로 가장 적합한 것은?

✓① 출력의 증대
② 윤활성의 증대
③ 냉각효율의 증대
④ 배기의 정화

해설

과급기는 엔진의 행정체적이나 회전속도에 변화를 주지 않고 흡입효율(공기밀도 증가)을 높이기 위해 흡기에 압력을 가하는 공기 펌프로서 엔진의 출력 증대, 연료소비율의 향상, 회전력 증대 등의 역할을 한다.

21 플레밍의 오른손 법칙을 이용한 것은?

① 기동전동기
② 발전기
③ 전압계
④ 전류계

해설
플레밍의 오른손 법칙
자기장 속에서 도선(전기의 양극을 이어 전류를 통하게 하는 쇠붙이 줄)을 움직일 때 도선 내에 생기는 전류의 방향을 나타내는 법칙으로, 발전기의 원리를 나타낸다.
※ 플레밍의 왼손 법칙은 전동기의 원리를 나타낸다.

22 토크 컨버터에서 소음이 발생되는 원인으로 가장 적합한 것은?

① 유압이 낮다.
② 오랜 시간 작업하였다.
③ 공기가 흡입되었다.
④ 오일의 온도가 높다.

해설
토크 컨버터에 공기가 흡입되면 소음이 발생한다.

23 유압펌프의 특징에 대한 설명 중 틀린 것은?

① 플런저 펌프 : 고압에 적당하며, 누설이 적고, 효율이 좋다.
② 베인 펌프 : 장시간 사용해도 성능 저하가 작다.
③ 기어 펌프 : 구조가 간단하고, 소형이다.
④ 스크루 펌프 : 소음이 있고, 내구성이 작다.

해설
스크루 펌프 : 소음이 적고, 내구성이 좋다.

24 로드 롤러 운전 중 변속기가 과열되는 원인이 아닌 것은?

① 기어의 물림이 나쁘다.
② 변속레버가 헐겁다.
③ 오일이 부족하다.
④ 오일의 점도가 지나치게 높다.

해설
변속레버가 헐거우면 변속이 원활하게 이루어지지 않는다.

25 **유압식 주행장치를 장착한 진동 롤러의 동력전달순서로 맞는 것은?**

① 기관 – 유압펌프 – 유압모터 – 제어장치 – 종감속장치 – 차동장치 – 차륜
② 기관 – 유압모터 – 제어장치 – 유압펌프 – 차동장치 – 종감속장치 – 차륜
③ 기관 – 유압펌프 – 제어장치 – 유압모터 – 차동장치 – 종감속장치 – 차륜
④ 기관 – 유압모터 – 유압펌프 – 제어장치 – 차동장치 – 종감속장치 – 차륜

26 **롤러의 다짐작업 방법으로 틀린 것은?**

① 소정의 접지 압력을 받을 수 있도록 부가하중을 증감한다.
② 다짐 작업 시 정지시간은 길게 한다.
③ 다짐 작업 시 급격한 조향은 하지 않는다.
④ 1/2씩 중첩되게 다짐을 한다.

해설
다짐 작업 시 전·후진 조작을 원활히 하고 정지시간은 짧게 한다.

27 **아스팔트 혼합물을 전압으로 짓이기는 작용에 의해 쇄석 주변의 아스팔트와 작은 골재를 고르게 섞는 효과가 있으며 포장 표면의 수밀성을 좋게 하는 롤러는?**

① 타이어 롤러
② 진동 롤러
③ 머캐덤 롤러
④ 탬핑 롤러

28 **강판으로 만든 속이 빈 원통의 외주에 다수의 돌기를 붙인 것으로 사질토보다는 점토질의 다짐에 효과적인 롤러는?**

① 탬핑 롤러
② 탠덤 롤러
③ 머캐덤 롤러
④ 진동 콤팩터

해설
탬핑 롤러는 땅을 다져 굳히는 데에 쓰는 롤러로 롤러에 돌기 부분이 있어 깊은 땅속까지 다질 수 있다.

29 로드 롤러 작업 중에 변속기에서 소음이 나는 것과 관계가 없는 것은?

✔① 냉각수 부족

② 기어 잇면 손상

③ 기어의 백래시 과대

④ 윤활유 부족

해설

냉각수 부족은 기관의 과열원인이다.

30 진동 롤러에 있어서 기진력의 크기를 결정하는 요소가 아닌 것은?

✔① 편심추의 강도

② 편심추의 회전수

③ 편심추의 무게

④ 편심추의 편심량

해설

"기진력"이란 진동기에 장치되어 있는 편심추(불평형추)의 회전과 롤의 중량에 의하여 발생하는 최대 충격력을 말한다.

31 다음 중 건설기계 등록의 말소 사유가 발생했을 때 소유자의 신청이나 자신의 직권으로 등록을 말소할 수 있는 사람은?

① 국토교통부장관

② 시장·군수·구청장

✔③ 시·도지사

④ 건설기계해체재활용업자

해설

등록의 말소(건설기계관리법 제6조제1항)

시·도지사는 등록된 건설기계가 다음의 어느 하나에 해당하는 경우에는 그 소유자의 신청이나 시·도지사의 직권으로 등록을 말소할 수 있다. 다만, ①, ⑤, ⑧(건설기계의 강제처리(법 제34조의2제2항)에 따라 폐기한 경우로 한정) 또는 ⑫에 해당하는 경우에는 직권으로 등록을 말소하여야 한다.

① 거짓이나 그 밖의 부정한 방법으로 등록을 한 경우
② 건설기계가 천재지변 또는 이에 준하는 사고 등으로 사용할 수 없게 되거나 멸실된 경우
③ 건설기계의 차대(車臺)가 등록 시의 차대와 다른 경우
④ 건설기계가 건설기계안전기준에 적합하지 아니하게 된 경우
⑤ 정기검사 명령, 수시검사 명령 또는 정비 명령에 따르지 아니한 경우
⑥ 건설기계를 수출하는 경우
⑦ 건설기계를 도난당한 경우
⑧ 건설기계를 폐기한 경우
⑨ 건설기계해체재활용업을 등록한 자(건설기계해체재활용업자)에게 폐기를 요청한 경우
⑩ 구조적 제작 결함 등으로 건설기계를 제작자 또는 판매자에게 반품한 경우
⑪ 건설기계를 교육·연구 목적으로 사용하는 경우
⑫ 대통령령으로 정하는 내구연한을 초과한 건설기계. 다만, 정밀진단을 받아 연장된 경우는 그 연장기간을 초과한 건설기계
⑬ 건설기계를 횡령 또는 편취당한 경우

32 **건설기계관리법령상 건설기계에 대하여 실시하는 검사가 아닌 것은?**

① 신규등록검사
② **예비검사**
③ 구조변경검사
④ 수시검사

해설
건설기계검사의 종류(건설기계관리법 제13조제1항)
신규등록검사, 정기검사, 수시검사, 구조변경검사로 구분된다.

33 **건설기계를 조종할 때 적용받는 법령에 대한 설명 중 가장 적합한 것은?**

① 건설기계관리법에 대한 적용만 받는다.
② **건설기계관리법 외에 도로상을 운행할 때에는 도로교통법 중 일부를 적용받는다.**
③ 건설기계관리법 및 자동차관리법의 전체 적용을 받는다.
④ 도로교통법에 대한 적용만 받는다.

34 **건설기계관리법령상 연식이 20년 이하의 건설기계・특수건설기계 중 정기검사 유효기간이 다른 건설기계는?**

① 덤프트럭
② 콘크리트믹서트럭
③ **지게차(1ton 이상)**
④ 도로보수트럭(타이어식)

해설
정기검사 유효기간(건설기계관리법 시행규칙 [별표 7])

기 종	연 식	검사 유효기간
지게차(1ton 이상)	20년 이하	2년
	20년 초과	1년
덤프트럭	20년 이하	1년
	20년 초과	6개월
콘크리트믹서트럭	20년 이하	1년
	20년 초과	6개월
도로보수트럭(타이어식)	20년 이하	1년
	20년 초과	6개월

35 **건설기계관리법령상 건설기계 형식 신고를 하지 아니할 수 있는 사람은?**

① 건설기계를 사용목적으로 제작하려는 자
② 건설기계를 사용목적으로 조립하려는 자
③ 건설기계를 사용목적으로 수입하려는 자
④ **건설기계를 연구개발 목적으로 제작하려는 자**

해설
연구개발 또는 수출을 목적으로 건설기계의 제작 등을 하려는 자는 형식승인을 받지 아니하거나 형식신고를 하지 아니할 수 있다(건설기계관리법 제18조제8항).

36 건설기계관리법령상 자가용 건설기계 등록번호표의 도색으로 옳은 것은?

① 주황색 바탕에 검은색 문자
② 흰색 바탕에 검은색 문자
③ 초록색 바탕에 흰색 문자
④ 빨간색 바탕에 흰색 문자

해설
등록번호표 색상과 일련번호 숫자(건설기계관리법 시행규칙 [별표 2])
- 관용 : 흰색 바탕에 검은색 문자, 0001~0999
- 자가용 : 흰색 바탕에 검은색 문자, 1000~5999
- 대여사업용 : 주황색 바탕에 검은색 문자, 6000~9999

37 건설기계관리법령상 다음 설명에 해당하는 건설기계사업은?

> 건설기계를 분해·조립 또는 수리하고 그 부분품을 가공제작·교체하는 등 건설기계를 원활하게 사용하기 위한 모든 행위를 업으로 하는 것

① 건설기계정비업
② 건설기계사업
③ 건설기계매매업
④ 건설기계해체재활용업

해설
② 건설기계사업 : 건설기계대여업, 건설기계정비업, 건설기계매매업 및 건설기계해체재활용업을 말한다.
③ 건설기계매매업 : 중고(中古) 건설기계의 매매 또는 그 매매의 알선과 그에 따른 등록사항에 관한 변경신고의 대행을 업으로 하는 것을 말한다.
④ 건설기계해체재활용업 : 폐기 요청된 건설기계의 인수(引受), 재사용 가능한 부품의 회수, 폐기 및 그 등록말소 신청의 대행을 업으로 하는 것을 말한다.

38 건설기계관리법령상 건설기계를 도로에 계속하여 방치하거나 정당한 사유 없이 타인의 토지에 방치한 자에 대한 벌칙은?

① 2년 이하의 징역 또는 1,000만원 이하의 벌금
② 1년 이하의 징역 또는 1,000만원 이하의 벌금
③ 200만원 이하의 벌금
④ 100만원 이하의 벌금

해설
법 제33조제3항을 위반하여 건설기계를 도로나 타인의 토지에 버려둔 자는 1년 이하의 징역 또는 1,000만원 이하의 벌금에 처한다(건설기계관리법 제41조제19호).
건설기계의 소유자 또는 점유자의 금지행위(건설기계관리법 제33조제3항)
건설기계의 소유자 또는 점유자는 건설기계를 도로에 계속하여 버려두거나 정당한 사유 없이 타인의 토지에 버려두어서는 아니 된다.

39 **건설기계관리법령상 자동차 제1종 대형면허로 조종할 수 없는 건설기계는?**

① 5ton 굴착기 ✓

② 노상안정기

③ 콘크리트펌프

④ 아스팔트살포기

해설

도로교통법의 규정에 의한 운전면허를 받아 조종하여야 하는 건설기계의 종류(건설기계관리법 시행규칙 제73조)
- 덤프트럭
- 아스팔트살포기
- 노상안정기
- 콘크리트믹서트럭
- 콘크리트펌프
- 천공기(트럭적재식)
- 시행령 [별표 1]의 규정에 의한 특수건설기계 중 국토교통부장관이 지정하는 건설기계

제1종 대형면허로 조종할 수 있는 건설기계(도로교통법 시행규칙 [별표 18])
- 덤프트럭, 아스팔트살포기, 노상안정기
- 콘크리트믹서트럭, 콘크리트펌프, 천공기(트럭적재식)
- 콘크리트믹서트레일러, 아스팔트콘크리트재생기
- 도로보수트럭, 3ton 미만의 지게차

40 **건설기계관리법령상 미등록 건설기계의 임시운행 사유에 해당되지 않는 것은?**

① 등록신청을 하기 위하여 건설기계를 등록지로 운행하는 경우

② 등록신청 전에 건설기계 공사를 하기 위하여 임시로 사용하는 경우 ✓

③ 수출을 하기 위하여 건설기계를 선적지로 운행하는 경우

④ 신개발 건설기계를 시험・연구의 목적으로 운행하는 경우

해설

미등록 건설기계의 임시운행 사유(건설기계관리법 시행규칙 제6조제1항)
- 등록신청을 하기 위하여 건설기계를 등록지로 운행하는 경우
- 신규등록검사 및 확인검사를 받기 위하여 건설기계를 검사장소로 운행하는 경우
- 수출을 하기 위하여 건설기계를 선적지로 운행하는 경우
- 수출을 하기 위하여 등록 말소한 건설기계를 점검・정비의 목적으로 운행하는 경우
- 신개발 건설기계를 시험・연구의 목적으로 운행하는 경우
- 판매 또는 전시를 위하여 건설기계를 일시적으로 운행하는 경우

41 **계통 내의 최대 압력을 설정함으로써 계통을 보호하는 밸브는?**

① 릴리프 밸브 ✓

② 릴레이 밸브

③ 리듀싱 밸브

④ 리타더 밸브

42 유압유의 구비조건으로 옳지 않은 것은?

① 비압축성이어야 한다.
② 점도지수가 커야 한다.
③ 인화점 및 발화점이 높아야 한다.
④ 체적 탄성계수가 작아야 한다.

해설
체적 탄성계수가 커야 한다.

43 유압장치의 오일탱크에서 펌프 흡입구의 설치에 대한 설명으로 틀린 것은?

① 펌프 흡입구는 반드시 탱크 가장 밑면에 설치한다.
② 펌프 흡입구는 스트레이너(오일 여과기)를 설치한다.
③ 펌프 흡입구와 탱크로의 귀환구(복귀구) 사이에는 격리판(Baffle Plate)을 설치한다.
④ 펌프 흡입구는 탱크로의 귀환구(복귀구)로부터 될 수 있는 한 멀리 떨어진 위치에 설치한다.

해설
두 관의 출입구는 모두 유면 밑에 위치해야 하고 관 끝은 기름 탱크의 바닥으로부터 관경의 2~3배 이상 떨어져야 이물질의 혼입이나 이물질이 바닥에서 일어남을 방지할 수 있다.

44 유압실린더의 종류에 해당하지 않는 것은?

① 단동 실린더
② 복동 실린더
③ 다단 실린더
④ 회전 실린더

해설
유압실린더의 분류
- 단동형 : 피스톤형, 플런저 램형
- 복동형 : 단로드형, 양로드형
- 다단형 : 텔레스코픽형, 디지털형

45 유압모터의 특징 중 거리가 가장 먼 것은?

① 소형으로 강력한 힘을 낼 수 있다.
② 과부하에 대해 안전하다.
③ 정·역회전 변화가 불가능하다.
④ 무단변속이 용이하다.

해설
유압모터의 특징
- 소형·경량이며, 큰 힘을 낼 수 있다.
- 회전체의 관성력이 작으므로 응답성이 빠르다.
- 정·역회전이 가능하다.
- 무단변속으로 회전수를 조정할 수 있다.
- 자동제어의 조작부 및 서보기구의 요소로 적합하다.

46 **회로 내 유체의 흐름 방향을 제어하는 데 사용되는 밸브는?**

① 교축 밸브
② 셔틀 밸브
③ 감압 밸브
④ 순차 밸브

해설
밸브의 종류
- 방향제어밸브 : 체크 밸브, 셔틀 밸브, 디셀러레이션 밸브, 매뉴얼 밸브(로터리형) 등
- 유량제어밸브 : 교축(스로틀) 밸브, 디바이더 밸브, 플로컨트롤 밸브 등
- 압력제어밸브 : 감압 밸브, 순차(시퀀스) 밸브, 릴리프 밸브, 언로더 밸브, 카운터밸런스 밸브 등

47 **릴리프 밸브에서 볼이 밸브의 시트를 때려 소음을 발생시키는 현상은?**

① 채터링(Chattering) 현상
② 베이퍼 로크(Vapor Lock) 현상
③ 페이드(Fade) 현상
④ 노킹(Knocking) 현상

해설
채터링(Chattering)
유압기의 밸브 스프링 약화로 인해 밸브 면에 생기는 강제 진동과 고유 진동의 쇄교로 밸브가 시트에 완전히 접촉하지 못하고 바르르 떠는 현상

48 **기어식 유압펌프의 특징이 아닌 것은?**

① 구조가 간단하다.
② 유압 작동유의 오염에 비교적 강하다.
③ 플런저 펌프에 비해 효율이 떨어진다.
④ 가변용량형 펌프로 적당하다.

해설
기어펌프
구조가 간단하여 기름의 오염에도 강하다. 그러나 누설 방지가 어려워 효율이 낮으며 가변용량형으로 제작할 수 없다.

49 **그림의 유압기호에서 “A” 부분이 나타내는 것은?**

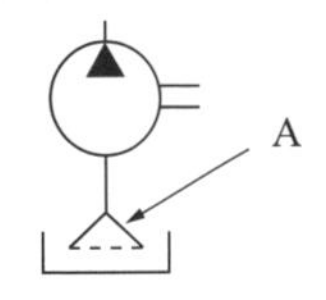

① 오일 냉각기
② 스트레이너
③ 가변용량 유압펌프
④ 가변용량 유압모터

해설
스트레이너는 유압유에 포함된 불순물을 제거하기 위해 유압펌프 흡입관에 설치한다.

50 **오일의 압력이 낮아지는 원인과 가장 거리가 먼 것은?**

① 유압펌프의 성능이 불량할 때
② 오일의 점도가 높아졌을 때
③ 오일의 점도가 낮아졌을 때
④ 계통 내에서 누설이 있을 때

해설
점도가 높으면 마찰력이 높아지기 때문에 압력이 높아진다.

51 **다음 중 사용구분에 따른 차광 보안경의 종류에 해당하지 않는 것은?**

① 자외선용
② 적외선용
③ 용접용
④ 비산방지용

해설
차광 보안경
눈에 대해서 해로운 자외선 및 적외선 또는 강렬한 가시광선(유해광선)이 발생하는 장소에서 눈을 보호하기 위한 것

52 **벨트 취급 시 안전에 대한 주의사항으로 틀린 것은?**

① 벨트에 기름이 묻지 않도록 한다.
② 벨트의 적당한 유격을 유지하도록 한다.
③ 벨트 교환 시 회전이 완전히 멈춘 상태에서 한다.
④ 벨트의 회전을 정지시킬 때 손으로 잡아 정지시킨다.

53 **ILO(국제노동기구)의 구분에 의한 근로 불능 상해의 종류 중 응급조치 상해는 며칠간 치료를 받은 다음부터 정상작업에 임할 수 있는 정도의 상해를 의미하는가?**

① 1일 미만
② 3~5일
③ 10일 미만
④ 2주 미만

해설
상해 정도별 구분(ILO 구분)
- 사망 : 안전사고로 죽거나 사고 시 입은 부상의 결과로 일정 기간 이내에 생명을 잃는 것
- 영구 전 노동 불능 상해 : 부상의 결과로 근로의 기능을 완전히 영구적으로 잃는 상해 정도(1~3급)
- 영구 일부 노동 불능 상해 : 부상의 결과로 신체의 일부가 영구적으로 노동 기능을 상실한 상해 정도(4~14급)
- 일시 전 노동 불능 상해 : 의사의 진단으로 일정 기간 정규 노동에 종사할 수 없는 상해 정도(완치 후 노동력 회복)
- 일시 일부 노동 불능 상해 : 의사의 진단으로 일정 기간 정규 노동에 종사할 수 없으나, 휴무상태가 아닌 일시 가벼운 노동에 종사할 수 있는 상해 정도
- 응급조치 상해 : 응급 처치 또는 자가 치료(1일 미만)를 받고 정상 작업에 임할 수 있는 상해 정도

54 **다음 중 보호구를 선택할 때의 유의 사항으로 틀린 것은?**

① 작업 행동에 방해되지 않을 것
② 사용 목적에 구애받지 않을 것
③ 보호구 성능기준에 적합하고 보호 성능이 보장될 것
④ 착용이 용이하고 크기 등 사용자에게 편리할 것

해설
② 사용 목적에 적합한 것

55 **가스용기가 발생기와 분리되어 있는 아세틸렌 용접장치의 안전기 설치 위치는?**

① 발생기
② 가스용접기
③ 발생기와 가스용기 사이
④ 용접토치와 가스용기 사이

해설
안전기의 설치(산업안전보건기준에 관한 규칙 제289조)
• 사업주는 아세틸렌 용접장치의 취관마다 안전기를 설치하여야 한다. 다만, 주관 및 취관에 가장 가까운 분기관(分岐管)마다 안전기를 부착한 경우에는 그러하지 아니하다.
• 사업주는 가스용기가 발생기와 분리되어 있는 아세틸렌 용접장치에 대하여 발생기와 가스용기 사이에 안전기를 설치하여야 한다.

56 **다음 중 산업재해 조사의 목적에 대한 설명으로 가장 적절한 것은?**

① 적절한 예방대책을 수립하기 위하여
② 작업능률 향상과 근로기강 확립을 위하여
③ 재해 발생에 대한 통계를 작성하기 위하여
④ 재해를 유발한 자의 책임추궁을 위하여

해설
산업재해 조사목적
• 동종재해 및 유사재해 재발방지 → 근본적 목적
• 재해원인 규명
• 예방자료 수집으로 예방대책

57 **산업안전보건법령상 안전보건표지의 종류 중 다음 그림에 해당하는 것은?**

① 산화성물질경고
② 인화성물질경고
③ 폭발성물질경고
④ 급성독성물질경고

해설
안전보건표지(산업안전보건법 시행규칙 [별표 6])

산화성물질경고	폭발성물질경고	급성독성물질경고

58 다음 중 가열, 마찰, 충격 또는 다른 화학물질과의 접촉 등으로 인하여 산소나 산화제 등의 공급이 없더라도 폭발 등 격렬한 반응을 일으킬 수 있는 물질이 아닌 것은?

① 질산에스테르류
② 나이트로화합물
③ 무기 화합물
④ 나이트로소화합물

해설
폭발성 물질 및 유기과산화물(산업안전보건기준에 관한 규칙 [별표 1])
㉠ 질산에스테르류
㉡ 나이트로화합물
㉢ 나이트로소화합물
㉣ 아조화합물
㉤ 다이아조화합물
㉥ 하이드라진 유도체
㉦ 유기과산화물
㉧ 그 밖에 ㉠부터 ㉦까지의 물질과 같은 정도의 폭발 위험이 있는 물질
㉨ ㉠부터 ㉧까지의 물질을 함유한 물질

59 기계설비의 위험성 중 접선 물림점(Tangential Point)과 가장 관련이 적은 것은?

① V벨트
② 커플링
③ 체인과 스프로킷
④ 랙과 피니언

해설
- 접선 물림점(Tangential Point) : 회전하는 부분의 접선 방향으로 물려 들어가서 위험이 존재하는 점
  - V벨트와 풀리, 체인과 스프로킷, 랙과 피니언 등
- 회전 말림점(Trapping Point) : 회전하는 물체의 길이·굵기·속도 등의 불규칙 부위와 돌기회전 부위에 머리카락, 장갑 및 작업복 등이 말려들 위험이 형성되는 점
  - 축, 커플링, 회전하는 공구 등

60 작업장에서 전기가 별도의 예고 없이 정전되었을 경우 전기로 작동하던 기계·기구의 조치방법으로 가장 적합하지 않은 것은?

① 즉시 스위치를 끈다.
② 안전을 위해 작업장을 미리 정리해 놓는다.
③ 퓨즈의 단선 유무를 검사한다.
④ 전기가 들어오는 것을 알기 위해 스위치를 켜 둔다.

해설
정전 시나 점검수리에는 반드시 전원스위치를 내린다.

제 2 회 | 기출복원문제

01 기관에서 피스톤의 행정이란?

① 피스톤의 길이
② 실린더 벽의 상하 길이
③ 상사점과 하사점과의 총면적
④ 상사점과 하사점과의 거리

03 오일펌프에서 펌프량이 적거나 유압이 낮은 원인이 아닌 것은?

① 오일탱크에 오일이 너무 많을 때
② 펌프 흡입라인(여과망) 막힘이 있을 때
③ 기어와 펌프 내벽 사이 간격이 클 때
④ 기어 옆 부분과 펌프 내벽 사이 간격이 클 때

해설
① 오일탱크에 오일이 너무 적을 때

02 압력식 라디에이터 캡에 있는 밸브는?

① 입력밸브와 진공밸브
② 압력밸브와 진공밸브
③ 입구밸브와 출구밸브
④ 압력밸브와 메인밸브

해설
라디에이터 캡의 압력밸브는 물의 비등점을 높이고, 진공밸브는 냉각 상태를 유지할 때 과랭 현상이 되는 것을 막아 주는 일을 한다.

04 라디에이터 캡의 스프링이 파손되는 경우 발생하는 현상은?

① 냉각수 비등점이 높아진다.
② 냉각수 순환이 불량해진다.
③ 냉각수 순환이 빨라진다.
④ 냉각수 비등점이 낮아진다.

해설
스프링이 파손되면 압력 밸브의 밀착이 불량하여 비등점이 낮아진다.

05 엔진오일의 작용에 해당되지 않는 것은?

① 오일제거작용
② 냉각작용
③ 응력분산작용
④ 방청작용

해설
엔진오일의 작용
윤활작용(마찰감소, 마멸방지), 냉각작용, 응력분산작용, 밀봉작용, 방청작용, 청정작용, 분산작용 등

06 기관에서 작동 중인 엔진오일에 가장 많이 포함되는 이물질은?

① 유입먼지
② 금속분말
③ 산화물
④ 카본(Carbon)

07 유압식 밸브 리프터의 장점이 아닌 것은?

① 밸브 간극은 자동으로 조절된다.
② 밸브 개폐시기가 정확하다.
③ 밸브 구조가 간단하다.
④ 밸브 기구의 내구성이 좋다.

해설
밸브 구조가 복잡하다.

08 디젤기관의 노크 방지 방법으로 틀린 것은?

① 세탄가가 높은 연료를 사용한다.
② 압축비를 높게 한다.
③ 흡기압력을 높게 한다.
④ 실린더 벽의 온도를 낮춘다.

해설
실린더 벽의 온도를 높인다.

09 **다음 중 내연기관의 구비조건으로 틀린 것은?**

✓① **단위중량당 출력이 작을 것**
② 열효율이 높을 것
③ 저속에서 회전력이 작을 것
④ 점검 및 정비가 쉬울 것

해설
① 단위중량당 출력이 클 것

10 **디젤기관 연료장치의 구성품이 아닌 것은?**

✓① **예열플러그**
② 분사노즐
③ 연료공급펌프
④ 연료여과기

해설
예열플러그는 예열장치에 속한다.

11 **디젤기관의 직접분사실식 연소실에 대한 특성으로 적합하지 않은 것은?**

① 연소압력이 다른 형식에 비하여 상대적으로 높아 진동과 소음이 크다.
② 다른 형식에 비하여 연료소비율이 가장 낮다.
③ 연료의 착화점에 민감하다.
✓④ **다른 형식에 비하여 기관의 성능이 분사노즐의 상태에 민감하게 반응하지 않는다.**

해설
분사압력이 가장 높아 분사펌프 노즐의 수명이 짧다.

12 **기동전동기의 전기자코일을 시험하는 데 사용되는 시험기는?**

① 전류계 시험기
② 전압계 시험기
✓③ **그라울러 시험기**
④ 저항 시험기

13 축전지(Battery)에 대한 설명으로 틀린 것은?

✔① 과방전은 축전지의 충전을 위해 필요하다.
② 전기적 에너지를 화학적 에너지로 바꾸어 저장한다.
③ 원동기를 시동할 때 전력을 공급한다.
④ 전기가 필요할 때는 전기적 에너지로 바꾸어 공급한다.

해설
축전지를 과방전 상태로 오래 두면 극판이 영구 황산납이 되는 설페이션 현상이 발생하여 충전하여도 회복되지 못하는 상태가 된다.

14 종합경보장치인 에탁스(ETACS)의 기능으로 가장 거리가 먼 것은?

① 간헐 와이퍼 제어기능
② 뒷유리 열선 제어기능
③ 감광 룸 램프 제어기능
✔④ 메모리 파워시트 제어기능

해설
ETACS는 Electronic(전자), Time(시간), Alarm(경보), Control(제어), System(장치)의 머리글자를 하나씩 따서 만든 합성어로 자동차 전기장치 중 시간에 의해 작동하는 장치 또는 경보를 발생해 운전자에게 알려 주는 장치를 통합한 장치이다.

15 디젤기관의 전기장치에 없는 것은?

✔① 스파크 플러그
② 글로 플러그
③ 축전지
④ 솔레노이드 스위치

해설
스파크 플러그는 가솔린기관에 사용된다.

16 AC 발전기에서 전류가 발생되는 곳은?

① 여자코일
② 레귤레이터
✔③ 스테이터 코일
④ 계자코일

해설
스테이터 코일은 로터코일에 의해 교류전기를 발생시킨다.

17 타이어식 건설기계의 휠 얼라인먼트에서 토인의 필요성이 아닌 것은?

① 조향바퀴의 방향성을 준다.
② 타이어의 이상마멸을 방지한다.
③ 조향바퀴를 평행하게 회전시킨다.
④ 바퀴가 옆방향으로 미끄러지는 것을 방지한다.

해설
①은 캐스터의 필요성이다.
토인의 필요성
- 앞바퀴를 평행하게 회전하도록 하여 주행을 쉽게 해 준다.
- 앞바퀴의 옆방향 미끄러짐과 타이어의 마멸을 막는다.
- 조향 링키지 마멸에 의해 토아웃이 되는 것을 방지한다.
- 노면과의 마찰을 줄인다.

18 클러치의 필요성으로 틀린 것은?

① 전·후진을 위해
② 관성운동을 하기 위해
③ 기어 변속 시 기관의 동력을 차단하기 위해
④ 기관 시동 시 기관을 무부하 상태로 하기 위해

해설
클러치의 필요성
- 기관 시동 시 기관을 무부하 상태로 한다.
- 변속 시 기관 동력을 차단한다.
- 정차 및 기관의 동력을 서서히 전달한다.

19 타이어식 건설기계에서 전후 주행이 되지 않을 때 점검하여야 할 곳으로 틀린 것은?

① 타이로드 엔드를 점검한다.
② 변속 장치를 점검한다.
③ 유니버설 조인트를 점검한다.
④ 주차 브레이크 잠김 여부를 점검한다.

20 타이어식 건설기계에서 조향바퀴의 토인을 조정하는 것은?

① 핸 들
② 타이로드
③ 웜기어
④ 드래그링크

해설
타이로드 엔드 불량 시 핸들의 흔들림 및 타이어 이상마모현상이 생긴다.

21 건설기계 안전기준에 관한 규칙상 건설기계 높이의 정의로 옳은 것은?

① 앞차축의 중심에서 건설기계의 가장 윗부분까지의 최단거리
② 작업장치를 부착한 자체중량 상태의 건설기계의 가장 위쪽 끝이 만드는 수평면으로부터 지면까지의 최단거리
③ 뒷바퀴의 윗부분에서 건설기계의 가장 윗부분까지의 수직 최단거리
④ 지면에서부터 적재할 수 있는 최단거리

22 건설기계관리법령상 국토교통부령으로 정하는 바에 따라 등록번호표를 부착 및 봉인하지 않은 건설기계를 운행하여서는 아니 된다. 이를 1차 위반했을 경우의 과태료는?(단, 임시번호표를 부착한 경우는 제외)

① 5만원 ② 10만원
③ 50만원 ④ 100만원

해설

과태료의 부과기준(건설기계관리법 시행령 [별표 3])

위반행위	과태료 금액		
	1차 위반	2차 위반	3차 위반 이상
등록번호표를 부착하지 않거나 봉인하지 않은 건설기계를 운행한 경우	100만원	200만원	300만원

23 건설기계에서 등록의 경정은 어느 때 하는가?

① 등록을 행한 후에 그 등록에 관하여 착오 또는 누락이 있음을 발견한 때
② 등록을 행한 후에 소유권이 이전되었을 때
③ 등록을 행한 후에 등록지가 이전되었을 때
④ 등록을 행한 후에 소재지가 변동되었을 때

해설

등록의 경정(건설기계관리법 시행령 제8조)
시・도지사는 규정에 의한 등록을 행한 후에 그 등록에 관하여 착오 또는 누락이 있음을 발견한 때에는 부기로써 경정등록을 하고, 그 뜻을 지체 없이 등록명의인 및 그 건설기계의 검사대행자에게 통보하여야 한다.

24 건설기계소유자 또는 점유자가 건설기계를 도로에 계속하여 버려두거나 정당한 사유 없이 타인의 토지에 버려둔 경우의 처벌은?

① 1년 이하의 징역 또는 500만원 이하의 벌금
② 1년 이하의 징역 또는 400만원 이하의 벌금
③ 1년 이하의 징역 또는 1,000만원 이하의 벌금
④ 1년 이하의 징역 또는 200만원 이하의 벌금

해설

법 제33조제3항을 위반하여 건설기계를 도로나 타인의 토지에 버려둔 자는 1년 이하의 징역 또는 1,000만원 이하의 벌금에 처한다(건설기계관리법 제41조제19호).
건설기계의 소유자 또는 점유자의 금지행위(건설기계관리법 제33조제3항)
건설기계의 소유자 또는 점유자는 건설기계를 도로에 계속하여 버려두거나 정당한 사유 없이 타인의 토지에 버려두어서는 아니 된다.

25 건설기계관리법에서 규정하는 "건설기계정비업"의 범위에 해당하는 것은?

① 배터리 · 전구의 교환
② 오일의 보충
③ 기계 부분품의 가공제작 · 교체 ✔
④ 타이어의 점검 정비 및 트랙의 장력 조정

해설
건설기계정비업이란 건설기계를 분해 · 조립 또는 수리하고 그 부분품을 가공제작 · 교체하는 등 건설기계를 원활하게 사용하기 위한 모든 행위(경미한 정비행위 등 국토교통부령으로 정하는 것은 제외)를 업으로 하는 것을 말한다(건설기계관리법 제2조제1항제5호).
건설기계정비업의 범위에서 제외되는 행위(건설기계관리법 시행규칙 제1조의3)
• 오일의 보충
• 에어클리너 엘리먼트 및 필터류의 교환
• 배터리 · 전구의 교환
• 타이어의 점검 · 정비 및 트랙의 장력 조정
• 창유리의 교환

26 시 · 도지사로부터 등록번호표제작통지 등에 관한 통지서를 받은 건설기계소유자는 받은 날부터 며칠 이내에 등록번호표 제작자에게 제작 신청을 하여야 하는가?

① 3일 ✔ ② 10일
③ 20일 ④ 30일

해설
등록번호표제작 등의 통지(건설기계관리법 시행규칙 제17조제3항)
규정에 의하여 통지서 또는 명령서를 받은 건설기계소유자는 그 받은 날부터 3일 이내에 등록번호표제작자에게 그 통지서 또는 명령서를 제출하고 등록번호표제작 등을 신청하여야 한다.

27 건설기계조종사면허의 취소 · 정지 사유가 아닌 것은?

① 등록번호표를 가리거나 훼손하여 알아보기 곤란하게 한 때 ✔
② 건설기계조종사면허증을 타인에게 대여한 때
③ 고의 또는 과실로 건설기계에 중대한 사고를 발생하게 한 때
④ 부정한 방법으로 조종사면허를 받은 때

해설
등록번호표를 가리거나 훼손하여 알아보기 곤란하게 한 자 또는 그러한 건설기계를 운행한 자에게는 100만원 이하의 과태료를 부과한다(건설기계관리법 제44조제2항).

28 건설기계사업을 영위하고자 하는 자는 누구에게 등록하여야 하는가?

① 시장 · 군수 · 구청장 ✔
② 전문건설기계정비업자
③ 국토교통부장관
④ 건설기계폐기업자

해설
건설기계사업의 등록(건설기계관리법 제21조제1항)
건설기계사업을 하려는 자(지방자치단체는 제외)는 대통령령으로 정하는 바에 따라 사업의 종류별로 특별자치시장 · 특별자치도지사 · 시장 · 군수 또는 자치구의 구청장(시장 · 군수 · 구청장)에게 등록하여야 한다.

29 다음 중 건설기계 등록 신청을 받을 수 있는 자는 누구인가?

① 행정안전부장관
② 읍・면・동장
③ 서울특별시장
④ 경찰서장

해설
건설기계 등록의 신청(건설기계관리법 제3조제2항)
건설기계의 소유자가 건설기계 등록을 할 때에는 특별시장・광역시장・특별자치시장・도지사 또는 특별자치도지사(시・도지사)에게 건설기계 등록신청을 하여야 한다.

30 건설기계의 봉인을 떼고 번호표를 반납하는 경우가 아닌 것은?

① 부정한 방법으로 등록한 때
② 수출하는 때
③ 건설기계의 차대가 등록 시의 차대와 다를 때
④ 건설기계를 도난당한 때

해설
등록번호표의 반납(건설기계관리법 제9조)
등록된 건설기계의 소유자는 다음의 어느 하나에 해당하는 경우에는 10일 이내에 등록번호표의 봉인을 떼어낸 후 그 등록번호표를 국토교통부령으로 정하는 바에 따라 시・도지사에게 반납하여야 한다.
- 건설기계의 등록이 말소된 경우(건설기계가 천재지변 또는 이에 준하는 사고 등으로 사용할 수 없게 되거나 멸실된 경우, 건설기계를 도난당한 경우, 건설기계를 폐기한 경우는 제외)
- 건설기계의 등록사항 중 대통령령으로 정하는 사항이 변경된 경우
- 등록번호표 또는 그 봉인이 떨어지거나 알아보기 어렵게 된 경우에 등록번호표의 부착 및 봉인을 신청하는 경우

31 타이어 롤러 구동체인의 조정은?

① 디퍼렌셜 기어 하우징의 조정심(Shim)으로 한다.
② 구동체인을 늘이거나 줄여서 한다.
③ 뒷바퀴 축이 구동하므로 조정하지 않는다.
④ 타이어의 공기압력을 조정하면 된다.

32 머캐덤 롤러 작업 시 모래땅이나 연약 지반에서 작업 또는 직진성을 좋게 하기 위하여 설치하는 장치는?

① 트랜스미션 록 장치
② 파이널 드라이브 유성기어 장치
③ 전・후진 미션 저・고속장치
④ 차동로크장치

해설
차동로크장치(차동제한장치, 차동고정장치)는 일시차동장치를 정지시키는 것으로 구동륜이 무른 땅에 빠지거나 슬립이 일어날 때에 이용할 수 있다.

33 2륜 철륜 롤러에서 안내륜과 연결되어 있는 요크의 주유는?

① 유압오일을 주유한다.
✔② **그리스를 주유한다.**
③ 주유할 필요가 없다.
④ 기어오일을 주유한다.

34 유압구동식 롤러의 특징이 아닌 것은?

① 동력의 단절과 연결, 가속이 원활하다.
② 전·후진의 교체, 변속 등이 한 개의 레버로 변환이 가능하다.
③ 부하에 관계없이 속도 조절이 된다.
✔④ **작동유 관리가 불필요하다.**

해설
④ 작동유 관리가 필요하다.

35 건설장비 중 롤러(Roller)에 관한 설명으로 틀린 것은?

✔① **앞바퀴와 뒷바퀴가 각각 1개씩 일직선으로 되어 있는 롤러를 머캐덤 롤러라고 한다.**
② 탬핑 롤러는 댐의 축제공사와 제방, 도로, 비행장 등의 다짐작업에 쓰인다.
③ 진동 롤러는 조종사가 진동에 따른 피로감으로 인해 장시간 작업을 하기 힘들다.
④ 타이어 롤러는 공기타이어의 특성을 이용한 것으로, 탠덤 롤러에 비하여 기동성이 좋다.

해설
앞바퀴와 뒷바퀴가 각각 1개씩 일직선으로 되어 있는 롤러는 탠덤 롤러이다.

36 로드 롤러 작업 시 롤 표면에 부착한 불순물, 아스팔트 혼합물을 제거하기 위한 장치는?

① 차동제한장치
② 플랫(Flat)
③ 테이퍼(Taper)
✔④ **롤 스크레이퍼(Scraper)**

해설
작업 시 롤 표면에 부착한 불순물, 아스팔트 혼합물을 제거하기 위하여 스크레이퍼 장치가 있다.

37 롤러의 다짐방법에 따른 분류상 전압식으로 아스팔트 포장의 표층 다짐에 적합하고 끝마무리 작업에 가장 적합한 장비는?

① 탬 퍼 ② 진동 롤러
③ 탠덤 롤러 ④ 탬핑 롤러

해설
일반적인 다짐작업 단계별 사용 롤러의 선정
- 1차 다짐 : 머캐덤 롤러 또는 진동 탠덤 롤러
- 2차 다짐 : 타이어 롤러 또는 무진동 탠덤 롤러 또는 머캐덤 롤러
- 마무리 다짐 : 무진동 탠덤 롤러

38 유니버설 조인트의 설치 목적에 대한 설명 중 맞는 것은?

① 추진축의 길이 변화를 가능케 한다.
② 추진축의 회전속도를 변화해 준다.
③ 추진축의 신축성을 제공한다.
④ 추진축의 각도 변화를 가능케 한다.

39 축압기(어큐뮬레이터) 취급상의 주의사항으로 틀린 것은?

① 충격 흡수용 축압기는 충격 발생원에 가깝게 설치한다.
② 유압펌프 맥동 방지용 축압기는 펌프의 입구 측에 설치한다.
③ 축압기에 봉입하는 가스는 폭발성 기체를 사용하면 안 된다.
④ 축압기에 용접을 하거나 가공, 구멍 뚫기 등을 해서는 안 된다.

해설
유압펌프 맥동 방지용 축압기는 펌프의 출구 측에 설치한다.

40 유압 작동유의 특성 중 틀린 것은?

① 온도에 따른 점도변화를 최소로 줄이기 위하여 점도지수는 높아야 한다.
② 겨울철 낮은 온도에서 충분한 유동을 보장하기 위하여 유동점은 높아야 한다.
③ 마찰손실을 최대로 줄이기 위한 점도가 있어야 한다.
④ 펌프, 실린더, 밸브 등의 누유를 최소로 줄이기 위한 점도가 있어야 한다.

해설
겨울철 낮은 온도에서 충분한 유동을 보장하기 위하여 유동점은 낮아야 한다.

41 유압모터의 특징을 설명한 것으로 틀린 것은?

✔① **관성력이 크다.**
② 구조가 간단하다.
③ 무단변속이 가능하다.
④ 자동 원격조작이 가능하다.

해설
회전체의 관성력이 작으므로 응답성이 빠르다.

42 체크 밸브를 나타낸 것은?

✔① 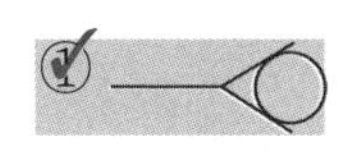
② 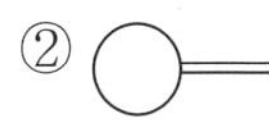
③ 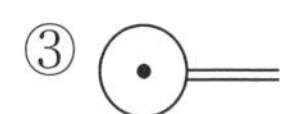
④ (사각형 기호)

43 유압회로 내의 밸브를 갑자기 닫았을 때, 오일의 속도에너지가 압력에너지로 변하면서 일시적으로 큰 압력 증가가 생기는 현상을 무엇이라 하는가?

① 캐비테이션(Cavitation) 현상
✔② **서지(Surge) 현상**
③ 채터링(Chattering) 현상
④ 에어레이션(Aeration) 현상

해설
① 캐비테이션(Cavitation, 공동 현상) : 유체의 급격한 압력 변화로 발생하는 공동에 의해 소음, 진동, 마모가 발생하는 현상이다.
③ 채터링(Chattering) : 유압계통에서 릴리프 밸브 스프링의 장력이 약화될 때 발생할 수 있으며 릴리프 밸브에서 볼(Ball)이 밸브의 시트(Seat)를 때려 소음을 발생시키는 현상이다.

44 유압으로 작동되는 작업 장치에서 작업 중 힘이 떨어질 때의 원인과 가장 밀접한 밸브는?

✔① **메인 릴리프 밸브**
② 체크 밸브
③ 방향 전환 밸브
④ 메이크업 밸브

45 **유압회로에서 유량제어를 통하여 작업속도를 조절하는 방식에 속하지 않는 것은?**

① 미터 인(Meter-in) 방식
② 미터 아웃(Meter-out) 방식
③ 블리드 오프(Bleed-off) 방식
④ 블리드 온(Bleed-on) 방식

해설
유량제어밸브의 속도제어회로
- 미터 인 회로 : 유압실린더의 입구 측에 유량제어밸브를 설치하여 작동기로 유입되는 유량을 제어함으로써 작동기의 속도를 제어하는 회로
- 미터 아웃 회로 : 유압실린더 출구에 유량제어밸브 설치
- 블리드 오프 회로 : 유압실린더 입구에 병렬로 설치

46 **유압유의 점도가 지나치게 높았을 때 나타나는 현상이 아닌 것은?**

① 오일 누설이 증가한다.
② 유동저항이 커져 압력손실이 증가한다.
③ 동력손실이 증가하여 기계효율이 감소한다.
④ 내부마찰이 증가하고 압력이 상승한다.

해설
오일 누설 증가는 유압유의 점도가 지나치게 낮았을 때 나타나는 현상이다.

47 **유압장치에 사용되는 펌프가 아닌 것은?**

① 기어 펌프
② 원심 펌프
③ 베인 펌프
④ 플런저 펌프

해설
원심 펌프는 해수, 청수용이다.

48 **유압펌프 내의 내부 누설은 무엇에 반비례하여 증가하는가?**

① 작동유의 오염
② 작동유의 점도
③ 작동유의 압력
④ 작동유의 온도

해설
점도는 기름 누설에 반비례한다.

49 **유압장치에서 금속가루 또는 불순물을 제거하기 위해 사용되는 부품으로 짝지어진 것은?**

① 여과기와 어큐뮬레이터
② 스크레이퍼와 필터
③ 필터와 스트레이너
④ 어큐뮬레이터와 스트레이너

해설
유압작동유에 들어 있는 먼지, 철분 등의 불순물은 유압기기 슬라이드 부분을 마모시키고 운동에 저항으로 작용하므로 이를 제거하기 위하여 필터와 스트레이너를 사용한다.
- 필터 : 배관 도중이나 복귀회로, 바이패스 회로 등에 설치하여 미세한 불순물을 여과한다.
- 스트레이너 : 비교적 큰 불순물을 제거하기 위하여 사용하며 유압펌프의 흡입 측에 장치하여 오일탱크로부터 펌프나 회로에 불순물이 혼입되는 것을 방지한다.

50 **유압펌프에서 발생한 유압을 저장하고 맥동을 제거시키는 것은?**

① 어큐뮬레이터
② 언로딩 밸브
③ 릴리프 밸브
④ 스트레이너

해설
축압기(어큐뮬레이터)는 압력을 저장하거나 맥동 제거, 충격 완화 등의 역할을 한다.

51 **중량물 운반 시 안전사항으로 틀린 것은?**

① 크레인은 규정용량을 초과하지 않는다.
② 화물을 운반할 경우에는 운전반경 내를 확인한다.
③ 무거운 물건을 상승시킨 채 오랫동안 방치하지 않는다.
④ 흔들리는 화물은 사람이 승차하여 붙잡도록 한다.

해설
흔들리기 쉬운 인양물은 가이드로프를 이용해 유도한다.

52 **수공구 사용 시 유의사항으로 맞지 않는 것은?**

① 무리한 공구 취급을 금한다.
② 토크렌치는 볼트를 풀 때 사용한다.
③ 수공구는 사용법을 숙지하여 사용한다.
④ 공구를 사용하고 나면 일정한 장소에 관리 보관한다.

해설
토크렌치는 볼트, 너트, 작은 나사 등의 조임에 필요한 토크를 주기 위한 체결용 공구이다.

53 작업장의 사다리식 통로 등의 설치 기준이 관련법상 틀린 것은?

① 견고한 구조로 할 것

② 발판의 간격은 일정하게 할 것

③ 사다리가 넘어지거나 미끄러지는 것을 방지하기 위한 조치를 할 것

④ 사다리식 통로의 길이가 10m 이상인 때에는 접이식으로 설치할 것

해설

사다리식 통로 등의 구조(산업안전보건기준에 관한 규칙 제24조제1항)

- 견고한 구조로 할 것
- 심한 손상 · 부식 등이 없는 재료를 사용할 것
- 발판의 간격은 일정하게 할 것
- 발판과 벽과의 사이는 15cm 이상의 간격을 유지할 것
- 폭은 30cm 이상으로 할 것
- 사다리가 넘어지거나 미끄러지는 것을 방지하기 위한 조치를 할 것
- 사다리의 상단은 걸쳐놓은 지점으로부터 60cm 이상 올라가도록 할 것
- 사다리식 통로의 길이가 10m 이상인 경우에는 5m 이내마다 계단참을 설치할 것
- 사다리식 통로의 기울기는 75° 이하로 할 것. 다만, 고정식 사다리식 통로의 기울기는 90° 이하로 하고, 그 높이가 7m 이상인 경우에는 바닥으로부터 높이가 2.5m가 되는 지점부터 등받이울을 설치할 것
- 접이식 사다리 기둥은 사용 시 접혀지거나 펼쳐지지 않도록 철물 등을 사용하여 견고하게 조치할 것

54 작업을 위한 공구관리의 요건으로 가장 거리가 먼 것은?

① 공구별로 장소를 지정하여 보관할 것

② 공구는 항상 최소 보유량 이하로 유지할 것

③ 공구 사용 점검 후 파손된 공구는 교환할 것

④ 사용한 공구는 항상 깨끗이 한 후 보관할 것

해설

공구는 적정 보유량을 확보할 것

55 가스 용접 시 사용되는 산소용 호스는 어떤 색인가?

① 적 색 ② 황 색

③ 녹 색 ④ 청 색

해설

가스 용접 호스 : 산소용은 흑색 또는 녹색, 아세틸렌용은 적색으로 표시한다.

56 벨트에 대한 안전사항으로 틀린 것은?

① 벨트의 이음쇠는 돌기가 없는 구조로 한다.

② 벨트를 걸 때나 벗길 때에는 기계를 정지한 상태에서 실시한다.

③ 벨트가 풀리에 감겨 돌아가는 부분은 커버나 덮개를 설치한다.

④ 바닥면으로부터 2m 이내에 있는 벨트는 덮개를 제거한다.

57 **공장 내 작업 안전수칙으로 옳은 것은?**

✔① **기름걸레나 인화물질은 철재 상자에 보관한다.**
② 공구나 부속품을 닦을 때에는 휘발유를 사용한다.
③ 차가 잭에 의해 올려져 있을 때는 직원 외에는 차내 출입을 삼간다.
④ 높은 곳에서 작업 시 훅을 놓치지 않게 잘 잡고, 체인 블록을 이용한다.

58 **산업안전보건법령상 안전보건표지에서 색채와 용도가 틀리게 짝지어진 것은?**

① 파란색 : 지시
② 녹색 : 안내
✔③ **노란색 : 위험**
④ 빨간색 : 금지, 경고

해설

안전보건표지의 색도기준 및 용도(산업안전보건법 시행규칙 [별표 8])

색 채	용 도	사용례
빨간색	금 지	정지신호, 소화설비 및 그 장소, 유해행위의 금지
	경 고	화학물질 취급장소에서의 유해·위험 경고
노란색	경 고	화학물질 취급장소에서의 유해·위험경고 이외의 위험경고, 주의표지 또는 기계방호물
파란색	지 시	특정 행위의 지시 및 사실의 고지
녹 색	안 내	비상구 및 피난소, 사람 또는 차량의 통행표지
흰 색		파란색 또는 녹색에 대한 보조색
검은색		문자 및 빨간색 또는 노란색에 대한 보조색

59 **소화방식의 종류 중 주된 작용이 질식소화에 해당하는 것은?**

① 강화액
② 호스방수
✔③ **에어-폼**
④ 스프링클러

해설

질식소화 : 산소 차단, 유화소화(포말소화기-화학포, 공기포, 에어 폼, 알코올포 사용)와 피복소화(분말소화기, CO_2소화기 등)
※ 냉각소화 : 강화액, 호스방수, 스프링클러

60 **소화설비 선택 시 고려하여야 할 사항이 아닌 것은?**

① 작업의 성질
✔② **작업자의 성격**
③ 화재의 성질
④ 작업장의 환경

제 3 회 | 기출복원문제

01 **열에너지를 기계적 에너지로 변환시켜 주는 장치는?**

① 펌 프 ② 모 터
③ 엔 진 ④ 밸 브

02 **노킹이 발생되었을 때 디젤기관에 미치는 영향이 아닌 것은?**

① 배기가스의 온도가 상승한다.
② 연소실 온도가 상승한다.
③ 엔진에 손상이 발생할 수 있다.
④ 출력이 저하된다.

해설

디젤기관의 노킹 피해

- 기관이 과열되고, 배기 온도가 상승된다.
- 열효율이 저하된다.
- 실린더, 피스톤, 밸브의 손상 및 고착을 발생시킨다.
- 출력이 저하된다.

03 **크랭크축의 비틀림 진동에 대한 설명 중 틀린 것은?**

① 각 실린더의 회전력 변동이 클수록 커진다.
② 크랭크축이 길수록 커진다.
③ 강성이 클수록 커진다.
④ 회전부분의 질량이 클수록 커진다.

해설

비틀림 진동은 각 실린더의 크랭크 회전력이 클수록, 회전부분의 질량이 클수록, 크랭크축이 길수록, 강성이 작을수록 커진다.

04 **디젤기관에서 압축압력이 저하되는 가장 큰 원인은?**

① 냉각수 부족
② 엔진오일 과다
③ 기어오일의 열화
④ 피스톤링의 마모

해설

기관에서 압축압력이 저하되는 큰 원인은 피스톤링의 마모와 실린더 벽의 마모이다.

05 디젤기관에서 발생하는 진동의 원인이 아닌 것은?

① 프로펠러 샤프트의 불균형
② 분사시기의 불균형
③ 분사량의 불균형
④ 분사압력의 불균형

해설
프로펠러 샤프트의 불균형 시 소음이 난다.

06 디젤엔진의 연소실에는 연료가 어떤 상태로 공급되는가?

① 기화기와 같은 기구를 사용하여 연료를 공급한다.
② 노즐로 연료를 안개와 같이 분사한다.
③ 가솔린 엔진과 동일한 연료공급펌프로 공급한다.
④ 액체 상태로 공급한다.

해설
디젤기관은 압축된 고온의 공기 중에 연료를 고압으로 분사하여 자연착화시키는 기관이다.

07 2행정 디젤기관의 소기방식에 속하지 않는 것은?

① 루프 소기식
② 횡단 소기식
③ 복류 소기식
④ 단류 소기식

해설
2행정 디젤기관의 소기방식의 종류 : 루프 소기식, 횡단 소기식, 단류 소기식

08 압력식 라디에이터 캡에 대한 설명으로 옳은 것은?

① 냉각장치 내부압력이 규정보다 낮을 때 공기 밸브는 열린다.
② 냉각장치 내부압력이 규정보다 높을 때 진공 밸브는 열린다.
③ 냉각장치 내부압력이 부압이 되면 진공 밸브는 열린다.
④ 냉각장치 내부압력이 부압이 되면 공기 밸브는 열린다.

해설
냉각장치 내부압력이 규정보다 높을 때는 공기 밸브가 열리고 부압이 되면 진공 밸브가 열린다.

09 수온조절기의 종류가 아닌 것은?

① 벨로스 형식
② 펠릿 형식
③ 바이메탈 형식
④ 마몬 형식

해설
수온조절기의 종류에는 펠릿형, 벨로스형, 바이메탈형이 있으나 펠릿형을 많이 사용한다.

10 4행정 사이클 기관에 주로 사용되고 있는 펌프는?

① 원심식과 플런저식
② 기어식과 플런저식
③ 로터리식과 기어식
④ 로터리식과 나사식

해설
유압펌프의 종류에는 로터리식, 기어식, 플런저식, 베인식이 있으나 기어식과 로터리식이 주로 사용된다.

11 다음 중 윤활유의 기능으로 모두 옳은 것은?

① 마찰 감소, 스러스트작용, 밀봉작용, 냉각작용
② 마멸 방지, 수분 흡수, 밀봉작용, 마찰 증대
③ 마찰 감소, 마멸 방지, 밀봉작용, 냉각작용
④ 마찰 증대, 냉각작용, 스러스트작용, 응력분산

해설
엔진오일의 작용
윤활작용(마찰 감소, 마멸 방지), 밀봉작용, 냉각작용, 청정작용, 방청작용, 응력분산작용, 기포발생 방지작용 등

12 건설기계 운전 작업 중 온도 게이지가 "H" 위치에 근접되어 있다. 운전자가 취해야 할 조치로 가장 알맞은 것은?

① 작업을 계속해도 무방하다.
② 잠시 작업을 중단하고 휴식을 취한 후 다시 작업한다.
③ 윤활유를 즉시 보충하고 계속 작업한다.
④ 작업을 중단하고 냉각수 계통을 점검한다.

해설
"C"는 엔진이 차가운 상태, "H"는 엔진이 필요 이상으로 뜨거운 것을 나타낸다. 따라서 작업을 중단하고 냉각수 계통을 점검한다.

13 전기자 철심을 두께 0.35~1.0mm의 얇은 철판을 각각 절연하여 겹쳐 만드는 주된 이유는?

① 열 발산을 방지하기 위해
② 코일의 발열 방지를 위해
③ 맴돌이 전류를 감소시키기 위해 ✓
④ 자력선의 통과를 차단시키기 위해

해설
전기자 철심은 자력선의 통과를 쉽게 하고, 맴돌이 전류를 감소시키기 위해 성층 철심으로 구성되어 있다.

14 4행정 기관에서 흡・배기밸브가 동시에 열려 있는 구간은?

① 래 그
② 리 드
③ 캠 각
④ 오버랩 ✓

해설
밸브 오버랩(Valve Overlap) : 흡기밸브와 배기밸브가 동시에 열려 있는 시간으로 소기와 급기를 돕고, 배기밸브와 연소실을 냉각시키는 역할을 한다.

15 일반적인 축전지 터미널의 식별법으로 적합하지 않은 것은?

① (+), (−)의 표시로 구분한다.
② 터미널의 요철로 구분한다. ✓
③ 굵고, 가는 것으로 구분한다.
④ 적색과 흑색 등 색으로 구분한다.

해설
터미널의 식별방법

구 분	양 극	음 극
문 자	POS	NEG
부 호	+	−
직경(굵기)	음극보다 굵다.	양극보다 가늘다.
색 깔	빨간색	검은색
특 징	부식물이 많은 쪽	

16 교류발전기에서 높은 전압으로부터 다이오드를 보호하는 구성품은 어느 것인가?

① 콘덴서 ✓
② 필드 코일
③ 정류기
④ 로 터

해설
콘덴서(축전기, Capacitor)의 역할
- 직류 전압을 가하면 각 전극에 전기(전하)를 축적(저장)하는 역할
- 교류에서 직류를 차단하고 교류 성분을 통과시키는 역할

17 **납산축전지의 전해액을 만들 때 올바른 방법은?**

① 황산에 물을 조금씩 부으면서 유리막대로 젓는다.

② 황산과 물을 1 : 1의 비율로 동시에 붓고 잘 젓는다.

③ **증류수에 황산을 조금씩 부으면서 잘 젓는다.**

④ 축전지에 필요한 양의 황산을 직접 붓는다.

해설

전해액을 만들 때 절연체인 용기(질그릇)를 사용하며 증류수에 황산을 조금씩 혼합한다.

18 **수동식 변속기가 장착된 건설기계에서 기어의 이상음이 발생하는 이유가 아닌 것은?**

① 기어 백래시가 과다

② 변속기의 오일 부족

③ 변속기 베어링의 마모

④ **웜과 웜기어의 마모**

해설

웜과 웜기어는 변속기가 아니고 조향기어이다.

19 **변속기의 필요성과 관계가 없는 것은?**

① 시동 시 장비를 무부하 상태로 한다.

② 기관의 회전력을 증대시킨다.

③ 장비의 후진 시 필요로 한다.

④ **환향을 빠르게 한다.**

해설

변속기의 필요성

- 정차 시 엔진의 공전운전을 가능하게 한다.
- 엔진의 회전력(토크)을 증대시킨다.
- 후진을 가능하게 한다.
- 주행속도를 증·감속할 수 있게 한다.

20 **기관의 냉각 팬이 회전할 때 공기가 불어가는 방향은?**

① **방열기 방향**

② 엔진 방향

③ 상부 방향

④ 하부 방향

21 건설기계조종사의 면허취소 사유에 해당하는 것은?

① 그 밖의 인명피해로 1명을 사망하게 하였을 경우
② 면허의 효력정지 기간 중 건설기계를 조종한 경우
③ 그 밖의 인명피해로 10명에게 경상을 입힌 경우
④ 건설기계로 1,000만원 이상의 재산피해를 냈을 경우

해설
① 그 밖의 인명피해로 1명을 사망하게 하였을 경우 – 면허효력정지 45일
③ 그 밖의 인명피해로 10명에게 경상을 입힌 경우 – 면허효력정지 50일
④ 건설기계로 1,000만원 이상의 재산피해를 냈을 경우 – 면허효력정지 20일 이상

22 건설기계관리법령상 연식이 20년 이하의 기종 중 정기검사 유효기간이 3년인 건설기계는?

① 덤프트럭
② 콘크리트믹서트럭
③ 트럭적재식 콘크리트펌프
④ 무한궤도식 굴착기

해설
정기검사 유효기간(건설기계관리법 시행규칙 [별표 7])
④ 무한궤도식 굴착기 : 3년(20년 이하), 1년(20년 초과)
① 덤프트럭 : 1년(20년 이하), 6개월(20년 초과)
② 콘크리트믹서트럭 : 1년(20년 이하), 6개월(20년 초과)
③ 트럭적재식 콘크리트펌프 : 1년(20년 이하), 6개월(20년 초과)

23 시·도지사가 지정한 교육기관에서 해당 건설기계의 조종에 관한 교육과정을 이수한 경우 건설기계조종사면허를 받은 것으로 보는 소형 건설기계는?

① 5ton 미만의 불도저
② 5ton 미만의 지게차
③ 5ton 미만의 굴착기
④ 5ton 미만의 타워크레인

해설
국토교통부령으로 정하는 소형건설기계(건설기계관리법 시행규칙 제73조제2항)
- 5ton 미만의 불도저·로더·천공기(단, 트럭적재식은 제외)
- 3ton 미만의 지게차·굴착기·타워크레인
- 공기압축기, 쇄석기, 준설선
- 콘크리트펌프(단, 이동식에 한정)

24 시·도지사는 검사에 불합격된 건설기계에 대해 며칠 이내의 기간을 정하여 해당 건설기계의 소유자에게 정비명령을 해야 하는가?

① 15일 이내
② 90일 이내
③ 60일 이내
④ 31일 이내

해설
시·도지사는 검사에 불합격된 건설기계에 대하여는 31일 이내의 기간을 정하여 해당 건설기계의 소유자에게 검사를 완료한 날(검사를 대행하게 한 경우에는 검사결과를 보고받은 날)부터 10일 이내에 정비명령을 하여야 한다(건설기계관리법 시행규칙 제31조제1항).

25 **건설기계의 출장검사가 허용되는 경우가 아닌 것은?**

① 도서지역에 있는 건설기계

② 너비가 2.0m를 초과하는 건설기계

③ 최고속도가 35km/h 미만인 건설기계

④ 차체중량이 40ton을 초과하거나 축하중이 10ton을 초과하는 건설기계

해설

출장검사(건설기계관리법 시행규칙 제32조제2항)

건설기계가 다음의 어느 하나에 해당하는 경우에는 규정에 불구하고 해당 건설기계가 위치한 장소에서 검사를 할 수 있다.

- 도서지역에 있는 경우
- 자체중량이 40ton을 초과하거나 축하중이 10ton을 초과하는 경우
- 너비가 2.5m를 초과하는 경우
- 최고속도가 35km/h 미만인 경우

26 **건설기계의 연료 주입구는 배기관의 끝으로부터 얼마 이상 떨어져 설치하여야 하는가?**

① 5cm ② 10cm

③ 30cm ④ 50cm

해설

연료장치(건설기계 안전기준에 관한 규칙 제132조)

건설기계의 연료탱크, 주입구 및 가스배출구는 다음의 기준에 맞아야 한다.

- 연료탱크, 연료펌프, 연료배관 및 각종 이음장치에서 연료가 새지 아니할 것
- 연료 주입구 부근에는 사용하는 연료의 종류를 표시하여야 하며, 연료 등의 용제에 의하여 쉽게 지워지지 아니할 것
- 노출된 전기단자 및 전기개폐기로부터 20cm 이상 떨어져 있을 것(연료탱크는 제외)
- 연료 주입구는 배기관의 끝으로부터 30cm 이상 떨어져 있을 것
- 연료탱크는 벽 또는 보호판 등으로 조종석과 분리되는 구조일 것
- 연료탱크는 건설기계 차체에 견고하게 고정되어 있을 것
- 경유를 연료로 사용하는 건설기계의 조속기는 연료의 분사량을 조작할 수 없도록 봉인되어 있을 것

27 건설기계의 주요 구조 또는 장치를 변경할 때와 관련된 사항으로 적합하지 않은 것은?

① 관할 경찰서장에게 구조변경 승인을 받아야 한다.
② 변경은 건설기계안전기준에 적합하게 하여야 한다.
③ 구조변경검사를 받아야 한다.
④ 구조변경검사는 주요 구조를 변경 또는 개조한 날로부터 20일 이내에 신청하여야 한다.

해설

구조변경검사(건설기계관리법 시행규칙 제25조제1항)
구조변경검사를 받으려는 자는 주요 구조를 변경 또는 개조한 날부터 20일 이내에 건설기계구조변경 검사신청서에 서류를 첨부하여 시・도지사에게 제출해야 한다.

② 누구든지 등록된 건설기계의 주요 구조나 원동기, 동력전달장치, 제동장치 등 주요 장치를 변경 또는 개조하고자 하는 때에는 건설기계안전기준에 적합하게 하여야 한다.
③ 구조변경검사는 건설기계의 주요 구조를 변경하거나 개조한 경우 실시하는 검사이다(건설기계관리법 제13조).

28 건설기계의 형식에 관한 승인을 얻거나 그 형식을 신고한 자의 사후관리 사항으로 적절하지 않은 것은?

① 건설기계를 판매한 날부터 12개월 동안 무상으로 건설기계의 정비 및 정비에 필요한 부품을 공급하여야 한다.
② 사후관리 기간 내일지라도 취급설명서에 따라 관리하지 아니함으로 인하여 발생한 고장 또는 하자는 유상으로 정비하거나 부품을 공급할 수 있다.
③ 사후관리 기간 내일지라도 정기적으로 교체하여야 하는 부품 또는 소모성 부품에 대하여는 유상으로 공급할 수 있다.
④ 주행거리가 20,000km를 초과하거나 가동시간이 2,000시간을 초과하여도 2개월 이내이면 무상으로 사후 관리하여야 한다.

해설

건설기계의 사후관리(건설기계관리법 시행규칙 제55조)

㉠ 규정에 의하여 건설기계형식에 관한 승인을 얻거나 그 형식을 신고한 자(제작자 등)는 건설기계를 판매한 날부터 12개월(당사자 간에 12개월을 초과하여 별도 계약하는 경우에는 그 해당 기간) 동안 무상으로 건설기계의 정비 및 정비에 필요한 부품을 공급하여야 한다. 다만, 취급설명서에 따라 관리하지 아니함으로 인하여 발생한 고장 또는 하자와 정기적으로 교체하여야 하는 부품 또는 소모성 부품에 대하여는 유상으로 정비하거나 정비에 필요한 부품을 공급할 수 있다.
㉡ ㉠의 경우 12개월 이내에 건설기계의 주행거리가 20,000km(원동기 및 차동장치의 경우에는 40,000km)를 초과하거나 가동시간이 2,000시간을 초과하는 때에는 12개월이 경과한 것으로 본다.

29 **건설기계 검사소에서 검사를 받아야 하는 건설기계는?**

① 콘크리트살포기
② **트럭적재식 콘크리트펌프**
③ 지게차
④ 스크레이퍼

해설
건설기계 검사소에서 검사를 받아야 하는 건설기계(건설기계관리법 시행규칙 제32조제1항)
- 덤프트럭
- 콘크리트믹서트럭
- 콘크리트펌프(트럭적재식)
- 아스팔트살포기
- 트럭지게차(국토교통부장관이 정하는 특수건설기계인 트럭지게차)

30 **등록된 건설기계의 소유자는 등록번호의 반납사유가 발생하였을 경우에는 며칠 이내에 반납하여야 하는가?**

① 20일 ② **10일**
③ 15일 ④ 30일

해설
등록번호표의 반납(건설기계관리법 제9조 전단)
등록된 건설기계의 소유자는 다음의 어느 하나에 해당하는 경우에는 10일 이내에 등록번호표의 봉인을 떼어낸 후 그 등록번호표를 국토교통부령으로 정하는 바에 따라 시·도지사에게 반납하여야 한다.
- 건설기계의 등록이 말소된 경우
- 건설기계의 등록사항 중 대통령령으로 정하는 사항이 변경된 경우
- 법 제8조제2항에 따라 등록번호표의 부착 및 봉인을 신청하는 경우

※ 건설기계 소유자는 등록번호표 또는 그 봉인이 떨어지거나 알아보기 어렵게 된 경우에는 시·도지사에게 등록번호표의 부착 및 봉인을 신청하여야 한다(건설기계관리법 제8조제2항).

31 **머캐덤 롤러는 차동장치를 갖고 있는데, 차동장치를 사용하는 목적으로 가장 적합한 것은?**

① 좌우 양륜의 회전속도를 일정하게 하기 위해서
② **커브에서 무리한 힘을 가하지 않고 선회하기 위해서**
③ 연약지반에서 차륜의 공회전을 방지하기 위해서
④ 전륜과 후륜의 접지압을 같게 하기 위해서

해설
머캐덤 롤러 : 3개의 철륜이 3륜 자동차의 바퀴와 같이 배열되어 있는 것을 말하며, 자중은 6~12ton 정도이며 선회 시 원활한 회전을 위해 차동장치가 필요하다.

32 **로드 롤러에서 선압이란?**

① **바퀴의 접지중량을 바퀴의 폭으로 나눈 값**
② 바퀴의 폭을 접지중량으로 나눈 값
③ 접지중량을 롤러 1개의 무게로 나눈 값
④ 바퀴의 접지중량을 롤러 총중량으로 나눈 값

해설
"선압"이란 롤러의 다짐압력을 표시하는 것으로서 롤의 중량(W)을 롤의 폭(B)으로 나눈 것을 말한다.

33 공기 타이어의 특성을 이용하여 노면을 다지는 기계로 로드 롤러에 비하여 기동성이 좋은 것은?

① 진동 콤팩터
② 래머와 탬퍼
③ 진동 롤러
④ **타이어 롤러**

34 전압식 롤러(Roller) 중 함수량이 적은 토사를 얇은 두께로 다질 때, 특히 아스팔트 포장의 초기 전압에 적합한 것은?

① **머캐덤(Macadam) 롤러**
② 탠덤(Tandem) 롤러
③ 탬핑(Tamping) 롤러
④ 타이어(Tire) 롤러

35 유압식 롤러에서 조향 불능 원인으로 잘못된 것은?

① 유압펌프 결함
② 유압 호스 파손
③ 조향 유압실린더 결함
④ **밸러스트 불량**

36 타이어 롤러의 차륜 지지방식이 아닌 것은?

① 고정식
② **진동식**
③ 요동식
④ 독립지지식

해설
타이어형 롤러의 차륜 지지방식에는 고정식, 상호요동식, 독립지지식이 있다.

37 연소에 필요한 공기를 실린더로 흡입할 때 먼지 등의 불순물을 여과하여 피스톤 등의 마모를 방지하는 역할을 하는 장치는?

① 과급기(Super Charger)
② **에어 클리너(Air Cleaner)**
③ 플라이휠(Fly Wheel)
④ 냉각 장치(Cooling System)

38 도로를 주행 중인 건설기계의 수동식 변속기 기어가 잘 빠지는 원인으로 가장 거리가 먼 것은?

① 로크 볼의 마멸 또는 로크 볼 스프링이 파손되었다.
② 기어 시프트 포크가 마멸되었다.
✔③ **기어오일이 부족하거나 변질되었다.**
④ 시프트 로드 조정이 불량하다.

해설
기어오일이 부족하거나 오일의 불량 시 변속기에서 소리가 난다.

39 유압 작동유 및 유압 작동부 온도가 과도하게 상승할 때 원인으로 틀린 것은?

① 유압 작동유가 부족하다.
② 유압펌프 내부 누설이 증가하고 있다.
✔③ **유압실린더의 행정이 너무 크다.**
④ 밸브의 누유가 많고, 무부하 시간이 짧다.

해설
유압유(작동유)의 온도가 높아지는 원인
- 유압 작동유가 부족할 때
- 유압펌프 내부 누설이 증가되고 있을 때
- 밸브의 누유가 많고, 무부하 시간이 짧을 때
- 유압 작동유가 노화되었을 때
- 유압의 점도가 부적당할 때
- 펌프의 효율이 불량할 때
- 오일 냉각기의 냉각핀 오손
- 냉각 팬의 회전속도가 느릴 때
- 릴리프 밸브가 과도하게 작동할 때

40 유압회로 내의 공기 혼입 시 조치방법 중 틀린 것은?

✔① **시동을 건 채 유압을 상승시키고 작업한다.**
② 시동을 걸어 유압을 상승시킨 후 시동을 끄고 한다.
③ 제어밸브와 공기빼기 플러그를 이용해야 한다.
④ 공기빼기 플러그를 조금씩 풀면서 한다.

해설
유압제동에 공기 혼입 시 공기빼기 순서
- 먼저 엔진을 시동하고 저속 공회전 또는 엔진을 정지한 후, 제어밸브를 움직여서 대부분의 유압을 제거하고, 공기빼기 플러그를 조금씩 느슨하게 푼 뒤 제어밸브의 레버를 가볍게 움직여 공기가 전부 배출될 때까지 계속한다.
- 작업이 완료되면 탱크 유면을 점검하여 부족 시는 보충하면 된다.

41 유압장치에서 오일탱크의 구비조건이 아닌 것은?

① 유면은 적정위치 "F"에 가깝게 유지해야 한다.
② 발생한 열을 발산할 수 있어야 한다.
③ 공기 및 이물질을 오일로부터 분리할 수 있어야 한다.
✔④ **탱크의 크기는 정지할 때 되돌아오는 오일량의 용량과 동일하게 한다.**

해설
탱크의 크기는 정지할 때 되돌아오는 오일량의 용량보다 크게 한다.

42 베인 펌프에 대한 설명으로 틀린 것은?

① 날개로 펌핑 동작을 한다.

② 토크(Torque)가 안정되어 소음이 적다.

③ 싱글형과 더블형이 있다.

④ 베인 펌프는 1단 고정으로 설계된다.

해설

베인 펌프

- 정용량형 펌프와 가변용량형 펌프 등으로 나뉜다.
- 정용량형 펌프에는 1단 펌프, 2단 펌프, 이중 펌프, 복합 펌프 등이 있다.

43 유압의 단점으로 틀린 것은?

① 과부하를 막기 어렵다.

② 오일은 가연성이므로 화재위험이 있다.

③ 회로구성이 어렵고, 누설되는 경우가 있다.

④ 오일은 온도변화에 따라 점도가 변하여 기계의 작동속도가 변한다.

해설

유압의 장단점

장 점	단 점
• 작은 동력원으로 큰 힘을 낼 수 있다. • 과부하 방지가 용이하다. • 운동방향을 쉽게 변경할 수 있다. • 에너지 축적이 가능하다.	• 구조가 복잡하여 고장원인을 발견하기 어렵다. • 오일의 온도변화에 따라 점도가 변하면 기계의 작동속도도 변하게 된다. • 관로를 연결하는 곳에서 작동유가 누출될 수 있다. • 작동유 누유로 인해 환경오염을 유발할 수 있다.

44 순차 작동 밸브라고도 하며, 각 유압실린더를 일정한 순서로 순차 작동시키고자 할 때 사용하는 것은?

① 릴리프 밸브

② 감압 밸브

③ 시퀀스 밸브

④ 언로드 밸브

해설

시퀀스 밸브 : 2개 이상의 분기회로가 있을 때 순차적인 작동을 하기 위한 압력제어밸브

① 릴리프 밸브 : 설정압력을 유지하는 압력제어밸브

② 감압 밸브 : 유량 또는 입구 쪽 압력에 관계없이 출력쪽 압력을 입구 쪽 압력보다 작은 설정압력으로 조정하는 압력제어밸브

④ 언로드 밸브 : 유압회로 내의 압력이 설정압력에 도달하면 펌프에서 토출된 오일을 전부 탱크로 회송시켜 펌프를 무부하로 운전시키는 데 사용하는 밸브

45 타이어식 건설기계에서 브레이크를 연속하여 자주 사용해서 브레이크 드럼이 과열되어 마찰계수가 떨어지며, 브레이크 효과가 나빠지는 현상은?

① 노킹 현상

② 페이드 현상

③ 하이드로플레이닝 현상

④ 채팅 현상

46 플런저가 구동축의 직각방향으로 설치되어 있는 유압모터는?

① 캠형 플런저 모터
② 액시얼형 플런저 모터
③ 블래더형 플런저 모터
④ **레이디얼형 플런저 모터**

해설
플런저 모터 종류
- 레이디얼형 : 플런저가 회전축에 대하여 직각방사형으로 배열된 형식
- 액시얼형 : 플런저가 구동축 방향으로 작동하는 형식

47 유압실린더의 종류에 해당하지 않는 것은?

① 복동실린더 싱글로드형
② 복동실린더 더블로드형
③ **단동실린더 배플형**
④ 단동실린더 램형

해설
유압실린더의 종류
- 단동실린더 : 표준형(단로드 실린더), 특수형(램형, 텔레스코프, 단동 양로드)
- 복동실린더 : 싱글로드형, 더블로드형, 쿠션 내장형, 복동 텔레스코프, 차동 실린더
- 다단실린더 : 텔레스코프형, 디지털형

48 유압·공기압 도면기호 중 그림이 나타내는 것은?

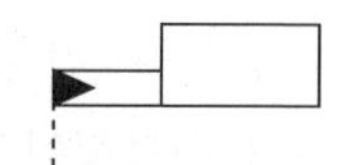

① **유압 파일럿(외부)**
② 공기압 파일럿(외부)
③ 유압 파일럿(내부)
④ 공기압 파일럿(내부)

49 작동유에서 점도지수에 관한 설명으로 틀린 것은?

① 점도지수는 온도에 따른 작동유의 점도변화를 나타내는 값이다.
② **점도지수는 클수록 온도변화에 따른 점도변화가 크다.**
③ 점도지수가 작은 작동유를 사용하면 예비 운전 시간이 길어질 수가 있다.
④ 일반적으로는 점도지수가 큰 작동유를 선정하는 것이 유리하다.

해설
온도에 따라 점도변화가 큰 오일은 점도지수가 작다.

50 건설기계의 작동유 탱크 역할로 틀린 것은?

① 유온을 적정하게 유지하는 역할을 한다.
② 작동유를 저장한다.
③ 오일 내 이물질의 침전작용을 한다.
④ 유압을 적정하게 유지하는 역할을 한다.

51 전기화재에 적합하며 화재 때 화점에 분사하는 소화기로 산소를 차단하는 소화기는?

① 포말 소화기
② 이산화탄소 소화기
③ 분말 소화기
④ 증발 소화기

52 건설기계의 작업 시 주의사항으로 틀린 것은?

① 운전석을 떠날 경우에는 기관을 정지시킨다.
② 작업 시에는 항상 사람의 접근에 특별히 주의한다.
③ 주행 시 가능한 한 평탄한 지면으로 주행한다.
④ 후진 시 후진한 후에 사람 및 장애물 등을 확인한다.

해설
후진 시 후진하기 전에 사람 및 장애물 등을 확인한다.

53 기계의 회전부분(기어, 벨트, 체인)에 덮개를 설치하는 이유는?

① 좋은 품질의 제품을 얻기 위하여
② 회전부분의 속도를 높이기 위하여
③ 제품의 제작과정을 숨기기 위하여
④ 회전부분과 신체의 접촉을 방지하기 위하여

54 수공구 사용방법으로 옳지 않은 것은?

① 좋은 공구를 사용할 것
② 해머의 쐐기 유무를 확인할 것
③ 스패너는 너트에 잘 맞는 것을 사용할 것
④ 해머의 사용면이 넓고, 얇아진 것을 사용할 것

55 **산업재해의 통상적인 분류 중 통계적 분류에 대한 설명으로 틀린 것은?**

① 사망 : 업무로 인해서 목숨을 잃게 되는 경우
② 중경상 : 부상으로 인하여 30일 이상의 노동 상실을 가져온 상해 정도
③ 경상해 : 부상으로 1일 이상 7일 이하의 노동 상실을 가져온 상해 정도
④ 무상해 사고 : 응급처치 이하의 상처로 작업에 종사하면서 치료를 받는 상해 정도

해설
산업재해의 통상적 분류에서 통계적 분류
- 사망 : 업무상 목숨을 잃게 되는 경우
- 중상해 : 부상으로 인하여 8일 이상 노동력 상실을 가져온 상해
- 경상해 : 부상으로 1일 이상 7일 이하의 노동력 상실을 가져온 상해
- 무상해 사고 : 응급처치 이하의 상처로 작업에 종사하면서 치료를 받는 상해

56 **다음 중 가스누설 검사에 가장 좋고 안전한 것은?**

① 아세톤
② 성냥불
③ 순수한 물
④ 비눗물

해설
가스누설 검사는 비눗물에 의한 기포발생 여부로 검사한다.

57 **안전표지의 종류 중 안내표지에 속하지 않는 것은?**

① 녹십자표지
② 응급구호표지
③ 비상구
④ 출입금지

해설
출입금지는 금지표지에 속한다.

58 **수공구 보관 방법 중 바르지 못한 것은?**

① 수공구는 한곳에 모아서 보관한다.
② 숫돌은 건조하고 통풍이 잘되는 곳에 보관한다.
③ 날이 있거나 끝이 뾰족한 물건은 뚜껑을 씌워 보관한다.
④ 종류와 크기를 구분하여 보관한다.

59 **일반적인 보호구의 구비조건으로 맞지 않는 것은?**

① 착용이 간편할 것
② 햇볕에 잘 열화될 것
③ 재료의 품질이 양호할 것
④ 위험 · 유해요소에 대한 방호성능이 충분할 것

해설

보호구의 구비조건
- 착용이 간편할 것
- 작업에 방해가 안 될 것
- 재료의 품질이 양호할 것
- 위험 · 유해요소에 대한 방호성능이 충분할 것
- 구조와 끝마무리가 양호할 것
- 외양과 외관이 양호할 것

60 **굴착공사 중 적색으로 된 도시가스 배관을 손상시켰으나 다행히 가스는 누출되지 않고 피복만 벗겨졌다. 이때의 조치사항으로 가장 적합한 것은?**

① 해당 도시가스회사에 그 사실을 알려 보수하도록 한다.
② 가스가 누출되지 않았으므로 그냥 되메우기 한다.
③ 벗겨지거나 손상된 피복은 고무판이나 비닐테이프로 감은 후 되메우기 한다.
④ 벗겨진 피복은 부식방지를 위하여 아스팔트를 칠하고 비닐테이프로 감은 후 직접 되메우기 한다.

제 4 회 | 기출복원문제

01 특별표지판 부착 대상인 대형 건설기계가 아닌 것은?

✔① 길이가 15m인 건설기계
② 너비가 2.8m인 건설기계
③ 높이가 6m인 건설기계
④ 총중량이 45ton인 건설기계

해설

특별표지판을 부착하여야 하는 대형 건설기계의 범위(건설기계 안전기준에 관한 규칙 제2조)

- 길이가 16.7m를 초과하는 건설기계
- 너비가 2.5m를 초과하는 건설기계
- 높이가 4.0m를 초과하는 건설기계
- 최소회전반경이 12m를 초과하는 건설기계
- 총중량이 40ton을 초과하는 건설기계(단, 굴착기, 로더 및 지게차는 운전중량이 40ton을 초과하는 경우를 말한다)
- 총중량 상태에서 축하중이 10ton을 초과하는 건설기계(단, 굴착기, 로더 및 지게차는 운전중량 상태에서 축하중이 10ton을 초과하는 경우를 말한다)

02 건설기계관리법에 따라 최고주행속도 15 km/h 미만의 타이어식 건설기계가 필히 갖추어야 할 조명장치가 아닌 것은?

① 전조등
② 후부반사기
✔③ 비상점멸 표시등
④ 제동등

해설

타이어식 건설기계의 조명장치 설치 기준(건설기계안전기준에 관한 규칙 제155조)

구분	조명장치
1. 최고주행속도가 15 km/h 미만인 건설기계	• 전조등 • 제동등(단, 유량 제어로 속도를 감속하거나 가속하는 건설기계는 제외) • 후부반사기 • 후부반사판 또는 후부반사지
2. 최고주행속도가 15 km/h 이상 50km/h 미만인 건설기계	• 1.에 해당하는 조명장치 • 방향지시등 • 번호등 • 후미등 • 차폭등
3. 도로교통법에 따른 운전면허를 받아 조종하는 건설기계 또는 50km/h 이상 운전이 가능한 타이어식 건설기계	• 1. 및 2.에 따른 조명장치 • 후퇴등 • 비상점멸 표시등

03 대여사업용 건설기계 등록표의 색상은?

① 주황색 바탕에 검은색 문자
② 흰색 바탕에 검은색 문자
③ 초록색 바탕에 흰색 문자
④ 빨간색 바탕에 흰색 문자

해설

등록번호표 색상과 일련번호 숫자(건설기계관리법 시행규칙 [별표 2])

- 관용 : 흰색 바탕에 검은색 문자, 0001~0999
- 자가용 : 흰색 바탕에 검은색 문자, 1000~5999
- 대여사업용 : 주황색 바탕에 검은색 문자, 6000~9999

04 건설기계 등록번호표의 표시내용이 아닌 것은?

① 기 종
② 등록 번호
③ 용 도
④ 장비 연식

해설

건설기계등록번호표에는 용도·기종 및 등록 번호를 표시해야 한다(건설기계관리법 시행규칙 제13조).

05 성능이 불량하거나 사고가 자주 발생하는 건설기계의 안전성 등을 점검하기 위하여 실시하는 심사는?

① 예비검사
② 구조변경검사
③ 수시검사
④ 정기검사

해설

수시검사 : 성능이 불량하거나 사고가 자주 발생하는 건설기계의 안전성 등을 점검하기 위하여 수시로 실시하는 검사와 건설기계 소유자의 신청을 받아 실시하는 검사

06 건설기계 운전중량 산정 시 조종사 1명의 체중으로 맞는 것은?

① 50kg ② 55kg
③ 60kg ④ 65kg

해설

운전중량(건설기계 안전기준에 관한 규칙 제2조)

자체중량에 건설기계의 조종에 필요한 최소의 조종사가 탑승한 상태의 중량을 말하며, 조종사 1명의 체중은 65kg으로 본다.

07 우리나라에서 건설기계에 대한 정기검사를 실시하는 검사업무 대행기관은?

① 대한건설기계 안전관리원
② 자동차정비업협회
③ 건설기계정비협회
④ 교통안전공단

해설
대한건설기계 안전관리원은 국내 유일의 건설기계 검사기관이다.

08 해당 건설기계 운전의 국가기술자격소지자가 건설기계 조종 시 면허를 받지 않고 건설기계를 조종할 경우는?

① 무면허이다.
② 사고 발생 시에만 무면허이다.
③ 도로주행만 하지 않으면 괜찮다.
④ 면허를 가진 것으로 본다.

해설
건설기계조종사면허(건설기계관리법 제26조)
건설기계조종사면허를 받으려는 사람은 국가기술자격법에 따른 해당 분야의 기술자격을 취득하고 적성검사에 합격하여야 한다.

09 건설기계소유자가 건설기계의 정비를 요청하여 그 정비가 완료된 후 장기간 해당 건설기계를 찾아가지 않을 시 정비사업자가 할 수 있는 조치사항은?

① 건설기계말소를 할 수 있다.
② 보관·관리에 소요되는 비용을 받을 수 있다.
③ 폐기인수증을 발부할 수 있다.
④ 과태료를 부과할 수 있다.

해설
건설기계의 보관·관리비용의 징수(건설기계관리법 제24조의3)
건설기계사업자는 건설기계의 정비를 요청한 자가 정비가 완료된 후 장기간 건설기계를 찾아가지 아니하는 경우에는 국토교통부령으로 정하는 바에 따라 건설기계의 정비를 요청한 자로부터 건설기계의 보관·관리에 드는 비용을 받을 수 있다.

10 건설기계 형식에 관한 승인을 얻거나 그 형식을 신고한 자는 당사자 간에 별도의 계약이 없는 경우에 건설기계를 판매한 날로부터 몇 개월 동안 무상으로 건설기계를 정비해 주어야 하는가?

① 3개월 ② 6개월
③ 12개월 ④ 24개월

해설
건설기계의 사후관리(건설기계관리법 시행규칙 제55조)
건설기계 형식에 관한 승인을 얻거나 그 형식을 신고한 자(이하 "제작자 등"이라 한다)는 건설기계를 판매한 날부터 12개월(당사자 간에 12개월을 초과하여 별도 계약하는 경우에는 그 해당 기간) 동안 무상으로 건설기계의 정비 및 정비에 필요한 부품을 공급하여야 한다.

11 모래, 자갈 및 분쇄된 돌보다 퍼석퍼석한 지반의 시초작업에 주로 사용되는 롤러는?

① 탬핑 롤러
② 머캐덤 롤러
③ 진동 롤러
④ 타이어 롤러

해설
탬핑 롤러
중공드럼에 돌기를 심은 것으로 단동식과 복동식이 있다. 모래, 자갈 및 분쇄된 돌보다 퍼석퍼석한 지반의 시초작업에 주로 사용된다.

12 타이어 롤러의 바퀴지지 방식 중 각 바퀴마다 독립된 유압실린더 또는 공기 스프링 등을 사용하여 개별 상하 운동을 하는 방식은?

① 상호 요동식
② 고정식
③ 일체 지지식
④ 수직 가동식

해설
타이어 롤러의 차륜지지 방식
- 독립 지지식(수직 가동식) : 각 바퀴마다 독립된 유압실린더 또는 공기 스프링 등을 사용하여 개별 상하 운동을 하는 방식, 즉 타이어가 각각의 축에 지지되어 있어 요동하는 형식이다.
- 고정식 : 롤러의 타이어 전체가 하나의 축에 설치되어 있다.
- 상호 요동식 : 2개 이상의 타이어가 동시에 동일한 축에 설치되어 축 중앙부 차체의 핀에 결합되어 있어 지면에 대응하여 좌우로 요동한다.

13 자주식과 피견인식이 있는 방식으로 제방 및 도로 경사지 모서리 다짐에 사용되는 롤러 형식은?

① 진동 롤러
② 머캐덤 롤러
③ 타이어형 롤러
④ 탬핑 롤러

해설
진동 롤러는 롤러에 유압으로 기진장치를 작동하는 방식으로서 다짐효과가 크고, 적은 다짐 횟수로 충분히 다질 수 있다.

14 롤러의 유압실린더 적용으로 가장 적절한 것은?

① 방향 전환에 사용한다.
② 살수장치에 사용한다.
③ 메인 클러치 차단에 사용한다.
④ 역전장치에 사용한다.

15 자주식 진동 롤러가 경사지를 내려올 때 안전한 방법은?

① 구동 타이어를 앞쪽으로 하고 내려온다.
② 드럼 롤러를 앞쪽으로 하고 내려온다.
③ 어느 쪽이나 상관없다.
④ 지그재그 방향으로 내려온다.

16 탠덤, 머캐덤 롤러의 살수 탱크는 어떤 역할을 하는가?

① 엔진에 공급하는 연료를 저장한다.
② 각부 장치에 주유하는 오일을 저장한다.
③ 롤러에 물을 적셔주어 작업 시 점착성을 향상시킨다.
④ **롤러에 물을 적셔주어 작업 시 점착성 물질이 롤에 묻는 것을 방지한다.**

해설
살수장치는 타이어 또는 롤에 아스팔트가 부착되지 않도록 물을 뿌려 주는 장치이다.

17 롤러 작업 후 점검 및 관리사항이 아닌 것은?

① 깨끗하게 유지 관리할 것
② 부족한 연료량을 보충할 것
③ **작업 후 항상 모든 타이어를 로테이션 할 것**
④ 볼트, 너트 등의 풀림 상태를 점검할 것

18 유압기기에서 사용하는 배관으로 주로 링크 연결부위의 움직이는 부분에 안전을 위하여 고압의 내구성이 강한 것으로 많이 사용하는 호스는?

① **플렉시블 호스**
② PVC밸브
③ 비닐호스
④ 동 파이프 호스

19 작업복 등이 말려드는 위험이 주로 존재하는 기계 및 기구와 가장 거리가 먼 것은?

① 회전축 ② 커플링
③ 벨 트 ④ **프레스**

해설
프레스 작업 중 금형과 금형 사이에 작업자가 끼이는 협착재해가 주로 일어난다.

20 간단한 장비 점검 및 수리를 위해 스패너를 사용하려고 한다. 맞는 것은?

① 스패너는 볼트 너트에 관계없이 아무거나 사용한다.
② 크기가 맞지 않으면 쐐기를 박아서 사용한다.
③ 파이프를 스패너 자루에 끼워서 사용한다.
④ **스패너는 볼트 너트에 맞는 것을 사용한다.**

21 **기관의 연료분사펌프에 연료를 보내거나 공기빼기 작업을 할 때 필요한 장치는?**

① 체크 밸브(Check Valve)

✔② 프라이밍 펌프(Priming Pump)

③ 오버플로 펌프(Overflow Pump)

④ 드레인 펌프(Drain Pump)

해설

프라이밍 펌프 : 연료공급계통의 공기빼기 작업 및 공급펌프를 수동으로 작동시켜 연료탱크 내의 연료를 분사펌프까지 공급하는 공급펌프이다.

22 **기동 전동기 구성품 중 자력선을 형성하는 것은?**

① 전기자

✔② 계자코일

③ 슬립링

④ 브러시

해설

계자코일 : 계자 철심에 감겨져 자력선을 발생한다.

23 **디젤기관 시동보조 장치에 사용되는 디컴프(De – comp)의 기능에 대한 설명으로 틀린 것은?**

✔① 기관의 출력을 증대하는 장치이다.

② 한랭 시 시동할 때 원활한 회전으로 시동이 잘 될 수 있도록 하는 역할을 하는 장치이다.

③ 기관의 시동을 정지할 때 사용될 수 있다.

④ 기동전동기에 무리가 가는 것을 예방하는 효과가 있다.

해설

디컴프는 시동을 원활하게 하는 장치이고 출력을 증대시키는 장치는 과급기이다.

24 **엔진오일이 연소실로 올라오는 주된 이유는?**

✔① 피스톤링 마모

② 피스톤핀 마모

③ 커넥팅로드 마모

④ 크랭크축 마모

해설

기관에서 엔진오일이 연소실로 올라오는 이유는 실린더나 피스톤링이 마모되었기 때문이다.

25 4행정 기관에서 1사이클을 완료할 때 크랭크축은 몇 회전하는가?

① 1회전 ② 2회전
③ 3회전 ④ 4회전

해설
4행정 기관은 1사이클당 크랭크축은 2회전, 분사펌프는 1회전하는 기관이다.

26 축전지의 전해액으로 알맞은 것은?

① 순수한 물
② 과산화납
③ 해면상납
④ 묽은 황산

해설
양극판은 과산화납, 음극판은 해면상납을 사용하며 전해액은 묽은 황산을 이용한다.

27 디젤기관 연료여과기에 설치된 오버플로 밸브(Overflow Valve)의 기능이 아닌 것은?

① 여과기 각 부분 보호
② 연료공급펌프 소음 발생 억제
③ 운전 중 공기 배출 작용
④ 인젝터의 연료분사시기 제어

해설
오버플로 밸브의 기능
- 연료필터 엘리먼트를 보호한다.
- 연료공급펌프의 소음 발생을 방지한다.
- 연료계통의 공기를 배출한다.

28 교류발전기의 다이오드가 하는 역할은?

① 전류를 조정하고, 교류를 정류한다.
② 전압을 조정하고, 교류를 정류한다.
③ 교류를 정류하고, 역류를 방지한다.
④ 여자전류를 조정하고, 역류를 방지한다.

29 라디에이터(Radiator)에 대한 설명으로 틀린 것은?

① 라디에이터의 재료 대부분은 알루미늄 합금이 사용된다.
② 단위면적당 방열량이 커야 한다.
③ 냉각효율을 높이기 위해 방열판이 설치된다.
④ 공기 흐름저항이 커야 냉각효율이 높다.

해설
공기 흐름저항이 작아야 냉각효율이 높다.

30 다음 중 연소실과 연소의 구비조건이 아닌 것은?

① 분사된 연료를 가능한 한 긴 시간 동안 완전연소시킬 것
② 평균 유효압력이 높을 것
③ 고속회전에서의 연소 상태가 좋을 것
④ 노크 발생이 적을 것

해설
분사된 연료를 가능한 한 짧은 시간 동안 완전연소시킬 것

31 윤활유의 점도가 너무 높은 것을 사용했을 때의 설명으로 맞는 것은?

① 좁은 공간에 잘 침투하므로 충분한 주유가 된다.
② 엔진 시동을 할 때 필요 이상의 동력이 소모된다.
③ 점차 묽어지기 때문에 경제적이다.
④ 겨울철에 특히 사용하기 좋다.

해설
점도는 오일의 끈적거리는 정도를 나타내며 점도가 너무 높으면 윤활유의 내부마찰과 저항이 커져 동력의 손실이 증가하며, 너무 낮으면 동력의 손실은 적어지지만 유막이 파괴되어 마모감소작용이 원활하지 못하게 된다.

32 기관에서 배기상태가 불량하여 배압이 높을 때 발생하는 현상과 관련 없는 것은?

① 기관이 과열된다.
② 냉각수 온도가 내려간다.
③ 기관의 출력이 감소된다.
④ 피스톤의 운동을 방해한다.

해설
배압이 높아지면 배출되지 못한 가스열에 의해 기관이 과열되며 이로 인해 냉각수 온도가 상승된다.

33 교류발전기(AC)의 주요 부품이 아닌 것은?

① 로 터
② 브러시
③ 스테이터 코일
④ 솔레노이드 조정기

해설
교류발전기의 구조
고정자(스테이터), 회전자(로터), 다이오드, 브러시, 팬 등으로 구성

34 축전지의 용량(전류)에 영향을 주는 요소로 틀린 것은?

① 극판의 수
② 극판의 크기
③ 전해액의 양
④ 냉각률 ✔

해설
축전지 용량에 영향을 미치는 요소
- 셀당 극판의 수
- 극판의 크기
- 전해액(황산)의 양
- 셀의 크기
- 극판의 두께

35 다음 중 디젤기관에만 있는 부품은?

① 워터펌프
② 오일펌프
③ 발전기
④ 분사펌프 ✔

해설
분사펌프는 디젤기관의 연료 분사장치이다.

36 기관의 온도를 측정하기 위해 냉각수의 수온을 측정하는 곳으로 가장 적절한 곳은?

① 실린더 헤드 물 재킷 출구부 ✔
② 엔진 크랭크케이스 내부
③ 라디에이터 하부
④ 수온조절기 내부

해설
수온 센서는 엔진의 실린더 헤드 물 재킷 출구 부분에 설치되어 냉각수의 온도를 검출한다.

37 엔진오일의 압력이 낮은 원인이 아닌 것은?

① 오일 파이프의 파손
② 오일 펌프의 고장
③ 오일에 다량의 연료 혼입
④ 프라이밍 펌프의 파손 ✔

해설
프라이밍 펌프 : 연료공급계통의 공기빼기 작업 및 공급펌프를 수동으로 작동시켜 연료 탱크 내의 연료를 분사펌프까지 공급하는 공급펌프이다.

38 조향핸들의 유격이 커지는 원인과 관계없는 것은?

① 피트먼 암의 헐거움
② 타이어 공기압 과대 ✔
③ 조향기어, 링키지 조정 불량
④ 앞바퀴 베어링 과대 마모

해설
타이어의 공기압 과대 시 외부의 충격에 약하고, 불규칙한 마모의 원인이 되며, 특히 중앙 부분이 집중 마모된다.

39 롤러의 운전 중 점검 사항이 아닌 것은?

① 냉각수 온도
② 유압 오일 온도
③ 엔진 회전수
④ **배터리 전해액**

해설
배터리 전해액 점검은 시동 전 점검 사항이다.

40 조향기어 백래시가 클 경우 발생될 수 있는 현상은?

① **핸들의 유격이 커진다.**
② 조향핸들의 축방향 유격이 커진다.
③ 조향각도가 커진다.
④ 핸들이 한쪽으로 쏠린다.

해설
조향기어 백래시가 작으면 핸들이 무거워지고, 너무 크면 핸들의 유격이 커진다.

41 유압장치에서 방향제어밸브에 대한 설명으로 틀린 것은?

① 유체의 흐름 방향을 변환한다.
② **액추에이터의 속도를 제어한다.**
③ 유체의 흐름 방향을 한쪽으로 허용한다.
④ 유압실린더나 유압모터의 작동 방향을 바꾸는 데 사용된다.

해설
유량제어밸브가 액추에이터의 속도를 제어한다.

42 유압펌프가 작동 중 소음이 발생할 때의 원인으로 틀린 것은?

① 펌프 축의 편심 오차가 크다.
② 펌프 흡입관 접합부로부터 공기가 유입된다.
③ **릴리프 밸브 출구에서 오일이 배출되고 있다.**
④ 스트레이너가 막혀 흡입용량이 너무 작아졌다.

해설
유압펌프 작동 중 소음 발생은 기계적인 원인과 흡입되는 공기에 의하며, 릴리프 밸브에서 오일이 누유되면 압력이 떨어지는 원인이 된다.

43 유압에너지를 공급받아 회전운동을 하는 유압기기는?

① 유압실린더
② **유압모터**
③ 유압밸브
④ 롤러 리밋

44 다음 유압기호가 나타내는 것은?

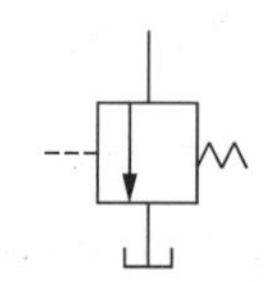

① 릴리프 밸브

② 감압 밸브

③ 순차 밸브

④ 무부하 밸브

해설

유압기호

릴리프 밸브	감압 밸브

45 유압회로 내에서 서지압(Surge Pressure)이란?

① 과도하게 발생하는 이상 압력의 최댓값

② 정상적으로 발생하는 압력의 최댓값

③ 정상적으로 발생하는 압력의 최솟값

④ 과도하게 발생하는 이상 압력의 최솟값

46 유압계통 내의 최대압력을 제어하는 밸브는?

① 체크 밸브

② 초크 밸브

③ 오리피스 밸브

④ 릴리프 밸브

47 유압장치에서 작동 및 움직임이 있는 곳의 연결관으로 적합한 것은?

① 플렉시블 호스

② 구리 파이프

③ 강 파이프

④ PVC 호스

해설

브레이크액의 유압 전달 또는 차체나 현가장치처럼 상대적으로 움직이는 부분, 작동 및 움직임이 있는 곳에는 플렉시블 호스(Flexible Hose)를 사용하며 외부의 손상에 튜브를 보호하기 위하여 보호용 리브를 부착하기도 한다.

48 2개 이상의 분기회로를 갖는 회로 내에서 작동순서를 회로의 압력 등에 의하여 제어하는 밸브는?

① 체크 밸브

② 시퀀스 밸브

③ 한계 밸브

④ 서보 밸브

49 유압계통에 사용되는 오일의 점도가 너무 낮을 경우 나타날 수 있는 현상이 아닌 것은?

① 시동 저항 증가

② 펌프 효율 저하

③ 오일 누설 증가

④ 유압회로 내 압력 저하

해설

점도가 너무 낮을 경우

- 유압펌프, 모터 등의 용적효율 저하
- 내부 오일 누설의 증대
- 압력유지의 곤란
- 기기마모의 증대
- 압력 발생 저하로 정확한 작동 불가

50 제동 유압장치의 작동원리는 어느 이론에 바탕을 둔 것인가?

① 열역학 제1법칙

② 보일의 법칙

③ 파스칼의 원리

④ 가속도 법칙

해설

파스칼의 원리

밀폐된 용기 속의 유체 일부에 가해진 압력은 각부의 모든 부분에 같은 세기로 전달된다는 원리이다.

51 전기기기에 의한 감전사고를 막기 위하여 필요한 설비로 가장 중요한 것은?

① 접지설비

② 방폭등 설비

③ 고압계 설비

④ 대지 전위 상승 설비

해설

전기장치는 접지를 하고, 이동식 전기기구는 방호장치를 한다.

52 유류 화재 시 소화방법으로 부적절한 것은?

① 모래를 뿌린다.

② 다량의 물을 부어 끈다.

③ ABC 소화기를 사용한다.

④ B급 화재 소화기를 사용한다.

해설

기름과 물은 섞이지 않기 때문에 기름이 물을 타고 더 확산하게 된다.

53 소화 작업의 기본요소가 아닌 것은?

① 가연물질을 제거하면 된다.
② 산소를 차단하면 된다.
③ 점화원을 제거하면 된다.
④ 연료를 기화시키면 된다.

해설
연료를 기화시키면 화재위험이 더 커진다.

54 사고의 원인 중 가장 많은 부분을 차지하는 것은?

① 불가항력
② 불안전한 환경
③ 불안전한 행동
④ 불안전한 지시

해설
산업현장에서는 불안전한 행동에 의한 재해 발생률이 압도적으로 높다.

55 안전표지 중 금지표지의 형태는?

① 흰색 바탕에 적색 테두리와 빗선
② 삼각형의 노란색 바탕에 검정 테두리
③ 원형의 파란색 바탕에 흰색
④ 사각형의 흰색 바탕에 내용 및 문자

56 근로자 1,000명당 1년간에 발생하는 재해자수를 나타낸 것은?

① 도수율
② 강도율
③ 연천인율
④ 사고율

해설
연천인율 = (재해자 수 / 평균 근로자 수) × 1,000

57 건설기계의 안전수칙에 대한 설명으로 틀린 것은?

① 운전석을 떠날 때 기관을 정지시켜야 한다.

② 버킷이나 하중을 달아 올린 채로 브레이크를 걸어 두어서는 안 된다.

③ 장비를 다른 곳으로 이동할 때에는 반드시 선회 브레이크를 풀어 놓고 장비로부터 내려와야 한다.

④ 무거운 하중은 5~10m 들어 올려 브레이크나 기계의 안전을 확인한 후 작업에 임하도록 한다.

해설

장비를 다른 곳으로 이동할 때에는 반드시 선회 브레이크를 걸어 놓고 장비로부터 내려와야 한다.

58 해머 작업 시 틀린 것은?

① 장갑을 끼지 않는다.

② 작업에 알맞은 무게의 해머를 사용한다.

③ 해머는 처음부터 힘차게 때린다.

④ 자루가 단단한 것을 사용한다.

해설

해머로 타격할 때, 처음과 마지막에는 힘을 많이 가하지 말아야 한다.

59 다음 중 드라이버 사용방법으로 틀린 것은?

① 날 끝 홈의 폭과 깊이가 같은 것을 사용한다.

② 전기 작업 시 자루는 모두 금속으로 되어 있는 것을 사용한다.

③ 날 끝이 수평이어야 하며 둥글거나 빠진 것은 사용하지 않는다.

④ 작은 공작물이라도 한손으로 잡지 않고 바이스 등으로 고정하고 사용한다.

해설

전기 작업 시 자루는 비전도체 재료(나무, 고무, 플라스틱)로 되어 있는 것을 사용한다.

60 화재 시 연소의 주요 3요소로 틀린 것은?

① 고 압

② 가연물

③ 점화원

④ 산 소

해설

연소의 3요소 : 가연물(연료), 산소, 점화원(열)

제 5 회 | 기출복원문제

01 원심력을 이용해 이물질을 제거하는 여과기는?

① 건식 여과기
② 오일 여과기
③ 습식 여과기
④ **원심 여과기** ✓

해설
원심 여과기
다공형 구조의 원통형 버킷과 그것을 둘러싼 케이싱으로 구성된다. 버킷 안쪽의 여과포에서 여과가 진행되며, 탈수를 동시에 하는 원심 분리기이다.

02 유압 액추에이터의 기능으로 옳은 것은?

① **유압을 일로 바꿔 주는 것** ✓
② 유압의 방향을 바꿔 주는 것
③ 오염을 방지하는 것
④ 빠르기를 조절하는 것

해설
유압 액추에이터는 유압펌프에서 송출된 압력에너지(힘)를 기계적 에너지로 변환하여 실질적으로 일을 한다.

03 타이어 롤러의 바퀴 지지방식이 아닌 것은?

① 고정식
② 수직 가동식
③ **부동식** ✓
④ 상호 요동식

해설
타이어 롤러의 타이어 지지방식
- 수직 가동식 : 유압식, 공기 스프링식, 프레임 가동식
- 상호 요동식
- 고정식 : 차륜 고정식, 차륜 사행식

04 12V로 동일한 용량의 축전기 두 개를 직렬로 연결하면 나타나는 상황으로 옳은 것은?

① 용량이 감소한다.
② 용량이 증가한다.
③ **전압이 증가한다.** ✓
④ 저항이 감소한다.

해설
축전지의 병렬연결과 직렬연결
같은 용량, 같은 전압의 축전지 두 개를 병렬연결하면 용량은 두 배가 되고, 전압은 한 개일 때와 같다. 반면 직렬연결하면 전압은 상승하여 두 배가 되고, 용량은 한 개일 때와 같다.

05 유압장치에서 방향제어밸브의 설명으로 가장 적절한 것은?

✔① 오일의 흐름 방향을 바꿔 주는 밸브이다.
② 오일의 압력을 바꿔 주는 밸브이다.
③ 오일의 유량을 바꿔 주는 밸브이다.
④ 오일의 온도를 바꿔 주는 밸브이다.

해설
유압회로에 사용되는 제어밸브
- 압력제어밸브 : 일의 크기 제어
- 유량제어밸브 : 일의 속도 제어
- 방향제어밸브 : 일의 방향 제어

06 건설기계정비업의 범위에서 제외되는 행위가 아닌 것은?

① 배터리 교환
✔② 엔진 탈·부착 및 정비
③ 오일의 보충
④ 창유리의 교환

해설
건설기계정비업의 범위에서 제외되는 행위(건설기계관리법 시행규칙 제1조의3)
- 오일의 보충
- 에어클리너 엘리먼트 및 필터류의 교환
- 배터리·전구의 교환
- 타이어의 점검·정비 및 트랙의 장력 조정
- 창유리의 교환

07 화재의 분류 중 금속화재에 해당되는 것은?

① A급 화재　　✔② D급 화재
③ B급 화재　　④ C급 화재

해설
화재의 분류 및 소화대책
- A급 화재 : 일반화재 – 냉각소화
- B급 화재 : 유류·가스화재 – 질식소화
- C급 화재 : 전기화재 – 냉각 또는 질식소화
- D급 화재 : 금속화재 – 질식소화(냉각소화는 금지)

08 오일탱크의 구성 부품이 아닌 것은?

① 유면계　　② 배 플
✔③ 피스톤 로드　　④ 배유구

해설
오일탱크 내부를 구성하는 부품으로 스트레이너, 드레인 플러그, 배플, 주입구 캡, 유면계, 배유구 등이 있다. 피스톤 로드는 유압실린더의 구성품이다.

09 디젤기관 연료여과기에 설치된 오버플로 밸브(Overflow Valve)의 기능이 아닌 것은?

① 여과기 각 부분 보호
② 연료 공급 펌프 소음 발생 억제
③ 운전 중 공기 배출 작용
✔④ 인젝터의 연료 분사시기 제어

해설
오버플로 밸브의 역할
- 연료필터 엘리먼트를 보호한다.
- 연료 공급 펌프의 소음 발생을 방지한다.
- 연료계통의 공기를 배출한다.

10 가변용량형 유압펌프의 기호로 옳은 것은?

① 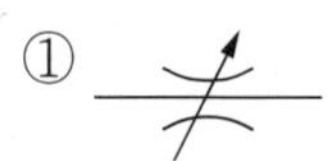

② 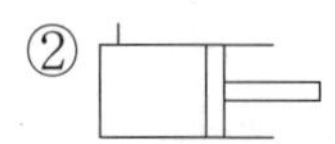

③ 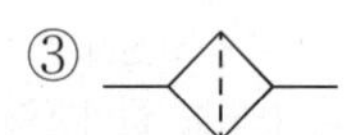

④ 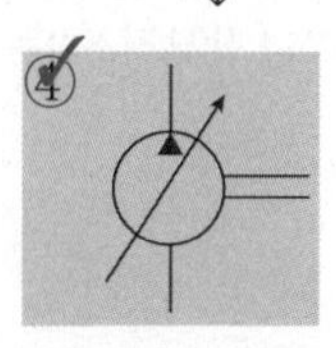

해설

① 가변 교축밸브, ② 단동 실린더, ③ 여과기

11 검사소 이외의 장소에서 출장검사를 받을 수 있는 건설기계에 해당하는 것은?

① 덤프트럭

② 아스팔트살포기

③ 트럭적재식 콘크리트펌프

④ **피견인식 롤러**

해설

검사소에서 검사하여야 하는 건설기계(건설기계관리법 시행규칙 제32조)

- 덤프트럭
- 콘크리트믹서트럭
- 콘크리트펌프(트럭적재식)
- 아스팔트살포기
- 트럭지게차(영 [별표 1] 제26호에 따라 국토교통부장관이 정하는 특수건설기계인 트럭지게차)

12 로드 롤러 작업 시 롤 표면에 부착된 불순물이나 아스팔트 혼합물을 제거하는 장치는?

① 테이퍼(Taper)

② 플랫(Flat)

③ 밸러스트(Ballast)

④ **롤 스크레이퍼(Scraper)**

해설

로드 롤러 작업 시 롤 표면에 부착된 불순물, 아스팔트 혼합물을 제거하기 위해 스크레이퍼를 설치한다.

13 전류의 3대 작용이 아닌 것은?

① 자기작용

② 발열작용

③ **전기작용**

④ 화학작용

해설

전류의 3대 작용과 응용

- 자기작용 : 전동기, 발전기, 솔레노이드 기구 등
- 발열작용 : 전구, 예열플러그
- 화학작용 : 축전지의 충・방전 작용

14 안전보건표지 중 경고표지로 옳지 않은 것은?

① 급성독성물질 경고
② 인화성물질 경고
③ **방진마스크 경고**
④ 낙하물 경고

해설
'방진마스크 경고'라는 안전보건표지는 없다. '방진마스크 착용' 표지는 지시표지이다(산업안전보건법 시행규칙 [별표 6]).

15 머캐덤 롤러의 동력전달 순서는?

① **기관 → 클러치 → 변속기 → 역전기 → 차동장치 → 종감속장치 → 뒤 차륜**
② 기관 → 클러치 → 역전기 → 변속기 → 차동장치 → 뒤 차축 → 뒤 차륜
③ 기관 → 클러치 → 역전기 → 변속기 → 차동장치 → 종감속장치 → 뒤 차륜
④ 기관 → 클러치 → 변속기 → 역전기 → 차동장치 → 뒤 차축 → 뒤 차륜

해설
머캐덤 롤러(Macadam Roller)
- 3륜 철륜으로 구성되어 작업의 직진성을 위해 차동제한장치가 있다.
- 가열 포장 아스팔트의 초기 다짐 롤러로 가장 적당하다.

16 롤러의 사용설명서에 대한 내용 중 틀린 것은?

① **각 부품의 단가를 파악한다.**
② 각부의 명칭과 기능을 파악한다.
③ 장비의 성능을 파악한다.
④ 장비의 유지 관리에 대한 사항을 파악한다.

해설
롤러의 장비 사용설명서를 활용하여 파악할 수 있는 내용
- 각부의 명칭과 기능
- 장비의 작동법과 성능
- 장비의 유지 관리에 대한 사항
- 장비의 안전과 관련된 사항

17 기동전동기의 마그네틱 스위치란?

① 전류 조절기
② 전압 조절기
③ 저항 조절기
④ **전자석 스위치**

해설
마그네틱 스위치
기동전동기 회전 시 전원을 단속하고 피니언 기어를 플라이휠 링 기어에 치합하도록 기능하는 스위치로 전자석으로 개폐한다.

18 안전장치에 대한 설명으로 옳지 않은 것은?

① 필요한 안전장치는 반드시 설치한다.
② 안전장치 불량 시 즉시 수리한다.
③ 안전장치는 작업 전에 점검한다.
④ **안전장치는 상황에 따라서 제거해도 된다.**

19 롤러의 시동 후 점검사항으로 옳지 않은 것은?

① 엔진에서 이상음이 들리거나 진동이 발생하는지 확인한다.

② 각종 계기의 작동상태를 확인한다.

③ 주행레버 및 작업레버를 작동시켜 시험운전을 한다.

④ 엔진 예열 없이 주행한다.

해설

시동 후에는 5~10분 정도 엔진을 예열해야 한다.

20 다음 그림의 안전보건표지가 나타내는 것은?

① 보행금지

② 탑승금지

③ 몸균형 상실 경고

④ 위험장소 경고

해설

안전보건표지의 종류와 형태(산업안전보건법 시행규칙 [별표 6])

보행금지	탑승금지	위험장소 경고

21 건설기계의 등록 전에 임시운행 사유에 해당되지 않는 것은?

① 장비 구입 전 이상 유무 확인을 위해 1일간 예비 운행을 하는 경우

② 등록신청을 하기 위하여 건설기계용 등록지로 운행하는 경우

③ 수출을 하기 위하여 건설기계를 선적지로 운행하는 경우

④ 신개발 건설기계를 시험・연구의 목적으로 운행하는 경우

해설

미등록 건설기계의 임시운행 가능 사유(건설기계관리법 시행규칙 제6조)

- 등록신청을 하기 위하여 건설기계를 등록지로 운행하는 경우
- 신규등록검사 및 확인검사를 받기 위하여 건설기계를 검사장소로 운행하는 경우
- 수출을 하기 위하여 건설기계를 선적지로 운행하는 경우
- 수출을 하기 위하여 등록말소한 건설기계를 점검・정비의 목적으로 운행하는 경우
- 신개발 건설기계를 시험・연구의 목적으로 운행하는 경우
- 판매 또는 전시를 위하여 건설기계를 일시적으로 운행하는 경우

22 건설기계 등록의 말소 사유에 해당하지 않는 것은?

① 건설기계를 폐기한 때

② 건설기계의 구조를 변경했을 때

③ 건설기계가 천재지변 등으로 멸실되었을 때

④ 건설기계를 수출할 때

해설

등록의 말소(건설기계관리법 제6조)

시・도지사는 등록된 건설기계가 다음의 어느 하나에 해당하는 경우에는 그 소유자의 신청이나 시・도지사의 직권으로 등록을 말소할 수 있다. 다만, ①, ⑤, ⑧(건설기계의 강제처리(법 제34조의2제2항)에 따라 폐기한 경우로 한정) 또는 ⑫에 해당하는 경우에는 직권으로 등록을 말소하여야 한다.

① 거짓이나 그 밖의 부정한 방법으로 등록을 한 경우
② 건설기계가 천재지변 또는 이에 준하는 사고 등으로 사용할 수 없게 되거나 멸실된 경우
③ 건설기계의 차대(車臺)가 등록 시의 차대와 다른 경우
④ 건설기계가 건설기계안전기준에 적합하지 아니하게 된 경우
⑤ 정기검사 명령, 수시검사 명령 또는 정비 명령에 따르지 아니한 경우
⑥ 건설기계를 수출하는 경우
⑦ 건설기계를 도난당한 경우
⑧ 건설기계를 폐기한 경우
⑨ 건설기계해체재활용업을 등록한 자(건설기계해체재활용업자)에게 폐기를 요청한 경우
⑩ 구조적 제작 결함 등으로 건설기계를 제작자 또는 판매자에게 반품한 경우
⑪ 건설기계를 교육・연구 목적으로 사용하는 경우
⑫ 대통령령으로 정하는 내구연한을 초과한 건설기계. 다만, 정밀진단을 받아 연장된 경우는 그 연장기간을 초과한 건설기계
⑬ 건설기계를 횡령 또는 편취당한 경우

23 건설기계관리법에서 건설기계조종사의 적성검사 기준항목으로 틀린 것은?

① 시각이 150° 이상일 것

② 언어분별력이 50% 이상일 것

③ 보청기를 낀 경우 40dB 이상으로 들을 수 있을 것

④ 두 눈을 동시에 떴을 때 양쪽 시력이 0.7 이상일 것

해설

건설기계조종사 적성검사의 기준(건설기계관리법 시행규칙 제76조)

- 두 눈을 동시에 뜨고 잰 시력(교정시력을 포함)이 0.7 이상이고 두 눈의 시력이 각각 0.3 이상일 것
- 55dB(보청기를 사용하는 사람은 40dB)의 소리를 들을 수 있고, 언어분별력이 80% 이상일 것
- 시각은 150° 이상일 것
- 다음의 사유에 해당되지 아니할 것
  - 건설기계 조종상의 위험과 장해를 일으킬 수 있는 정신질환자 또는 뇌전증환자로서 국토교통부령으로 정하는 사람
  - 건설기계 조종상의 위험과 장해를 일으킬 수 있는 마약・대마・향정신성의약품 또는 알코올중독자로서 국토교통부령으로 정하는 사람

24 건설기계조종사의 면허취소 사유가 아닌 것은?

① 거짓이나 그 밖의 부정한 방법으로 건설기계조종사면허를 받은 경우

② 도로주행 중 적재한 화물이 추락하여 사람 한 명이 다치는 사고를 일으킨 경우

③ 건설기계의 조종 중 고의로 인명피해를 입힌 경우

④ 약물(마약, 대마, 향정신성 의약품 등)을 투여한 상태에서 건설기계를 조종한 경우

해설

건설기계의 조종 중 중대재해가 아닌 과실로 인명피해를 입힌 경우 사망 1명마다 면허효력정지 45일, 중상 1명마다 면허효력정지 15일, 경상 1명마다 면허효력정지 5일의 처분을 받는다(건설기계관리법 시행규칙 [별표 22]).

25 건설기계를 도로나 타인의 토지에 버려둔 자에 대한 처벌로 옳은 것은?

① 2년 이하의 징역 또는 2,000만원 이하의 벌금

② 1년 이하의 징역 또는 1,000만원 이하의 벌금

③ 300만원 이하의 벌금

④ 200만원 이하의 벌금

해설

건설기계를 도로나 타인의 토지에 버려둔 자는 1년 이하의 징역 또는 1,000만원 이하의 벌금에 처한다(건설기계관리법 제41조).

26 축전지의 구비조건으로 가장 거리가 먼 것은?

① 축전지의 용량이 클 것

② 전기적 절연이 완전할 것

③ 가급적 크고 다루기 쉬울 것

④ 전해액의 누설방지가 완전할 것

해설

축전지의 구비조건

- 축전지의 용량이 클 것
- 전기적 절연이 완전할 것
- 소형으로 가벼우며 운반이 편리할 것
- 전해액의 누설방지가 완전할 것
- 진동에 견딜 수 있을 것
- 축전지의 충전, 검사에 편리한 구조일 것

27 유압장치의 구성요소가 아닌 것은?

① 제어밸브

② 오일탱크

③ 유압펌프

④ 차동장치

해설

유압장치의 기본 구성요소

- 유압발생장치 : 유압펌프, 오일탱크, 배관, 부속장치(오일 냉각기, 필터, 압력계)
- 유압제어장치 : 방향전환밸브, 압력제어밸브, 유량조절밸브
- 유압구동장치 : 유압모터, 유압실린더 등

28 롤러의 구분으로 옳지 않은 것은?

① **쇄석 롤러** ✓
② 머캐덤 롤러
③ 탠덤 롤러
④ 탬핑 롤러

해설
로드 롤러(머캐덤 롤러, 탠덤 롤러), 탬핑 롤러는 전압식 롤러로 구분된다.

29 유압장치에 사용되는 펌프가 아닌 것은?

① 기어 펌프
② **원심 펌프** ✓
③ 베인 펌프
④ 플런저 펌프

해설
원심 펌프는 해수, 청수용이다.

30 롤러의 일일 점검사항이 아닌 것은?

① 엔진오일 및 연료량 점검
② **오일 필터 점검** ✓
③ 벨트 장력 점검
④ 냉각수 점검

해설
엔진오일 필터는 매 500시간마다 점검하고 교체한다.

31 건설기계조종사면허가 취소되었을 경우 그 사유가 발생한 날부터 며칠 이내에 면허증을 반납해야 하는가?

① 5일 ② 7일
③ **10일** ✓ ④ 14일

해설
건설기계조종사면허증의 반납(건설기계관리법 시행규칙 제80조)
건설기계조종사면허를 받은 사람은 다음의 어느 하나에 해당하는 때에는 그 사유가 발생한 날부터 10일 이내에 시장·군수 또는 구청장에게 그 면허증을 반납해야 한다.
- 면허가 취소된 때
- 면허의 효력이 정지된 때
- 면허증의 재교부를 받은 후 잃어버린 면허증을 발견한 때

32 건설기계 등록 시 첨부 서류 중 건설기계 출처를 증명하는 서류가 아닌 것은?

① 건설기계제작증
② 수입면장
③ 매수증서
④ **건설기계제원표** ✓

해설
건설기계의 출처를 증명하는 서류(건설기계관리법 시행령 제3조)
- 국내에서 제작한 건설기계 : 건설기계제작증
- 수입한 건설기계 : 수입면장 등 수입사실을 증명하는 서류(다만, 타워크레인의 경우에는 건설기계제작증을 추가로 제출하여야 함)
- 행정기관으로부터 매수한 건설기계 : 매수증서

※ 해당 서류를 분실한 경우에는 해당 서류의 발행사실을 증명하는 서류(원본 발행기관에서 발행한 것으로 한정)로 대체할 수 있다.

33 건설기계조종사 면허를 받지 아니하고 건설기계를 조종한 자에 대한 벌칙 기준은?

① 2년 이하의 징역 또는 2,000만원 이하의 벌금
② 1년 이하의 징역 또는 1,000만원 이하의 벌금 ✔
③ 300백만원 이하의 벌금
④ 100만원 이하의 벌금

해설
건설기계조종사면허를 받지 아니하고 건설기계를 조종한 자는 1년 이하의 징역 또는 1,000만원 이하의 벌금에 처한다(건설기계관리법 제41조).

34 유압식 진동 롤러의 동력전달 순서로 맞는 것은?

① 기관 → 유압펌프 → 유압제어장치 → 유압모터 → 차동기어장치 → 최종감속장치 → 바퀴 ✔
② 기관 → 유압펌프 → 유압제어장치 → 유압모터 → 최종감속장치 → 차동기어장치 → 바퀴
③ 기관 → 유압펌프 → 유압모터 → 유압제어장치 → 차동기어장치 → 최종감속장치 → 바퀴
④ 기관 → 유압펌프 → 유압모터 → 유압제어장치 → 최종감속장치 → 차동기어장치 → 바퀴

해설
진동 롤러
수평 방향의 하중이 수직으로 미칠 때 원심력을 가하고, 기전력을 서로 조합하여 흙을 다짐하며, 적은 무게로 큰 다짐효과를 올릴 수 있는 롤러이다. 종류에는 자주식과 피견인식이 있다.

35 롤러의 시동 전 점검사항이 아닌 것은?

① 냉각수량
② 연료량
③ 기관의 출력 상태 ✔
④ 작동유 누유 상태

해설
롤러의 시동 전 점검사항
- 보닛을 열고 엔진오일, 냉각수, 팬벨트 장력 등을 확인한다.
- 브레이크액 및 클러치액 용량을 점검한다.
- 작동유량 게이지의 작동유량을 확인한다.
- 차체의 외관 및 롤러, 타이어의 상태를 확인한다.

36 타이어 롤러의 주차 시 안전사항으로 틀린 것은?

① 가능한 한 평탄한 지면을 택한다.
② 부득이하게 경사지에 주차할 때는 경사지에 대하여 직각 주차한다.
③ 경사지에 주차하더라도 주차제동장치만 체결하면 안전하다. ✔
④ 주차할 때 깃발이나 점멸등과 같은 경고등 신호장치를 설치한다.

해설
경사지에 주차할 때는 경사면의 아래를 향한 드럼에 굄 장치를 별도로 해야 한다.

37 **등록된 건설기계의 소유자는 등록번호표의 반납 사유가 발생하였을 때 며칠 이내에 반납하여야 하는가?**

① 20일 이내

② **10일 이내** ✔

③ 15일 이내

④ 30일 이내

해설

등록번호표의 반납(건설기계관리법 제9조)

등록된 건설기계의 소유자는 다음의 어느 하나에 해당하는 경우에는 10일 이내에 등록번호표의 봉인을 떼어 낸 후 그 등록번호표를 국토교통부령으로 정하는 바에 따라 시・도지사에게 반납하여야 한다.

- 건설기계의 등록이 말소된 경우(건설기계가 천재지변 또는 이에 준하는 사고 등으로 사용할 수 없게 되거나 멸실된 경우, 건설기계를 도난당한 경우, 건설기계를 폐기한 경우 제외)
- 건설기계의 등록사항 중 다음 사항이 변경된 경우
  - 등록된 건설기계 소유자의 주소지 또는 사용본거지(시・도 간의 변경이 있는 경우에 한함)
  - 등록번호
- 등록번호표 또는 그 봉인이 떨어지거나 알아보기 어렵게 된 경우에 시・도지사에게 등록번호표의 부착 및 봉인을 신청하는 경우

38 **유압유의 압력을 제어하는 밸브가 아닌 것은?**

① 릴리프 밸브

② **체크 밸브** ✔

③ 리듀싱 밸브

④ 시퀀스 밸브

해설

체크 밸브는 유압회로에서 역류를 방지하여 회로 내의 잔류압력을 유지하는 방향제어밸브이다.

39 **렌치 작업 시 주의사항으로 틀린 것은?**

① **너트보다 큰 치수를 사용한다.** ✔

② 너트에 렌치를 깊이 물린다.

③ 높거나 좁은 위치에서는 안정된 자세로 작업한다.

④ 렌치를 해머로 두드려서는 안 된다.

해설

렌치(스패너) 작업 시에는 입(口)이 너트의 치수와 들어맞는 것을 사용해야 한다.

40 **작업장에서 작업복을 착용하는 이유로 가장 옳은 것은?**

① 작업장의 질서를 확립시키기 위해서

② 작업자의 직책과 직급을 알리기 위해서

③ **재해로부터 작업자의 몸을 보호하기 위해서** ✔

④ 작업자의 복장 통일을 위해서

해설

작업복의 조건

- 주머니가 적고, 팔이나 발이 노출되지 않는 것이 좋다.
- 점퍼형으로 상의 옷자락을 여밀 수 있는 것이 좋다.
- 소매를 단정하게 정리하도록 오므려 붙이는 것이 좋다.
- 소매를 손목까지 가릴 수 있는 것이 좋다.
- 몸에 알맞고, 동작이 편한 것이 좋다.
- 항상 깨끗한 상태로 입어야 한다.
- 착용자의 연령, 성별을 감안하여 적절한 스타일을 선정해야 한다.

41 먼지가 많이 발생하는 건설기계 작업장에서 사용하는 마스크로 가장 적합한 것은?

① 산소 마스크
② 가스 마스크
③ 방독 마스크
④ 방진 마스크

해설
방진 마스크는 공기 중에 부유하고 있는 물질, 즉 고체인 분진이나 퓸 또는 안개와 같은 액체 입자의 흡입을 방지하기 위하여 사용하는 것이다.

42 진동 롤러에 대한 설명으로 맞는 것은?

① 진동 롤러의 기진 장치는 엔진의 폭발을 직접 이용하고 있다.
② 진동 롤러는 기진 계통과 주행 계통의 동력전달 계통을 갖추고 있다.
③ 진동 롤러의 진동수가 높을수록 다짐효과는 작다.
④ 진동 롤러는 모두 자주식이다.

해설
① 진동 롤러는 롤러에 유압으로 기진 장치를 작동하는 방식이다.
③ 진동 롤러의 진동수가 높을수록 다짐효과는 커진다.
④ 진동 롤러는 자주식과 피견인식이 있다.

43 유압장치의 수명 연장을 위해 가장 중요한 작업은?

① 오일탱크의 세척
② 오일냉각기의 점검 및 세척
③ 오일펌프의 교환
④ 오일 필터의 점검 및 교환

44 강판으로 만든 속이 빈 원통의 외주에 다수의 돌기를 붙인 것으로, 사질토보다는 점토질의 다짐에 효과적인 롤러는?

① 탬핑 롤러
② 탠덤 롤러
③ 머캐덤 롤러
④ 진동 콤팩터

해설
탬핑 롤러(Tamping Roller)
- 강판으로 만든 속이 빈 원통의 외주에 다수의 돌기를 붙인 롤러로, 사질토보다는 점토질의 다짐에 효과적이다. 종류에는 자주식과 피견인식이 있다.
- 도로의 성토, 하천제방, 어스 댐(Earth Dam) 등의 넓은 면적을 두꺼운 층으로 균일한 다짐이 필요한 경우에 사용되는 롤러이다.
- 탬핑 롤러의 형태에 따른 구분
  - Sheep Foot Roller : 양 발굽 모양의 가늘고 긴 돌기를 지그재그로 배치한 것
  - Taper Foot Roller : 드럼에 많은 수의 사다리꼴 모양 돌기를 붙인 것
  - Turn Foot Roller : 표면 지층에서 20cm가 넘는 연약한 지반에 사용되며, 흙의 표면을 분쇄하여 다질 수 있고, 그물 모양의 바퀴를 사용하는 롤러 형식
  - Grid Roller : 강봉을 격자상으로 엮은 것

45 엔진오일의 구비조건으로 틀린 것은?

① 응고점이 높을 것 ✔
② 비중과 점도가 적당할 것
③ 인화점과 발화점이 높을 것
④ 기포 발생과 카본 생성에 대한 저항력이 클 것

해설

엔진오일의 구비조건
- 높으면 좋은 것 : 인화점, 발화점, 청정력, 열 및 산에 대한 안정성
- 낮으면 좋은 것 : 카본 생성, 응고점, 유동점, 압축성
- 비중과 점도가 적당할 것
- 기포 발생과 카본 생성에 대한 저항력이 클 것

46 전압식 롤러(Roller) 중 함수량이 적은 토사를 얇은 두께로 다질 때, 특히 아스팔트 포장의 초기 전압에 적합한 것은?

① 머캐덤(Macadam) 롤러 ✔
② 탠덤(Tandem) 롤러
③ 탬핑(Tamping) 롤러
④ 타이어(Tire) 롤러

해설

롤러 종류별 적용 작업
- 머캐덤(Macadam) 롤러 : 가열 포장 아스팔트의 초기 다짐 롤러로 가장 적당하다.
- 탠덤(Tandem) 롤러 : 사질토, 점질토, 쇄석 등의 다짐과 아스팔트 포장의 표층 다짐에 적합하다.
- 탬핑(Tamping) 롤러 : 점토질의 다짐에 효과적이며 도로의 성토, 하천제방, 어스 댐(Earth Dam) 등 넓은 면적을 두꺼운 층으로 균일하게 다져야 할 경우에 사용한다.
- 타이어(Tire) 롤러 : 아스팔트 포장 2차 다듬질에 효과적으로 사용된다.
- 진동 롤러 : 도로 및 구조물의 기초 다짐에 사용하거나 도로, 비행장 활주로 등의 공사에서 마지막 지반・지층 다짐용으로 활용된다.

47 정기심사에 불합격한 건설기계의 정비명령 기간으로 옳은 것은?

① 4개월 이내
② 3개월 이내
③ 60일 이내
④ 31일 이내 ✔

해설

정비명령의 기간(건설기계관리법 시행규칙 제31조)
시・도지사는 검사에 불합격된 건설기계에 대해서는 31일 이내의 기간을 정하여 해당 건설기계의 소유자에게 검사를 완료한 날(검사를 대행하게 한 경우에는 검사결과를 보고받은 날)부터 10일 이내에 별도 서식에 따라 정비명령을 해야 한다. 다만, 건설기계소유자의 주소 등을 통상적인 방법으로 확인할 수 없거나 통지가 불가능한 경우에는 해당 시・도의 공보 및 인터넷 홈페이지에 공고해야 한다.

48 유압펌프에서 발생한 유압을 저장하고 맥동을 제거하는 것은?

① 어큐뮬레이터 ✔
② 언로딩밸브
③ 릴리프 밸브
④ 스트레이너

해설

축압기(어큐뮬레이터)는 압력을 저장하거나 맥동 제거, 충격 완화 등의 역할을 한다.

49 순차작동 밸브라고도 하며, 각 유압실린더를 일정한 순서로 작동시키고자 할 때 사용하는 것은?

① 릴리프 밸브 ② 감압 밸브
③ 시퀀스 밸브 ④ 언로드 밸브

해설

① 릴리프 밸브 : 유압회로의 최고압력을 제어하며, 회로의 압력을 일정하게 유지시키는 밸브로서 펌프와 제어밸브 사이에 설치한다.
② 감압(리듀싱) 밸브 : 유압회로에서 입구압력을 감압하여 유압실린더 출구 설정압력 유압으로 유지하는 밸브이다.
④ 언로드(무부하) 밸브 : 유압장치에서 고압·소용량, 저압·대용량 펌프를 조합하여 운전할 때, 작동압이 규정압력 이상으로 상승할 때 동력 절감을 위해 사용하는 밸브이다.

50 특별표지판 부착 대상인 대형 건설기계가 아닌 것은?

① 길이가 15m인 건설기계
② 너비가 2.8m인 건설기계
③ 높이가 6m인 건설기계
④ 총중량 45ton인 건설기계

해설

대형 건설기계의 기준(건설기계 안전기준에 관한 규칙 제2조)

- 길이가 16.7m를 초과하는 건설기계
- 너비가 2.5m를 초과하는 건설기계
- 높이가 4.0m를 초과하는 건설기계
- 최소회전반경이 12m를 초과하는 건설기계
- 총중량이 40ton을 초과하는 건설기계(단, 굴착기, 로더 및 지게차는 운전중량이 40ton을 초과하는 경우)
- 총중량 상태에서 축하중이 10ton을 초과하는 건설기계(단, 굴착기, 로더 및 지게차는 운전중량 상태에서 축하중이 10ton을 초과하는 경우)

※ 대형 건설기계에는 기준에 적합한 특별표지판을 부착하여야 한다(건설기계 안전기준에 관한 규칙 제168조).

51 간단한 장비 점검 및 수리를 위해 스패너를 사용할 때 옳은 것은?

① 스패너는 볼트·너트에 관계없이 아무거나 사용한다.
② 크기가 맞지 않으면 쐐기를 박아서 사용한다.
③ 파이프를 스패너 자루에 끼워서 사용한다.
④ 스패너는 볼트·너트에 맞는 것을 사용한다.

해설

①·④ 스패너의 입(口)이 너트의 치수와 들어맞는 것을 사용해야 한다.
② 스패너와 너트가 맞지 않는다고 쐐기를 넣어 사용하면 안 된다.
③ 스패너에 더 큰 힘을 전달하기 위해 자루에 파이프 등을 끼우면 안 된다.

52 롤러의 운전 중 점검사항이 아닌 것은?

① 냉각수 온도
② 유압 오일 온도
③ 엔진 회전수
④ 배터리 전해액

해설

배터리 전해액 점검은 시동 전에 한다.

53 유압 작동유의 점도가 지나치게 낮을 때 나타날 수 있는 현상은?

① 출력이 증가한다.
② 압력이 증가한다.
③ 유동저항이 증가한다.
④ 유압실린더의 속도가 느려진다.

해설

유압유의 점도별 발생 현상

점도가 너무 높을 경우	점도가 너무 낮을 경우
• 유동저항의 증가로 인한 압력손실 증가 • 동력손실 증가로 기계효율 저하 • 내부마찰의 증대에 의한 온도 상승 • 소음 또는 공동현상 발생 • 유압기기 작동의 둔화	• 압력 저하로 정확한 작동 불가 • 유압펌프, 모터 등의 용적효율 저하 • 내부 오일의 누설 증대 • 압력 유지의 곤란 • 기기의 마모 가속화

54 일반적인 보호구의 구비조건으로 맞지 않는 것은?

① 착용이 간편할 것
② 햇볕에 잘 열화될 것
③ 재료의 품질이 양호할 것
④ 위험・유해요소에 대한 방호성능이 충분할 것

해설

보호구의 구비조건

• 착용이 간편할 것
• 작업에 방해가 안 될 것
• 위험・유해 요소에 대한 방호성능이 충분할 것
• 재료의 품질이 양호할 것
• 구조와 끝마무리가 양호할 것
• 외양과 외관이 양호할 것

55 유압에너지의 저장, 충격 흡수 등에 이용되는 장치는?

① 축압기(Accumulator)
② 스트레이너(Strainer)
③ 펌프(Pump)
④ 오일탱크(Oil Tank)

해설

축압기의 용도 : 유압에너지의 저장, 충격 압력 흡수, 압력 보상, 유체의 맥동 감쇠 등

56 작업현장에서 작업 시 사고 예방을 위하여 알아 두어야 할 가장 중요한 사항은?

① 장비의 최고 주행 속도
② 1인당 작업량
③ 최신 기술 적용 정도
④ 안전수칙

해설

안전수칙 준수의 효과

• 직장의 신뢰도를 높여 준다.
• 이직률이 감소된다.
• 기업의 투자경비를 절감할 수 있다.
• 상하 동료 간 인간관계가 개선된다.
• 고유 기술이 축적되어 품질이 향상되고, 생산효율을 높인다.
• 회사 내 규율과 안전수칙이 준수되어 질서 유지가 실현된다.

57 디젤기관에서 노크 방지법으로 옳지 않은 것은?

① 착화성이 좋은 연료를 사용한다.
② 연소실 벽 온도를 높게 유지한다.
③ 압축비를 낮춘다.
④ 착화기간 중의 분사량을 적게 한다.

해설
디젤기관의 노크 방지를 위해서는 압축비를 높여야 한다.

58 기관에서 수온 조절기의 설치 위치로 옳은 것은?

① 실린더 헤드 물 재킷 출구 부분
② 실린더 블록 물 재킷 출구 부분
③ 라디에이터 위 탱크 입구 부분
④ 라디에이터 아래 탱크 출구 부분

해설
수온 조절기(Thermostat)
실린더 헤드 물 재킷 출구 부분에 설치되어 냉각수 온도에 따라 냉각수 통로를 개폐하여 엔진의 온도를 알맞게 유지하는 기구이다.

59 탠덤, 머캐덤 롤러의 살수장치의 역할로 옳은 것은?

① 엔진에 공급하는 연료를 저장한다.
② 각부 장치에 주유하는 오일을 저장한다.
③ 롤러에 물을 적셔 작업 시 점착성을 향상시킨다.
④ 롤러에 물을 적셔 작업 시 점착성 물질이 롤에 묻는 것을 방지한다.

해설
살수장치는 타이어 또는 롤에 아스팔트가 부착되지 않도록 물을 뿌려 주는 장치이다.

60 건설기계의 정기검사 신청기간까지 정기검사를 신청한 경우, 다음 정기검사 유효기간의 산정방법으로 옳은 것은?

① 정기검사를 받은 날부터 기산한다.
② 정기검사를 받은 날의 다음 날부터 기산한다.
③ 종전 검사 유효기간 만료일부터 기산한다.
④ 종전 검사 유효기간 만료일의 다음 날부터 기산한다.

해설
정기검사 유효기간의 산정방법(건설기계관리법 시행규칙 제23조제5항)
시·도지사 또는 검사대행자는 검사결과 해당 건설기계가 검사기준에 적합하다고 인정하는 경우에는 건설기계검사증에 유효기간을 적어 발급해야 한다. 이 경우 유효기간의 산정은 정기검사 신청기간까지 정기검사를 신청한 경우에는 종전 검사 유효기간 만료일의 다음 날부터, 그 외의 경우에는 검사를 받은 날의 다음 날부터 기산한다.

제 6 회 | 기출복원문제

01 실린더의 내경이 피스톤 행정보다 작은 기관은?

① 스퀘어 기관
② 단행정 기관
③ 장행정 기관
④ 정방행정 기관

해설
실린더의 내경과 피스톤 행정의 비율에 따른 분류
- 장행정 기관 : 피스톤 행정 > 실린더 내경
- 단행정 기관 : 피스톤 행정 < 실린더 내경
- 정방행정 기관 : 피스톤 행정 = 실린더 내경

02 연소실과 연소의 구비조건으로 옳지 않은 것은?

① 분사된 연료를 가능한 한 긴 시간 동안 완전연소시킬 것
② 평균 유효압력이 높을 것
③ 고속회전에서 연소 상태가 좋을 것
④ 노크 발생이 적을 것

해설
분사된 연료를 가능한 한 짧은 시간 동안 완전연소시켜야 한다.

03 기관효율에 대한 설명으로 옳은 것은?

① 1사이클 중 1개의 실린더에서 수행된 일과 행정체적의 비
② 일을 하기 위해 발생한 동력과 마찰에 의해 손실된 동력의 비
③ 기관에 공급된 총열량 중에서 일로 변환된 열량이 차지하는 비율
④ 실린더에 흡입된 공기질량과 행정체적에 상당하는 대기질량의 비

04 디젤기관의 노크를 방지하기 위한 방법으로 옳지 않은 것은?

① 세탄가가 높은 연료를 사용한다.
② 실린더 벽의 온도를 높게 유지한다.
③ 압축비를 낮게 한다.
④ 연료의 착화성을 좋게 한다.

해설
디젤기관의 노크를 방지하기 위해 압축비를 높게 한다.

05 가솔린기관과 비교하여 디젤기관의 일반적인 특징으로 옳지 않은 것은?

① 소음이 크다.
✔② 회전수가 높다.
③ 마력당 무게가 무겁다.
④ 진동이 크다.

해설
디젤기관의 장단점

장 점	단 점
• 압축비가 높아 열효율이 높다. • 값이 싼 저질 중유 사용이 가능하다. • 연료유 사용범위가 넓다. • 자기점화이므로 대형기관으로 가능하다. • 2행정 제작이 가능하다. • 전기점화장치(고장 잦음)가 필요 없다. • 인화 및 폭발 위험이 낮다.	• 압축압력이 크기 때문에 진동과 소음이 크다. • 마력당 부피가 크고 무겁다. • 큰 시동장치가 필요하다. • 기관 재료비가 비싸다. • 매연이 발생한다. • 가솔린기관과 비교하여 최고 회전수가 낮다.

06 기관에서 피스톤의 행정이란?

① 피스톤의 길이
② 실린더 벽의 상하 길이
③ 상사점과 하사점과의 총면적
✔④ 상사점과 하사점과의 거리

07 건설기계 기관이 과열된 상태에서 냉각수를 보충할 때 적합한 방법은?

① 시동을 끄고 즉시 보충한다.
✔② 시동을 끄고 냉각시킨 후 보충한다.
③ 기관을 가감속하면서 보충한다.
④ 주행하면서 조금씩 보충한다.

해설
주행 중 냉각수 경고등이 점등되면 엔진을 냉각시킨 후 라디에이터 캡을 열고 냉각수를 보충한다.

08 4행정 기관은 1사이클당 크랭크축이 몇 회전하는가?

① 1회전 ✔② 2회전
③ 3회전 ④ 4회전

09 기관의 크랭크축 베어링의 구비조건으로 옳지 않은 것은?

✔① 마찰계수가 클 것
② 내피로성이 클 것
③ 매입성이 있을 것
④ 추종 유동성이 있을 것

해설
크랭크축 베어링의 구비조건
• 마찰계수가 작을 것
• 내피로성이 클 것
• 매입성이 있을 것
• 추종 유동성이 있을 것
• 내부식성이 클 것
• 폭발압력에 견딜 수 있는 하중부담능력이 있을 것

10 기관의 피스톤핀을 고정시키는 방법이 아닌 것은?

① 고정식　　② 반고정식 (정답)
③ 전부동식　　④ 반부동식

해설
기관의 피스톤핀을 고정시키는 방법 : 고정식, 반부동식(요동식), 전부동식

11 디젤기관의 연소실에 연료를 공급시키는 방법은?

① 기화기와 같은 기구를 사용하여 연료를 공급한다.
② 노즐로 연료를 안개와 같이 분사한다. (정답)
③ 가솔린기관과 동일한 연료공급펌프로 공급한다.
④ 액체 상태로 공급한다.

해설
디젤기관은 압축된 고온의 공기 중에 연료를 고압으로 분사하여 자연착화시키는 기관이다.

12 기관의 플라이휠과 항상 같이 회전하는 장치는?

① 압력판 (정답)　　② 릴리스 베어링
③ 클러치축　　④ 디스크

해설
압력판은 클러치 커버에 지지되어 클러치 페달을 놓았을 때 클러치 스프링의 장력에 의해 클러치판을 플라이휠에 압착시키는 작용을 한다.

13 클러치의 필요성으로 옳지 않은 것은?

① 전・후진을 위해 (정답)
② 관성운동을 하기 위해
③ 기어 변속 시 기관의 동력을 차단하기 위해
④ 기관 시동 시 기관을 무부하 상태로 하기 위해

해설
클러치의 필요성
- 기관 시동 시 기관을 무부하 상태로 하기 위해
- 관성운동을 하기 위해
- 기어 변속 시 기관의 동력을 차단하기 위해

14 다음 중 윤활유의 기능으로 옳은 것은?

① 마찰 감소, 스러스트작용, 밀봉작용, 냉각작용
② 마멸 방지, 수분 흡수, 밀봉작용, 마찰 증대
③ 마찰 감소, 마멸 방지, 밀봉작용, 냉각작용 (정답)
④ 마찰 증대, 냉각작용, 스러스트작용, 응력분산

해설
엔진오일의 기능
윤활작용(마찰 감소, 마멸 방지), 냉각작용, 응력분산작용, 밀봉작용, 방청작용, 청정작용, 분산작용 등

15 엔진오일의 구비조건으로 옳지 않은 것은?

① 응고점이 높을 것 ✓
② 비중과 점도가 적당할 것
③ 인화점과 발화점이 높을 것
④ 기포 발생과 카본 생성에 대한 저항력이 클 것

해설
엔진오일의 구비조건
- 높으면 좋은 것 : 인화점, 발화점, 청정력, 열 및 산에 대한 안정성
- 낮으면 좋은 것 : 카본 생성, 응고점, 유동점, 압축성
- 비중과 점도가 적당할 것
- 기포 발생과 카본 생성에 대한 저항력이 클 것

16 4행정 사이클 기관의 윤활방식 중 피스톤과 피스톤 핀까지 윤활유를 압송하여 윤활하는 방식은?

① 압력식
② 압송식 ✓
③ 비산식
④ 비산압송식

해설
4행정 사이클 기관의 윤활방식
- 비산식 : 커넥팅 로드에 붙어 있는 주걱으로 오일 팬 안의 오일을 각 섭동부에 뿌리는 방식으로 소형 엔진에만 사용된다.
- 압송식 : 크랭크축에 의해 구동되는 오일펌프가 오일 팬 안의 오일을 흡입, 가압하여 각 섭동부에 보내는 방식이다.
- 비산압송식 : 비산식+압송식

17 밸브 오버랩에 대한 설명으로 옳은 것은?

① 매 사이클이 끝날 무렵, 상사점 부근에서 흡기밸브와 배기밸브가 함께 닫혀 있는 구간
② 매 사이클이 끝날 무렵, 상사점 부근에서 흡기밸브와 배기밸브가 함께 열려 있는 구간 ✓
③ 매 사이클이 끝날 무렵, 하사점 부근에서 흡기밸브와 배기밸브가 함께 닫혀 있는 구간
④ 매 사이클이 끝날 무렵, 하사점 부근에서 흡기밸브와 배기밸브가 함께 열려 있는 구간

해설
밸브 오버랩(Valve Overlap) : 흡기밸브와 배기밸브가 동시에 열려 있는 구간으로 소기와 급기를 돕고, 배기밸브와 연소실을 냉각시키는 역할을 한다.

18 기관에 사용되는 밸브 스프링 점검과 관계없는 사항은?

① 직각도
② 코일의 수 ✓
③ 자유 높이
④ 스프링 장력

해설
밸브 스프링 점검사항
- 직각도 : 자유 높이 100mm당 3mm 이상 기울어지면 교환한다.
- 밸브 스프링 접촉면 상태는 2/3 이상 수평이어야 한다.
- 자유 높이 : 규정값의 3% 이상이 감소하면 교환한다.
- 장력 : 장착한 상태에서 장력이 규정값보다 15% 감소하면 교환한다.

19 디젤기관에서 가속페달을 밟으면 직접 연결되어 작용하는 장치는?

① 스로틀 밸브
② 연료 분사펌프의 랙과 피니언
③ 노 즐
④ 프라이밍펌프

해설
조속기는 가속페달의 모든 조작을 랙에 전달한다. 제어 피니언은 제어 랙의 수평 직선운동을 회전운동으로 바꾸어 제어 슬리브를 회전시켜 피니언과 제어 랙의 상태 위치를 변화시킨다.

20 변속기의 구비조건으로 옳지 않은 것은?

① 전달효율이 작을 것
② 변속 조작이 용이할 것
③ 소형, 경량일 것
④ 단계가 없이 연속적인 변속 조작이 가능할 것

해설
변속기의 구비조건
- 전달효율이 좋아야 한다.
- 변속 조작이 쉽고, 신속・정확・정숙하게 이루어져야 한다.
- 소형, 경량이며 수리하기가 쉬워야 한다.
- 단계 없이 연속적으로 변속되어야 한다.

21 회로 내 유체의 흐름 방향을 제어하는 데 사용되는 밸브는?

① 교축 밸브
② 셔틀 밸브
③ 감압 밸브
④ 순차 밸브

해설
밸브의 종류
- 방향제어밸브 : 체크 밸브, 셔틀 밸브, 디셀러레이션 밸브, 매뉴얼 밸브(로터리형) 등
- 유량제어밸브 : 교축(스로틀) 밸브, 디바이더 밸브, 플로컨트롤 밸브 등
- 압력제어밸브 : 감압 밸브, 순차(시퀀스) 밸브, 릴리프 밸브, 언로더 밸브, 카운터밸런스 밸브 등

22 엔진의 회전수를 나타내는 rpm이 의미하는 것은?

① 시간당 엔진 회전수
② 분당 엔진 회전수
③ 초당 엔진 회전수
④ 10분간 엔진 회전수

23 토크 컨버터에 대한 설명으로 옳은 것은?

✔ 유체를 사용하여 동력을 전달하는 장치로서 회전력을 증대시킨다.

② 수동변속기에서 동력을 전달하는 장치로서 회전수를 증대시킨다.

③ 수동변속기에서 동력을 전달하는 장치로서 회전력을 증대시킨다.

④ 인히비터 스위치 신호를 받아 컨트롤 밸브를 작동시킨다.

24 토크 컨버터 내에서 오일의 흐름 방향을 바꾸어 주는 장치는?

① 펌 프

② 터 빈

③ 가이드 링

✔ 스테이터

해설

스테이터는 토크 컨버터 내에서 회전력을 증대시키고 오일의 흐름 방향을 바꾸어 준다.

25 디젤기관 연료장치 내에 있는 공기를 배출하기 위하여 사용하는 펌프는?

① 연료펌프

② 공기펌프

③ 인젝션펌프

✔ 프라이밍펌프

해설

프라이밍펌프

디젤기관의 최초 기동 시 또는 연료 공급라인의 탈·장착 시 연료탱크로부터 분사펌프까지의 연료라인 내에 연료를 채우고 연료 속에 들어 있는 공기를 배출하는 역할을 한다.

26 디젤기관의 윤활장치에서 오일여과기의 역할은?

① 오일의 역순환 방지작용

② 오일에 필요한 방청작용

✔ 오일에 포함된 불순물 제거작용

④ 오일 계통에 압력 증대작용

해설

오일클리너(여과기)

오일 속의 금속분말이나 이물질을 청정·여과시켜 주는 역할을 한다.

27 다음 기호의 명칭은?

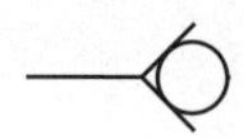

① 무부하 밸브

② 감압 밸브

✔ 체크 밸브

④ 릴리프 밸브

28 유압 작동유가 갖추어야 할 조건에 대한 설명으로 옳지 않은 것은?

① 방청성이 좋을 것
② 온도에 대하여 점도변화가 작을 것
③ 인화점이 낮을 것
④ 화학적으로 안정될 것

해설
유압 작동유는 인화점과 발화점이 높아야 한다.

29 기관의 윤활유를 점검한 결과 검은색을 띤 경우, 그 원인은?

① 냉각수가 유입되었다.
② 경유가 혼입되었다.
③ 심하게 오염되었다.
④ 정상이다.

30 유압회로 내의 밸브를 갑자기 닫았을 때 오일의 속도에너지가 압력에너지로 변하면서 일시적으로 큰 압력 증가가 생기는 현상은?

① 캐비테이션(Cavitation) 현상
② 서지(Surge) 현상
③ 채터링(Chattering) 현상
④ 에어레이션(Aeration) 현상

31 산업안전보건법령상 산업재해의 정의로 옳은 것은?

① 고의성 없는 행동이나 조건이 선행되어 인명의 손실을 가져올 수 있는 사건
② 안전사고의 결과로 일어난 인명피해 및 재산 손실
③ 근로자가 업무에 관계되는 설비 등에 의하여 사망 또는 부상하거나 질병에 걸리는 것
④ 통제를 벗어난 에너지의 광란으로 인하여 입은 인명과 재산의 피해 현상

해설
'산업재해'란 노무를 제공하는 사람이 업무에 관계되는 건설물・설비・원재료・가스・증기・분진 등에 의하거나 작업 또는 그 밖의 업무로 인하여 사망 또는 부상하거나 질병에 걸리는 것을 말한다.

32 재해예방의 4원칙에 해당하는 내용이 아닌 것은?

① 예방가능의 원칙
② 원인계기의 원칙
③ 손실우연의 원칙
④ 사고조사의 원칙

해설
재해예방의 4원칙
• 예방가능의 원칙
• 원인계기의 원칙
• 손실우연의 원칙
• 대책선정의 원칙

33 **사고의 원인 중 가장 많은 부분을 차지하는 것은?**

① 불가항력

② 불안전한 환경

③ 불안전한 행동

④ 불안전한 지시

해설

산업현장에서는 불안전한 행동에 의한 재해 발생률이 압도적으로 높다.

34 **물체가 떨어지거나 날아올 위험 또는 근로자가 추락할 위험이 있는 작업 시 착용하여야 할 보호구는?**

① 보안경 **② 안전모**

③ 방열복 ④ 방한복

해설

① 보안경 : 물체가 흩날릴 위험이 있는 작업 시 착용한다.

③ 방열복 : 고열에 의한 화상 등의 위험이 있는 작업 시 착용한다.

④ 방한복 : 섭씨 영하 18℃ 이하인 급냉동 어창에서 하는 하역작업 시 착용한다.

35 **산업안전보건법상 안전보건표지의 용도별 색채로 옳지 않은 것은?**

① 녹색 - 안내

② 파란색 - 경고

③ 빨간색 - 금지

④ 노란색 - 경고

해설

파란색 - 지시

36 **산업안전보건법령상 안전보건표지의 종류 중 다음 그림이 의미하는 것은?(단, 바탕은 무색, 기본모형은 빨간색, 그림은 검은색이다)**

① 산화성물질경고

② 인화성물질경고

③ 폭발성물질경고

④ 급성독성물질경고

해설

안전보건표지

산화성물질경고	폭발성물질경고	급성독성물질경고

37 **해머 작업 시 안전상 가장 옳은 것은?**

① 해머로 타격 시에 처음과 마지막에 힘을 특히 많이 가해야 한다.

② 타격하려는 곳에 시선을 고정시킨다.

③ 해머의 타격 면에 기름을 발라서 사용한다.

④ 해머로 녹슨 것을 때릴 때에는 반드시 안전모만 착용한다.

38 다음 중 일반적으로 장갑을 착용하지 않고 해야 하는 작업은?

① 전기용접 작업
② 타이어 교체작업
③ 건설기계 운전작업
④ **선반 등의 절삭가공 작업** ✓

해설
작업 시 장갑을 착용하지 않고 해야 하는 작업
- 연삭작업
- 해머작업
- 정밀기계 작업
- 드릴작업
- 선반 등의 절삭가공 작업 등

39 볼트・너트 등을 풀고 조일 때 사용하며 소켓, 디프 소켓, 익스텐션 바, 래칫 핸들, 티형 핸들, 유니버설 조인트, 스피드 핸들 등으로 구성되어 있는 공구는?

① **소켓렌치 세트** ✓
② 기어 풀러 세트
③ 더블 오픈 스패너 세트
④ 콤비네이션 플라이어 세트

40 전기로 작동되는 기계운전 중 기계에서 이상한 소음, 진동, 냄새 등이 날 경우 가장 먼저 취해야 할 조치는?

① **즉시 전원을 내린다.** ✓
② 상급자에게 보고한다.
③ 기계를 가동하면서 고장 여부를 파악한다.
④ 기계 수리공이 올 때까지 기다린다.

41 건설기계관리법상 건설기계에 해당되지 않는 것은?

① 자체 중량 2ton 이상의 로더
② 노상안정기
③ **천장크레인** ✓
④ 콘크리트살포기

해설
건설기계의 범위(건설기계관리법 시행령 [별표 1])

1. 불도저
2. 굴착기
3. 로 더
4. 지게차
5. 스크레이퍼
6. 덤프트럭
7. 기중기
8. 모터그레이더
9. 롤 러
10. 노상안정기
11. 콘크리트배칭플랜트
12. 콘크리트피니셔
13. 콘크리트살포기
14. 콘크리트믹서트럭
15. 콘크리트펌프
16. 아스팔트믹싱플랜트
17. 아스팔트피니셔
18. 아스팔트살포기
19. 골재살포기
20. 쇄석기
21. 공기압축기
22. 천공기
23. 항타 및 항발기
24. 자갈채취기
25. 준설선
26. 특수건설기계
27. 타워크레인

42 건설기계관리법상 건설기계의 소유자는 건설기계를 취득한 날부터 얼마 이내에 건설기계 등록신청을 해야 하는가?

✓ 2개월 이내 ② 3개월 이내
③ 6개월 이내 ④ 1년 이내

해설

등록의 신청(건설기계관리법 시행령 제3조제2항)
건설기계등록신청은 건설기계를 취득한 날(판매를 목적으로 수입된 건설기계의 경우에는 판매한 날)부터 2월 이내에 하여야 한다. 다만, 전시 · 사변 기타 이에 준하는 국가비상사태하에 있어서는 5일 이내에 신청하여야 한다.

43 건설기계 등록이 말소되는 사유에 해당하지 않는 것은?

① 건설기계를 폐기한 때
✓ 건설기계의 구조 변경을 했을 때
③ 건설기계가 멸실되었을 때
④ 건설기계를 수출할 때

해설

건설기계 등록이 말소되는 사유(건설기계관리법 제6조제1항)

- 거짓이나 그 밖의 부정한 방법으로 등록을 한 경우
- 건설기계가 천재지변 또는 이에 준하는 사고 등으로 사용할 수 없게 되거나 멸실된 경우
- 건설기계의 차대(車臺)가 등록 시의 차대와 다른 경우
- 건설기계가 건설기계안전기준에 적합하지 아니하게 된 경우
- 규정에 따른 정기검사 명령, 수시검사 명령 또는 정비명령에 따르지 아니한 경우
- 건설기계를 수출하는 경우
- 건설기계를 도난당한 경우
- 건설기계를 폐기한 경우
- 건설기계해체재활용업을 등록한 자에게 폐기를 요청한 경우
- 구조적 제작 결함 등으로 건설기계를 제작자 또는 판매자에게 반품한 경우
- 건설기계를 교육 · 연구 목적으로 사용하는 경우
- 대통령령으로 정하는 내구연한을 초과한 건설기계. 다만, 정밀진단을 받아 연장된 경우는 그 연장기간을 초과한 건설기계
- 건설기계를 횡령 또는 편취당한 경우

44 반드시 건설기계정비업체에서 정비하여야 하는 사항은?

① 오일의 보충
② 배터리 · 전구의 교환
③ 창유리의 교환
✓ 엔진 탈 · 부착 및 정비

해설

건설기계정비업의 범위에서 제외되는 행위(건설기계관리법 시행규칙 제1조의3)

- 오일의 보충
- 에어클리너 엘리먼트 및 필터류의 교환
- 배터리 · 전구의 교환
- 타이어의 점검 · 정비 및 트랙의 장력 조정
- 창유리의 교환

45 등록된 건설기계의 소유자는 등록번호의 반납 사유가 발생하였을 경우에는 며칠 이내에 반납하여야 하는가?

① 20일 ② 10일
③ 15일 ④ 30일

해설
등록번호표의 반납(건설기계관리법 제9조)
등록된 건설기계의 소유자는 건설기계의 등록이 말소된 경우, 건설기계의 등록사항 중 대통령령이 정하는 사항이 변경된 경우, 등록번호표의 부착 및 봉인을 신청하는 경우에는 10일 이내에 등록번호표의 봉인을 떼어낸 후 그 등록번호표를 국토교통부령이 정하는 바에 따라 시·도지사에게 반납하여야 한다.

46 건설기계 검사소에서 검사를 받아야 하는 건설기계는?

① 콘크리트살포기
② 트럭적재식 콘크리트펌프
③ 지게차
④ 스크레이퍼

해설
건설기계 검사소에서 검사를 받아야 하는 건설기계(건설기계관리법 시행규칙 제32조)
- 덤프트럭
- 콘크리트믹서트럭
- 콘크리트펌프(트럭적재식)
- 아스팔트살포기
- 트럭지게차(영 [별표 1] 제26호에 따라 국토교통부장관이 정하는 특수건설기계인 트럭지게차를 말한다)

47 건설기계관리법령상 건설기계에 대하여 실시하는 검사가 아닌 것은?

① 신규등록검사
② 예비검사
③ 구조변경검사
④ 수시검사

해설
건설기계 검사의 종류(건설기계관리법 제13조제1항)
신규등록검사, 정기검사, 구조변경검사, 수시검사

48 건설기계관리법령상 미등록 건설기계의 임시운행 사유에 해당되지 않는 경우는?

① 등록신청을 하기 위하여 건설기계를 등록지로 운행하는 경우
② 등록신청 전에 건설기계 공사를 하기 위하여 임시로 사용하는 경우
③ 수출을 하기 위하여 건설기계를 선적지로 운행하는 경우
④ 신개발 건설기계를 시험·연구의 목적으로 운행하는 경우

해설
건설기계의 등록 전에 일시적으로 운행을 할 수 있는 경우(건설기계관리법 시행규칙 제6조)
- 등록신청을 하기 위하여 건설기계를 등록지로 운행하는 경우
- 신규등록검사 및 확인검사를 받기 위하여 건설기계를 검사장소로 운행하는 경우
- 수출을 하기 위하여 건설기계를 선적지로 운행하는 경우
- 수출을 하기 위하여 등록 말소한 건설기계를 점검·정비의 목적으로 운행하는 경우
- 신개발 건설기계를 시험·연구의 목적으로 운행하는 경우
- 판매 또는 전시를 위하여 건설기계를 일시적으로 운행하는 경우

49 건설기계조종사의 면허취소 사유에 해당되는 경우는?

✔① 고의로 인명피해를 입힌 때

② 과실로 1명 이상을 사망하게 한 때

③ 과실로 3명 이상에게 중상을 입힌 때

④ 과실로 10명 이상에게 경상을 입힌 때

해설

건설기계조종사면허의 취소 · 정지처분기준(건설기계관리법 시행규칙 [별표 22])

- 고의로 인명피해를 입힌 때 : 취소
- 과실로 1명 이상을 사망하게 한 때 : 면허효력정지 45일
- 과실로 3명 이상에게 중상을 입힌 때 : 면허효력정지 45일
- 과실로 10명 이상에게 경상을 입힌 때 : 면허효력정지 50일

50 폐기요청을 받은 건설기계를 폐기하지 아니하거나 등록번호표를 폐기하지 아니한 자에 대한 벌칙은?

① 2년 이하의 징역 또는 2,000만원 이하의 벌금

✔② 1년 이하의 징역 또는 1,000만원 이하의 벌금

③ 200만원 이하의 벌금

④ 100만원 이하의 벌금

해설

1년 이하의 징역 또는 1,000만원 이하의 벌금(건설기계관리법 제41조)

- 거짓이나 그 밖의 부정한 방법으로 등록을 한 자
- 건설기계의 등록번호를 지워 없애거나 그 식별을 곤란하게 한 자
- 건설기계의 구조변경검사 또는 수시검사를 받지 아니한 자
- 건설기계의 정비명령을 이행하지 아니한 자
- 사용 · 운행 중지 명령을 위반하여 사용 · 운행한 자
- 사업정지명령을 위반하여 사업정지기간 중에 검사를 한 자
- 건설기계의 형식승인, 형식변경승인 또는 확인검사를 받지 아니하고 건설기계의 제작 등을 한 자
- 건설기계의 사후관리에 관한 명령을 이행하지 아니한 자
- 내구연한을 초과한 건설기계 또는 건설기계 장치 및 부품을 운행하거나 사용한 자
- 내구연한을 초과한 건설기계 또는 건설기계 장치 및 부품의 운행 또는 사용을 알고도 말리지 아니하거나 운행 또는 사용을 지시한 고용주
- 부품인증을 받지 아니한 건설기계 장치 및 부품을 사용한 자
- 부품인증을 받지 아니한 건설기계 장치 및 부품을 건설기계에 사용하는 것을 알고도 말리지 아니하거나 사용을 지시한 고용주
- 매매용 건설기계를 운행하거나 사용한 자
- 폐기인수 사실을 증명하는 서류의 발급을 거부하거나 거짓으로 발급한 자
- 폐기요청을 받은 건설기계를 폐기하지 아니하거나 등록번호표를 폐기하지 아니한 자
- 건설기계조종사면허를 받지 아니하고 건설기계를 조종한 자
- 건설기계조종사면허를 거짓이나 그 밖의 부정한 방법으로 받은 자
- 소형 건설기계의 조종에 관한 교육과정의 이수에 관한 증빙서류를 거짓으로 발급한 자
- 술에 취하거나 마약 등 약물을 투여한 상태에서 건설기계를 조종한 자와 그러한 자가 건설기계를 조종하는 것을 알고도 말리지 아니하거나 건설기계를 조종하도록 지시한 고용주
- 건설기계조종사면허가 취소되거나 건설기계조종사면허의 효력정지처분을 받은 후에도 건설기계를 계속하여 조종한 자
- 건설기계를 도로나 타인의 토지에 버려둔 자

51 롤러의 종류 중 진동식 다짐방식으로 옳은 것은?

① 탠덤 롤러
② 진동 롤러 ✔
③ 타이어 롤러
④ 머캐덤 롤러

해설
롤러의 다짐방식에 의한 구분
- 전압식(자체 중량을 이용) : 로드 롤러(머캐덤 롤러, 탠덤 롤러), 탬핑 롤러, 타이어 롤러, 콤비 롤러 등
- 진동식(진동을 이용) : 진동 롤러, 진동식 타이어 롤러, 진동 분사력 콤팩터 등
- 충격식(충격하중을 이용) : 래머, 탬퍼 등

52 로드 롤러의 동력전달 순서로 옳은 것은?

① 기관 → 클러치 → 차동장치 → 변속기 → 뒤 차축 → 뒤 차륜
② 기관 → 변속기 → 종감속장치 → 클러치 → 뒤 차축 → 뒤 차륜
③ 기관 → 클러치 → 차동장치 → 변속기 → 종감속장치 → 뒤 차륜
④ 기관 → 클러치 → 변속기 → 감속기어 → 차동장치 → 최종감속기어 → 뒤 차륜 ✔

53 다짐방법 결정 시 점토질 다짐에 적합하지 않은 롤러는?

① 탬핑 롤러
② 탠덤 롤러
③ 머캐덤 롤러
④ 진동형 타이어 롤러 ✔

해설
다짐방법
- 점토질 : 머캐덤 롤러, 탠덤 롤러, 타이어 롤러, 탬핑 롤러
- 사질토 : 진동 롤러, 진동형 타이어 롤러

54 진동 롤러의 기진력 크기를 결정하는 요소로 옳지 않은 것은?

① 편심추의 강도 ✔
② 편심추의 회전수
③ 편심추의 무게
④ 편심추의 편심량

해설
진동 롤러 기진력의 크기를 결정하는 요소
- 편심추의 편심량에 비례한다.
- 편심추의 회전수에 비례한다.
- 편심추의 무게에 비례한다.

55 **탠덤, 머캐덤 롤러의 살수탱크의 역할은?**

① 엔진에 공급하는 연료를 저장한다.

② 각부 장치에 주유하는 오일을 저장한다.

③ 롤러에 물을 적셔 주어 작업 시 점착성을 향상시킨다.

④ **롤러에 물을 적셔 주어 작업 시 점착성 물질이 롤에 묻는 것을 방지한다.**

해설

살수탱크는 타이어 또는 롤에 아스팔트가 부착되지 않도록 물을 적셔 주는 장치이다.

56 **2륜 철륜 롤러에서 안내륜과 연결되어 있는 요크의 주유는?**

① 유압오일을 주유한다.

② **그리스를 주유한다.**

③ 주유할 필요가 없다.

④ 기어오일을 주유한다.

57 **롤러를 이용한 다짐 또는 포장작업의 설명으로 옳지 않은 것은?**

① 포장작업 물량은 거리, 너비, 용량으로 확인한다.

② 다짐은 정지 상태에서 진동을 작동하지 않아야 한다.

③ 경사진 곳에서는 낮은 곳에서 높은 곳으로 다짐한다.

④ **드럼에 살수가 부족하면 스카프 현상이 나타난다.**

해설

드럼에 살수가 부족하면 눌어붙음 현상이 나타나고, 스카프(긁힘) 현상은 대형 롤러에 작은 직경의 드럼을 장착하였을 때 발생한다.

58 **롤러의 다짐작업 방법으로 옳지 않은 것은?**

① 소정의 접지압력을 받을 수 있도록 부가하중을 증감한다.

② **다짐작업 시 정지시간은 길게 한다.**

③ 다짐작업 시 급격한 조향은 하지 않는다.

④ 1/2씩 중첩되게 다짐을 한다.

해설

다짐작업 시 전·후진 조작을 원활히 하고, 정지시간은 짧게 한다.

59 **롤러의 일일 점검사항이 아닌 것은?**

① 엔진오일 및 연료량 점검
② **오일 필터 점검**
③ 벨트 장력 점검
④ 냉각수 점검

해설
엔진오일 필터는 500시간마다 점검하고 교체한다.

60 **롤러 장비의 누유 및 누수의 점검사항 중 옳지 않은 것은?**

① 롤러의 다음 작업을 위하여 운행 후 장비의 상태를 점검한다.
② 장비를 점검하기 위하여 지면에 떨어진 누유 여부를 확인하고 조치한다.
③ 기관의 원활한 작동을 위하여 냉각장치에서 발생된 냉각수 누수를 확인하고 조치한다.
④ **작동 중 냉각수 누수가 확인되면, 즉시 라디에이터 캡을 열어 확인한다.**

해설
시동을 끄고 즉시 라디에이터 캡을 열면 내부의 뜨거워진 냉각수가 분출돼 화상을 입을 수 있다.

제 7 회 | 기출복원문제

01 4행정 기관에서 1사이클을 완료할 때 크랭크축은 몇 회전을 하는가?

① 1회전 ② 2회전
③ 3회전 ④ 4회전

해설
4행정 기관 : 흡기, 압축, 연소, 배기라는 4가지 피스톤 행정을 1사이클로 하여 크랭크축이 2회전할 때 1회의 사이클이 완료되는 기관이다.

02 4행정 사이클 기관의 윤활방식 중 피스톤과 피스톤핀까지 윤활유를 압송하여 윤활하는 방식은?

① 압력식 ② 압송식
③ 비산식 ④ 비산압송식

해설
압송식은 오일펌프에 의해 강제적으로 윤활부에 압송하는 방식이다.
4행정 사이클의 윤활방식
- 비산식 : 커넥팅로드에 붙어 있는 주걱으로 오일 팬 안의 오일을 각 섭동부에 뿌리는 방식으로 소형 엔진에만 사용된다.
- 압송식 : 크랭크축에 의해 구동되는 오일펌프가 오일 팬 안의 오일을 흡입, 가압하여 각 섭동부에 보내는 방식이다.
- 비산압송식 : 비산식 + 압송식

2행정 사이클의 윤활방식 : 혼기혼합식, 분리윤활식

03 커먼레일 디젤기관의 연료장치 시스템에서 출력요소는?

① 공기유량센서
② 인젝터
③ 엔진 ECU
④ 브레이크 스위치

해설
커먼레일 디젤기관의 입·출력요소

입력요소	출력요소
• 연료압력센서(R.P.S) • 에어플로센서(A.F.S) • 냉각수온센서(W.T.S) • 가속페달센서 1.2 (A.P.S 1.2) • 연료온도센서(F.T.S) • 크랭크 포지션 센서 (C.K.P) • T.D.C 센서 • 부스터 압력센서	• 인젝터(Injector) • 레일 압력조절 밸브 (I.M.V) • 예열장치 • E.G.R 제어장치 • 냉각장치 • 보조 히터장치 • 스로틀 플랩장치

04 엔진오일이 연소실로 올라오는 주된 이유는?

① 피스톤링 마모
② 피스톤핀 마모
③ 커넥팅로드 마모
④ 크랭크축 마모

해설
피스톤링이나 실린더 벽이 마모되면 실린더 벽을 타고 오일이 연소실로 들어와 연소되므로 소비가 많아진다.

05 기관에서 배기상태가 불량하여 배압이 높을 때 생기는 현상과 관련 없는 것은?

① 기관이 과열된다.
② 냉각수 온도가 내려간다.
③ 기관의 출력이 감소된다.
④ 피스톤의 운동을 방해한다.

해설
배압이 높아지면 배출되지 못한 가스열에 의해 과열되며 이로 인해 냉각수 온도가 올라간다.

06 라디에이터(Radiator)에 대한 설명으로 틀린 것은?

① 라디에이터의 재료 대부분은 알루미늄 합금이 사용된다.
② 단위면적당 방열량이 커야 한다.
③ 냉각효율을 높이기 위해 방열판이 설치된다.
④ 공기 흐름저항이 커야 냉각효율이 높다.

해설
공기 흐름저항이 적어야 냉각효율이 높다.

07 밀봉 압력식 냉각 방식에서 보조탱크 내의 냉각수가 라디에이터로 빨려 들어갈 때 개방되는 압력 캡의 밸브는?

① 릴리프 밸브
② 진공 밸브
③ 압력 밸브
④ 리듀싱 밸브

해설
라디에이터 캡의 압력 밸브는 물의 비등점을 높이고, 진공 밸브는 냉각 상태를 유지할 때 과랭현상이 되는 것을 막아주는 일을 한다.

08 전기가 이동하지 않고 물질에 정지하고 있는 전기는?

① 동전기 ② 정전기
③ 직류전기 ④ 교류전기

해설
정전기 : 서로 다른 두 물체를 마찰시키면 전기가 생기는데 움직이지 않고 한군데 머무른다고 하여 정지해 있는 전기라는 뜻. 이때 한쪽은 양(+)의 전기, 다른 쪽은 음(−)의 전기가 생긴다.
※ 동전기 : 정전기의 이동(전류에 의해 생기는 현상)을 동전기라 한다.

09 교류발전기의 다이오드가 하는 역할은?

① 전류를 조정하고, 교류를 정류한다.
② 전압을 조정하고, 교류를 정류한다.
③ 교류를 정류하고, 역류를 방지한다.
④ 여자전류를 조정하고, 역류를 방지한다.

해설
AC 발전기에서 다이오드의 역할
- 교류발전기는 고정 설치된 다이오드를 이용하여 정류한다.
- 다이오드는 축전지로부터 발전기로 전류가 역류되는 것을 방지한다.

10 축전지의 전해액으로 알맞은 것은?

① 순수한 물 ② 과산화납
③ 해면상납 **④ 묽은 황산**

해설
납산축전지
- 양극판은 과산화납
- 음극판은 해면상납
- 전해액은 묽은 황산

11 직류발전기와 비교했을 때 교류발전기의 특징으로 틀린 것은?

① 전압조정기만 필요하다.
② 크기가 크고 무겁다.
③ 브러시 수명이 길다.
④ 저속 발전 성능이 좋다.

해설
교류발전기는 소형·경량이다.

12 실드빔식 전조등에 대한 설명으로 틀린 것은?

① 대기조건에 따라 반사경이 흐려지지 않는다.
② 내부에 불활성 가스가 들어 있다.
③ 사용에 따른 광도의 변화가 적다.
④ 필라멘트를 갈아 끼울 수 있다.

해설
실드빔식은 필라멘트가 끊어지면 렌즈나 반사경에 이상이 없어도 전조등 전체를 교환해야 하는 단점이 있다. 필라멘트를 갈아 끼울 수 있는 전조등은 세미 실드빔식이다.

13 냉각장치에서 밀봉 압력식 라디에이터 캡을 사용하는 것으로 가장 적합한 것은?

① 엔진온도를 높일 때
② 엔진온도를 낮출 때
③ 압력 밸브가 고장일 때
④ 냉각수의 비점을 높일 때

해설
압력식 캡 : 비등점(끓는점)을 올려 냉각효과를 증대시키는 기능을 한다.

14 **동력전달장치에 사용되는 차동기어장치에 대한 설명으로 가장 거리가 먼 것은?**

① 선회할 때 좌우 구동바퀴의 회전속도를 다르게 한다.
② 선회할 때 바깥쪽 바퀴의 회전속도를 증대시킨다.
③ 보통 차동기어장치는 노면의 저항을 작게 받는 구동바퀴의 회전속도가 빠르게 될 수 있다.
④ **기관의 회전력을 크게 하여 구동바퀴에 전달한다.**

해설
추진축의 회전력을 직각으로 전달하는 장치는 최종감속기어장치이다.

15 **토크 컨버터의 구성품이 아닌 것은?**

① 펌 프　② 터 빈
③ 스테이터　④ **플라이휠**

해설
토크 컨버터의 구성 : 펌프, 터빈, 스테이터로 구성되어 플라이휠에 부착되어 있다.

16 **휠 구동식의 건설기계에서 기계식 조향장치에 사용되는 구성품이 아닌 것은?**

① 섹터 기어
② 웜 기어
③ 타이로드 엔드
④ **하이포이드 기어**

해설
하이포이드 기어는 일반적으로 자동차나 기계의 변속기에서 사용되는 기어로, 토크 변환을 위해 사용된다.

17 **휠형 건설기계 타이어의 정비점검 중 틀린 것은?**

① 적절한 공구와 절차를 이용하여 수행한다.
② 휠 너트를 풀기 전에 차체에 고임목을 고인다.
③ 타이어와 림의 정비 및 교환 작업은 위험하므로 반드시 숙련공이 한다.
④ **림 부속품의 균열이 있는 것은 재가공, 용접, 땜질, 열처리하여 사용한다.**

해설
휠이나 림 등에 균열이 있는 것은 바로 교체해야 한다.

18 **제동 유압장치의 작동원리는 어느 이론에 바탕을 둔 것인가?**

① 열역학 제1법칙
② 보일의 법칙
✓③ 파스칼의 원리
④ 가속도 법칙

해설
파스칼의 원리 : 압력을 가하였을 때 유체 내 어느 부분의 압력도 가해진 만큼 증가한다는 원리이며, 유압에서 속도 조절은 유량에 의해 달라진다.

19 **건설기계기관의 부동액에 사용되는 종류가 아닌 것은?**

✓① 그리스 ② 글리세린
③ 메탄올 ④ 에틸렌글리콜

해설
부동액의 종류에는 메탄올(주성분 : 알코올), 에틸렌글리콜, 글리세린 등이 있다.

20 **유압펌프가 작동 중 소음이 발생할 때의 원인으로 틀린 것은?**

① 펌프 축의 편심 오차가 크다.
② 펌프 흡입관 접합부로부터 공기가 유입된다.
✓③ 릴리프 밸브 출구에서 오일이 배출되고 있다.
④ 스트레이너가 막혀 흡입용량이 너무 작아졌다.

21 **유압장치에서 방향제어밸브에 대한 설명으로 틀린 것은?**

① 유체의 흐름 방향을 변환한다.
✓② 액추에이터의 속도를 제어한다.
③ 유체의 흐름 방향을 한쪽으로 허용한다.
④ 유압실린더나 유압모터의 작동 방향을 바꾸는 데 사용된다.

해설
유량제어밸브가 액추에이터의 속도를 제어한다.
※ 방향제어밸브의 기능 : 공기압 회로에 있어서 실린더나 기타의 액추에이터로 공급하는 공기의 흐름 방향을 변환시키는 밸브

22 **다음 보기에서 피스톤과 실린더 벽 사이의 간극이 클 때 미치는 영향을 모두 나타낸 것은?**

보기
a. 마찰열에 의해 소결되기 쉽다.
b. 블로바이에 의해 압축압력이 낮아진다.
c. 피스톤링의 기능 저하로 인하여 오일이 연소실에 유입되어 오일 소비가 많아진다.
d. 피스톤 슬랩 현상이 발생되며 기관 출력이 저하된다.

① a, b, c ② c, d
✓③ b, c, d ④ a, b, c, d

해설
피스톤과 실린더 벽 사이의 간극이 너무 크면 압축압력 저하로 출력이 떨어지며, 엔진오일에 거품이 발생하여 수명이 단축된다.

23 **유압모터의 종류에 포함되지 않는 것은?**

① 기어형　　② 베인형
③ 플런저형　　**④ 터빈형**

해설
유압모터의 종류 : 기어형, 베인형, 피스톤형(플런저형) 등

24 **다음 유압기호가 나타내는 것은?**

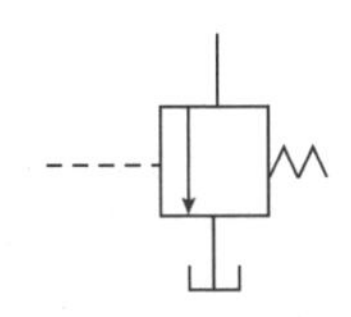

① 릴리프 밸브　　② 감압 밸브
③ 순차 밸브　　**④ 무부하 밸브**

해설
유압기호

순차 밸브	릴리프 밸브	무부하 밸브	감압 밸브

25 **유압계통에 사용되는 오일의 점도가 너무 낮을 경우 나타날 수 있는 현상이 아닌 것은?**

① 시동 저항 증가
② 펌프 효율 저하
③ 오일 누설 증가
④ 유압회로 내 압력 저하

해설
점도는 오일의 끈적거리는 정도를 나타내며 점도가 너무 높으면 윤활유의 내부마찰과 저항이 커져 동력의 손실이 증가하며, 너무 낮으면 동력의 손실은 적어지지만 유막이 파괴되어 마모감소작용이 원활하지 못하게 된다.

26 **유압장치에 사용되는 오일 실(Seal)의 종류 중 O링이 갖추어야 할 조건은?**

① 체결력이 작을 것
② 압축변형이 작을 것
③ 작동 시 마모가 클 것
④ 오일의 입・출입이 가능할 것

해설
O링(가장 많이 사용하는 패킹)의 구비조건
- 오일 누설을 방지할 수 있을 것
- 운동체의 마모를 적게 할 것
- 체결력(죄는 힘)이 클 것
- 누설을 방지하는 기구에서 탄성이 양호하고, 압축변형이 작을 것
- 사용 온도 범위가 넓을 것
- 내노화성이 좋을 것
- 상대 금속을 부식시키지 말 것

27 산업재해의 조사목적에 대한 설명으로 가장 적절한 것은?

✓① 적절한 예방대책을 수립하기 위하여
② 작업능률 향상과 근로기강 확립을 위하여
③ 재해 발생에 대한 통계를 작성하기 위하여
④ 재해를 유발한 자의 책임추궁을 위하여

해설
산업재해 조사목적
• 동종재해 및 유사재해 재발 방지 → 근본적 목적
• 재해원인 규명
• 자료 수집으로 예방 대책 수립

29 산업재해의 직접원인 중 인적 불안전 행위가 아닌 것은?

① 작업복의 부적당
② 작업 태도 불안전
③ 위험한 장소의 출입
✓④ 기계 공구의 결함

해설
재해발생 원인
• 직접원인
 – 불안전한 상태 : 설비 자체의 결함, 방호조치의 결함, 설비 배치 및 작업장소 불량, 보호구의 결함, 작업환경의 결함, 작업방법의 결함
 – 불안전한 행동 : 안전장치의 무효화, 안전조치의 불이행, 위험한 상태로 장치 동작, 기계·공구 등의 목적 외 사용, 운전 중 주유 또는 점검 실시, 보호구의 선택 및 사용방법 불량, 위험장소에의 접근
• 간접원인
 – 기술적 요인 : 건물·기계장치 설계 불량, 구조·재료의 부적합, 생산공정의 부적당, 점검·정비·보존 불량
 – 교육적 요인 : 안전의식 부족, 안전수칙 오해, 경험 훈련 미숙, 교육 불충분
 – 관리적 요인 : 안전관리조직 결함, 안전수칙 미제정, 작업준비 불충분, 작업지시 부적당

28 보호구를 선택할 때의 유의 사항을 설명한 것 중 틀린 것은?

① 작업 행동에 방해되지 않을 것
✓② 사용 목적에 구애받지 않을 것
③ 보호구 성능기준에 적합하고 보호 성능이 보장될 것
④ 착용이 용이하고 크기 등 사용자에게 편리할 것

해설
② 사용 목적 또는 작업에 적합한 보호구일 것

30 기계설비의 위험성 중 접선 물림점(Tangential Point)과 가장 관련이 적은 것은?

① V벨트 ✓② 커플링
③ 체인벨트 ④ 기어와 랙

해설
접선 물림점(Tangential Point) : 회전하는 부분의 접선방향으로 물려 들어가서 위험이 존재하는 점
예 V벨트와 풀리, 체인과 스프로킷, 랙과 피니언 등
※ 회전 말림점(Trapping Point) : 회전하는 물체의 길이·굵기·속도 등의 불규칙 부위와 돌기회전 부위에 머리카락, 장갑 및 작업복 등이 말려들 위험이 형성되는 점(예 : 축, 커플링, 회전하는 공구 등)

31 산업안전보건법령상 안전보건표지의 종류 중 다음 그림에 해당하는 것은?

① 산화성물질경고

② 인화성물질경고

③ 폭발성물질경고

④ 급성독성물질경고

해설

안전보건표지

산화성 물질경고	폭발성 물질경고	급성독성 물질경고

32 예열플러그를 빼서 보았더니 심하게 오염되어 있다. 그 원인은?

① 불완전연소 또는 노킹

② 엔진 과열

③ 플러그의 용량 과다

④ 냉각수 부족

해설

예열플러그가 심하게 오염되어 있으면 불완전연소 또는 노킹의 원인이 된다.

33 전기기기에 의한 감전사고를 막기 위하여 필요한 설비로 가장 중요한 것은?

① 접지설비

② 방폭등 설비

③ 고압계 설비

④ 대지 전위 상승 설비

해설

건설현장에서 이동식 전기기계·기구의 감전사고 방지를 위한 설비는 접지설비이다.

34 수공구를 사용할 때 주의사항으로 가장 거리가 먼 것은?

① 양호한 상태의 공구를 사용할 것

② 수공구는 그 목적 이외의 용도에는 사용하지 말 것

③ 수공구는 올바르게 사용할 것

④ 사용한 수공구는 녹슬지 않도록 손잡이 부분에 오일을 발라서 보관한다.

해설

기름이 묻은 손잡이는 사고를 유발할 수 있으므로 공구 보관 시 손잡이를 청결하게 유지한다.

35 해머 작업 시 틀린 것은?

① 장갑을 끼지 않는다.
② 작업에 알맞은 무게의 해머를 사용한다.
③ 해머는 처음부터 힘차게 때린다.
④ 자루가 단단한 것을 사용한다.

해설
해머로 타격할 때에는 처음과 마지막에는 힘을 많이 가하지 말아야 한다.

36 소화 작업의 기본요소가 아닌 것은?

① 가연물질을 제거하면 된다.
② 산소를 차단하면 된다.
③ 점화원을 제거시키면 된다.
④ 연료를 기화시키면 된다.

해설
연료를 기화시키면 화재위험이 더 커진다.

37 건설기계 등록신청 시 첨부하지 않아도 되는 서류는?

① 호적등본
② 건설기계 소유자임을 증명하는 서류
③ 건설기계제작증
④ 건설기계제원표

해설
등록의 신청 등(건설기계관리법 시행령 제3조)
법 제3조제1항에 따라 건설기계를 등록하려는 건설기계의 소유자는 건설기계등록신청서(전자문서로 된 신청서를 포함한다)에 다음의 서류(전자문서를 포함한다)를 첨부하여 건설기계소유자의 주소지 또는 건설기계의 사용본거지를 관할하는 특별시장 · 광역시장 · 도지사 또는 특별자치도지사(이하 "시 · 도지사"라 한다)에게 제출하여야 한다. 이 경우 시 · 도지사는 전자정부법 제36조제1항에 따른 행정정보의 공동이용을 통하여 건설기계등록원부 등본(등록이 말소된 건설기계의 경우에 한정한다)을 확인하여야 하고, 그 외의 첨부서류에 대하여도 행정정보의 공동이용을 통하여 확인할 수 있는 경우에는 그 확인으로 첨부서류를 갈음하여야 하며, 신청인이 확인에 동의하지 아니하는 경우에는 이를 첨부하도록 하여야 한다.

① 다음의 구분에 따른 해당 건설기계의 출처를 증명하는 서류. 다만, 해당 서류를 분실한 경우에는 해당 서류의 발행사실을 증명하는 서류(원본 발행기관에서 발행한 것으로 한정한다)로 대체할 수 있다.
  ㉠ 국내에서 제작한 건설기계 : 건설기계제작증
  ㉡ 수입한 건설기계 : 수입면장 등 수입 사실을 증명하는 서류. 다만, 타워크레인의 경우에는 건설기계제작증을 추가로 제출하여야 한다.
  ㉢ 행정기관으로부터 매수한 건설기계 : 매수증서
② 건설기계의 소유자임을 증명하는 서류. 다만, ①의 서류가 건설기계의 소유자임을 증명할 수 있는 경우에는 당해 서류로 갈음할 수 있다.
③ 건설기계제원표
④ 자동차손해배상보장법에 따른 보험 또는 공제의 가입을 증명하는 서류(자동차손해배상보장법 시행령 제2조에 해당되는 건설기계의 경우에 한정하되, 법 제25조제2항에 따라 시장 · 군수 또는 구청장(자치구의 구청장을 말한다. 이하 같다)에게 신고한 매매용건설기계를 제외한다)

38 **건설기계의 등록 전에 임시운행 사유에 해당되지 않는 것은?**

① 장비 구입 전 이상 유무 확인을 위해 1일간 예비 운행을 하는 경우
② 등록신청을 하기 위하여 건설기계를 등록지로 운행하는 경우
③ 수출을 하기 위하여 건설기계를 선적지로 운행하는 경우
④ 신개발 건설기계를 시험·연구의 목적으로 운행하는 경우

해설
미등록 건설기계의 임시운행(시행규칙 제6조)
건설기계의 등록 전에 일시적으로 운행할 수 있는 경우는 다음과 같다.
- 등록신청을 하기 위하여 건설기계를 등록지로 운행하는 경우
- 신규등록검사 및 확인검사를 받기 위하여 건설기계를 검사장소로 운행하는 경우
- 수출을 하기 위하여 건설기계를 선적지로 운행하는 경우
- 수출을 하기 위하여 등록말소한 건설기계를 점검·정비의 목적으로 운행하는 경우
- 신개발 건설기계를 시험·연구의 목적으로 운행하는 경우
- 판매 또는 전시를 위하여 건설기계를 일시적으로 운행하는 경우

39 **성능이 불량하거나 사고가 자주 발생하는 건설기계의 안전성 등을 점검하기 위하여 실시하는 심사는?**

① 예비검사 ② 구조변경검사
③ 수시검사 ④ 정기검사

해설
건설기계의 검사 등(법 제13조)
건설기계의 소유자는 그 건설기계에 대하여 다음의 구분에 따라 국토교통부령으로 정하는 바에 따라 국토교통부장관이 실시하는 검사를 받아야 한다.
- 신규등록검사 : 건설기계를 신규로 등록할 때 실시하는 검사
- 정기검사 : 건설공사용 건설기계로서 3년의 범위에서 국토교통부령으로 정하는 검사유효기간이 끝난 후에 계속하여 운행하려는 경우에 실시하는 검사와 대기환경보전법 제62조 및 소음·진동관리법 제37조에 따른 운행차의 정기검사
- 구조변경검사 : 건설기계의 주요 구조를 변경하거나 개조한 경우 실시하는 검사
- 수시검사 : 성능이 불량하거나 사고가 자주 발생하는 건설기계의 안전성 등을 점검하기 위하여 수시로 실시하는 검사와 건설기계 소유자의 신청을 받아 실시하는 검사

40 **건설기계관리법령상 자가용 건설기계 등록번호표의 도색으로 옳은 것은?**

① 파란색 바탕에 흰색 문자
② 빨간색 바탕에 흰색 문자
③ 흰색 바탕에 노란색 문자
④ 흰색 바탕에 검은색 문자

해설
번호표의 색상(건설기계관리법 시행규칙 [별표 2])
- 비사업용(관용 또는 자가용) : 흰색 바탕에 검은색 문자
- 대여사업용 : 주황색 바탕에 검은색 문자

41 건설기계의 등록을 말소할 수 있는 사유에 해당하지 않는 것은?

① 건설기계를 폐기한 경우
② 건설기계를 수출하는 경우
③ **건설기계를 장기간 운행하지 않게 된 경우**
④ 건설기계를 교육·연구 목적으로 사용하는 경우

해설

등록의 말소 등(건설기계관리법 제6조)
시·도지사는 등록된 건설기계가 다음의 어느 하나에 해당하는 경우에는 그 소유자의 신청이나 시·도지사의 직권으로 등록을 말소할 수 있다. 다만, ①, ⑤, ⑧(건설기계의 강제처리에 따라 폐기한 경우로 한정한다) 또는 ⑫에 해당하는 경우에는 직권으로 등록을 말소하여야 한다.

① 거짓이나 그 밖의 부정한 방법으로 등록을 한 경우
② 건설기계가 천재지변 또는 이에 준하는 사고 등으로 사용할 수 없게 되거나 멸실된 경우
③ 건설기계의 차대(車臺)가 등록 시의 차대와 다른 경우
④ 건설기계가 법에 따른 건설기계안전기준에 적합하지 아니하게 된 경우
⑤ 규정에 따른 정기검사 명령, 수시검사 명령 또는 정비 명령에 따르지 아니한 경우
⑥ 건설기계를 수출하는 경우
⑦ 건설기계를 도난당한 경우
⑧ 건설기계를 폐기한 경우
⑨ 법에 따라 건설기계해체재활용업을 등록한 자(건설기계해체재활용업자)에게 폐기를 요청한 경우
⑩ 구조적 제작 결함 등으로 건설기계를 제작자 또는 판매자에게 반품한 경우
⑪ 건설기계를 교육·연구 목적으로 사용하는 경우
⑫ 대통령령으로 정하는 내구연한을 초과한 건설기계. 다만, 정밀진단을 받아 연장된 경우는 그 연장기간을 초과한 건설기계
⑬ 건설기계를 횡령 또는 편취당한 경우

42 특별표지판 부착 대상인 대형 건설기계가 아닌 것은?

① **길이가 15m인 건설기계**
② 너비가 2.8m인 건설기계
③ 높이가 6m인 건설기계
④ 총중량이 45ton인 건설기계

해설

특별표지판을 부착하여야 하는 대형건설기계의 범위(건설기계 안전기준에 관한 규칙 제2조·168조)
대형건설기계란 다음의 어느 하나에 해당하는 건설기계를 말한다.

- 길이가 16.7m를 초과하는 건설기계
- 너비가 2.5m를 초과하는 건설기계
- 높이가 4.0m를 초과하는 건설기계
- 최소회전반경이 12m를 초과하는 건설기계
- 총중량이 40ton을 초과하는 건설기계. 다만, 굴착기, 로더 및 지게차는 운전중량이 40ton을 초과하는 경우를 말한다.
- 총중량 상태에서 축하중이 10ton을 초과하는 건설기계. 다만, 굴착기, 로더 및 지게차는 운전중량 상태에서 축하중이 10ton을 초과하는 경우를 말한다.

43 건설기계관리법령상 다음 설명에 해당하는 건설기계사업은?

> 건설기계를 분해·조립 또는 수리하고 그 부분품을 가공제작·교체하는 등 건설기계를 원활하게 사용하기 위한 모든 행위를 업으로 하는 것

① 건설기계정비업 ✔
② 건설기계대여업
③ 건설기계매매업
④ 건설기계해체재활용업

해설

② 건설기계대여업 : 건설기계의 대여를 업(業)으로 하는 것을 말한다.
③ 건설기계매매업 : 중고(中古) 건설기계의 매매 또는 그 매매의 알선과 그에 따른 등록사항에 관한 변경신고의 대행을 업으로 하는 것을 말한다.
④ 건설기계해체재활용업 : 폐기 요청된 건설기계의 인수(引受), 재사용 가능한 부품의 회수, 폐기 및 그 등록말소 신청의 대행을 업으로 하는 것을 말한다.

44 건설기계조종사면허를 받지 아니하고 건설기계를 조종한 자에 대한 처벌기준은?

① 1년 이하의 징역 또는 1,000만원 이하의 벌금 ✔
② 6개월 이하의 징역 또는 100만원 이하의 벌금
③ 100만원 이하의 벌금
④ 50만원 이하의 과태료

해설

건설기계조종사 면허를 받지 아니하고 건설기계를 조종한 자에 대한 벌칙은 1년 이하의 징역 또는 1,000만원 이하의 벌금이다.

45 등록되지 아니한 건설기계를 사용하거나 운행한 자의 벌칙은?

① 1년 이하의 징역 또는 1,000만원 이하의 벌금
② 2년 이하의 징역 또는 2,000만원 이하의 벌금 ✔
③ 20만원 이하의 벌금
④ 10만원 이하의 벌금

해설

다음의 어느 하나에 해당하는 자는 2년 이하의 징역 또는 2,000만원 이하의 벌금에 처한다(건설기계관리법 40조)

- 등록되지 아니한 건설기계를 사용하거나 운행한 자
- 등록이 말소된 건설기계를 사용하거나 운행한 자
- 시·도지사의 지정을 받지 아니하고 등록번호표를 제작하거나 등록번호를 새긴 자
- 검사대행자 또는 그 소속 직원에게 재물이나 그 밖의 이익을 제공하거나 제공 의사를 표시하고 부정한 검사를 받은 자
- 건설기계의 주요 구조나 원동기, 동력전달장치, 제동장치 등 주요 장치를 변경 또는 개조한 자
- 무단 해체한 건설기계를 사용·운행하거나 타인에게 유상·무상으로 양도한 자
- 제작 결함의 시정에 따른 시정명령을 이행하지 아니한 자
- 등록을 하지 아니하고 건설기계사업을 하거나 거짓으로 등록을 한 자
- 등록이 취소되거나 사업의 전부 또는 일부가 정지된 건설기계사업자로서 계속하여 건설기계사업을 한 자

46 정기검사를 받지 아니하고 정기검사 신청기간 만료일로부터 30일 이내인 때의 과태료는?

① 20만원 ② 10만원
③ 5만원 ④ 2만원

해설

정기검사를 받지 아니한 때의 과태료

- 정기검사 신청기간 만료일부터 30일 이내인 때 : 10만원
- 30일을 초과한 경우에는 3일 초과 시마다 : 10만원

47 건설기계등록을 말소한 때에는 등록번호표를 며칠 이내에 시·도지사에게 반납하여야 하는가?

① 10일 ② 15일
③ 20일 ④ 30일

해설

등록번호표의 반납(건설기계관리법 제9조)

등록된 건설기계의 소유자는 다음의 어느 하나에 해당하는 경우에는 10일 이내에 등록번호표의 봉인을 떼어 낸 후 그 등록번호표를 국토교통부령으로 정하는 바에 따라 시·도지사에게 반납하여야 한다. 다만, 건설기계가 천재지변 또는 이에 준하는 사고 등으로 사용할 수 없게 되거나 멸실된 경우, 건설기계를 도난당한 경우 또는 건설기계를 폐기한 경우의 사유로 등록을 말소하는 경우에는 그러하지 아니하다.

- 건설기계의 등록이 말소된 경우
- 건설기계의 등록사항 중 대통령령으로 정하는 사항이 변경된 경우
- 등록번호표의 부착 및 봉인을 신청하는 경우

48 건설기계조종사면허의 취소·정지처분기준 중 면허취소에 해당되지 않는 것은?

① 고의로 인명피해를 입힌 때
② 과실로 7명 이상에게 중상을 입힌 때
③ 과실로 19명 이상에게 경상을 입힌 때
④ 1,000만원 이상 재산피해를 입힌 때

해설

건설기계조종사면허의 취소·정지(건설기계관리법 제28조, 규칙 [별표 22])

시장·군수 또는 구청장은 건설기계조종사가 다음의 어느 하나에 해당하는 경우에는 국토교통부령으로 정하는 바에 따라 건설기계조종사면허를 취소하거나 1년 이내의 기간을 정하여 건설기계조종사면허의 효력을 정지시킬 수 있다. 다만, ①, ②, ⑧ 또는 ⑨에 해당하는 경우에는 건설기계조종사면허를 취소하여야 한다.

① 거짓이나 그 밖의 부정한 방법으로 건설기계조종사면허를 받은 경우
② 건설기계조종사면허의 효력정지기간 중 건설기계를 조종한 경우
③ 다음 중 어느 하나에 해당하게 된 경우
  ㉠ 건설기계 조종상의 위험과 장해를 일으킬 수 있는 정신질환자 또는 뇌전증환자로서 국토교통부령으로 정하는 사람
  ㉡ 앞을 보지 못하는 사람, 듣지 못하는 사람, 그 밖에 국토교통부령으로 정하는 장애인
  ㉢ 건설기계 조종상의 위험과 장해를 일으킬 수 있는 마약·대마·향정신성의약품 또는 알코올중독자로서 국토교통부령으로 정하는 사람
④ 건설기계의 조종 중 고의 또는 과실로 중대한 사고를 일으킨 경우
  ㉠ 인명피해
   - 고의로 인명피해(사망·중상·경상 등을 말한다)를 입힌 경우 : 취소
   - 과실로 산업안전보건법에 따른 중대재해가 발생한 경우 : 취소
   - 그 밖의 인명피해를 입힌 경우
     – 사망 1명마다 : 면허효력정지 45일
     – 중상 1명마다 : 면허효력정지 15일
     – 경상 1명마다 : 면허효력정지 5일
  ㉡ 재산피해 : 피해금액 50만원마다 : 면허효력정지 1일(90일을 넘지 못함)

㉢ 건설기계의 조종 중 고의 또는 과실로 도시가스사업법에 따른 가스공급시설을 손괴하거나 가스공급시설의 기능에 장애를 입혀 가스의 공급을 방해한 경우 : 면허효력정지 180일

⑤ 국가기술자격법에 따른 해당 분야의 기술자격이 취소되거나 정지된 경우

⑥ 건설기계조종사면허증을 다른 사람에게 빌려준 경우

⑦ 술에 취하거나 마약 등 약물을 투여한 상태 또는 과로 · 질병의 영향이나 그 밖의 사유로 정상적으로 조종하지 못할 우려가 있는 상태에서 건설기계를 조종한 경우

⑧ 정기적성검사를 받지 아니하고 1년이 지난 경우

⑨ 정기적성검사 또는 수시적성검사에서 불합격한 경우

49 타이어 롤러(Tire Roller)의 전 · 후진 주행 레버 조종방법으로 옳지 않은 것은?

① 전 · 후진 주행 레버를 조작하기 전에 변속 기어 레버를 선택한 후 레버 잠금 장치로 레버를 고정시킨다.

② 주행 레버를 중립에서부터 앞쪽으로 서서히 밀면 장비가 전진한다.

③ 주행 속도는 주행 레버를 많이 밀수록 속도가 빨라진다.

④ 언덕을 오르내릴 때에는 3단 기어를 사용하여 엔진을 최고 속도로 회전시킨다.

해설

언덕을 오르내릴 때에는 1단 기어를 사용하여 엔진을 최고 속도로 회전시키고 주행 레버를 최소로 밀거나 당기어 서행한다.

50 진동 롤러의 작동법으로 옳지 않은 것은?

① 진동은 전 · 후진 레버에 설치되어 있는 진동 스위치와 운전석 우측 패널에 위치한 스위치 양쪽으로 선택 조작할 수 있다.

② 진동 스위치에 의하여 진동의 세기와 진동의 On-Off를 선택할 수 있다.

③ 진동 스위치를 시계 방향으로 돌리면 고진동이 작동하게 된다.

④ 진동은 엔진 rpm이 1,000rpm 그 이상에서만 가능하다.

해설

진동은 엔진 rpm이 1,800rpm 혹은 그 이상에서만 가능하며, 진동 다지기는 오직 엔진 rpm이 최고인 상태에서 가능하다.

51 머캐덤 롤러의 주행방법으로 옳지 않은 것은?

① 엔진 rpm은 계기판의 엔진 속도 선택 스위치를 돌려 조정한다.

② 주차 브레이크 해제 후 계기판 지시등의 불이 소등되는지 확인한다.

③ 운행할 방향으로 전 · 후 주행 레버를 움직이면 롤러는 움직이게 된다.

④ 주행 속도는 스피드 선택 스위치와 전 · 후진 주행 레버로 제어할 수 있다.

해설

주행 속도는 스로틀 레버와 전 · 후진 주행 레버로 제어할 수 있다.

52 **콤비 롤러의 엔진 시동에 대한 설명으로 옳지 않은 것은?**

① **시동 전에 비상정지 버튼과 주차 브레이크가 "ON"으로 되어 있는지 확인한다.** ✓

② 전·후진 레버는 중립 위치에서 설정하고 엔진 회전속도 선택 레버는 공회전 속도로 설정한다.

③ 엔진 시동은 30초 이내로 하며, 만일 시동이 되지 않으면 1분 이상 기다린 후 재시동하여야 한다.

④ 엔진 시동 시 온도가 10℃ 이하일 때는 공회전 상태로 유압유의 온도가 10℃ 이상이 되도록 워밍업해야 한다.

해설

시동 전에 비상정지 버튼은 "OFF" 위치에 있는지, 주차 브레이크는 "ON"으로 되어 있는지 확인한다.

53 **탠덤 롤러의 형식과 특징으로 옳지 않은 것은?**

① 철륜(鐵輪) 때문에 속도는 느리고, 언덕길에는 적합하지 않다.

② 평탄한 곳 다지기의 대표적인 기계이다.

③ **선압(線壓)을 조절할 수 없는 단점이 있다.** ✓

④ 용도는 노상이나 노반의 다지기, 아스팔트 합재(合材)의 표층 마무리에 쓰인다.

해설

부가하중(드럼 안에 철물·물·모래 등을 넣거나 차륜 또는 프레임에 철 밸러스트를 장식하면 자체 중량이 8ton인 롤러에 2ton의 하중이 부가되어 8~10ton 롤러로 만들 수 있다)에 의해 선압(線壓)을 조절할 수도 있다.

※ 선압 : 다짐 능력을 비교하는 기준이 되는 것으로, 차륜의 접지 중량을 그 차륜의 너비로 나눈 값이며 kg/cm^2로 나타낸다.

54 **롤러의 성능과 능력을 나타내는 것이 아닌 것은?**

① 선압, 윤하중

② 다짐폭, 접지압

③ **기진력, 윤거** ✓

④ 다짐폭, 기진력

해설

롤러의 성능과 능력은 선압, 윤하중, 다짐폭, 접지압, 기진력으로 나타낸다.

55 트랙 프레임 위에 한쪽만 지지하거나 양쪽을 지지하는 브래킷에 1~2개가 설치되어 트랙 아이들러와 스프로킷 사이에서 트랙이 처지는 것을 방지하는 동시에 트랙의 회전위치를 정확하게 유지하는 역할을 하는 것은?

① 브레이스
② 아우터 스프링
③ 스프로킷
④ **캐리어 롤러**

해설
상부 롤러(캐리어 롤러) : 전부 유동륜과 스프로킷 사이의 트랙이 늘어나 처지는 것을 방지하고 트랙의 회전을 바르게 유지하는 작용을 한다.

56 주행 중 트랙 전면에서 오는 충격을 완화하여 차체 파손을 방지하고, 운전을 원활하게 해주는 것은?

① 트랙 롤러
② 상부 롤러
③ **리코일 스프링**
④ 댐퍼 스프링

해설
리코일 스프링 : 주행 중 앞쪽으로부터 프런트 아이들러에 가해지는 충격하중을 완충시킴과 동시에 주행체의 전면에서 오는 충격을 흡수하여 진동을 방지하여 작업이 안정되도록 한다.

57 다짐장비와 용도를 설명한 것 중 옳지 않은 것은?

① 탠덤 롤러, 머캐덤 롤러는 쇄석기 층이나 함수비가 높은 재료의 다짐에 적합하다
② 탬핑 롤러는 흙의 깊은 곳까지 다지는 기계로서 건조된 점토나 실트(Silt)가 섞인 흙 다짐에 적당하다.
③ **진동형 롤러는 함수비가 높은 점성토 다짐에 적당하다.**
④ 진동 콤팩터는 뒤채움 비탈면 다짐에 이용한다.

해설
진동형 롤러
- 점성이 낮은 사질층이나 모래층 다짐에 효과가 있다.
- 타 기계에 비해 깊은 곳까지 다짐이 가능하다.
- 함수비가 높은 점성토 다짐에는 부적당하다.

58 흙쌓기 노체부의 1층 다짐 완료 후의 두께는?

① 100mm 이하
② 200mm 이하
③ **300mm 이하**
④ 400mm 이하

해설
흙쌓기 노체부의 1층 다짐 완료 후 두께는 300mm 이하여야 하며, 각 층마다 KS F 2312의 A 또는 B 방법에 의하여 정해진 최대 건조밀도의 90% 이상의 밀도가 되도록 균일하게 다져야 한다

59 아스콘(아스팔트 콘크리트) 1차 다짐작업의 설명으로 틀린 것은?

① **일반적으로 1차 다짐의 최적 온도 범위는 110~85℃이다.**
② 진동, 탠덤, 머캐덤 롤러 등을 사용한다.
③ 한 개 차로 시공 시 포장 시점의 바깥 부분부터 다짐작업을 시작한다
④ 기존 포장면과 접하여 포장하는 경우에는 세로 시공이음부를 먼저 다지고, 포설면은 포장 시점부터 다져서 올라오도록 한다.

해설
일반적으로 1차 다짐의 최적 온도 범위는 140~110℃이다.

60 유압장치의 정상적인 작동을 위한 일상점검 방법으로 옳은 것은?

① 유압 컨트롤 밸브의 세척 및 교환
② **오일량 점검 및 필터의 교환**
③ 유압펌프의 점검 및 교환
④ 오일 냉각기의 점검 및 세척

해설
유압장치의 일상점검 방법
- 오일량 점검 및 필터의 교환
- 오일 누설 여부 점검
- 소음 및 호스의 누유 여부 점검
- 변질상태 점검

모의고사

제1회~제7회 모의고사
정답 및 해설

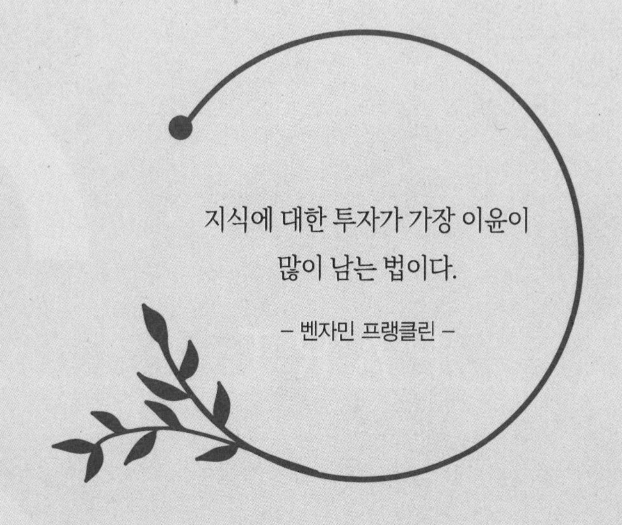
지식에 대한 투자가 가장 이윤이
많이 남는 법이다.
– 벤자민 프랭클린 –

제 1 회 | 모의고사

정답 및 해설 p.198

01 부동액에 대한 설명으로 옳은 것은?

① 에틸렌글리콜과 글리세린은 단맛이 있다.
② 부동액 100%인 원액 사용을 원칙으로 한다.
③ 온도가 낮아지면 화학적 변화를 일으킨다.
④ 부동액은 냉각계통에 부식을 일으키는 특징이 있다.

02 프라이밍 펌프를 이용하여 디젤기관 연료장치 내에 있는 공기를 배출하기 어려운 곳은?

① 공급펌프
② 연료필터
③ 분사펌프
④ 분사노즐

03 예열플러그의 고장이 발생하는 경우로 거리가 먼 것은?

① 엔진이 과열되었을 때
② 발전기의 발전 전압이 낮을 때
③ 예열시간이 길었을 때
④ 정격이 아닌 예열플러그를 사용했을 때

04 기관의 연소실에서 발생하는 스퀴시(Squish)의 설명으로 옳은 것은?

① 연소 가스가 크랭크 케이스로 누출되는 현상
② 흡입밸브에 의한 와류현상
③ 압축행정 말기에 발생한 와류현상
④ 압축공기가 피스톤링 사이로 누출되는 현상

05 압력식 라디에이터 캡을 사용함으로써 얻어지는 이점은?

① 냉각수의 비등점을 올릴 수 있다.
② 냉각 팬의 크기를 작게 할 수 있다.
③ 물 펌프의 성능을 향상시킬 수 있다.
④ 라디에이터의 구조를 간단하게 할 수 있다.

06 디젤기관의 시동을 용이하게 하기 위한 사항으로 틀린 것은?

① 압축비를 높인다.
② 시동 시 회전속도를 낮춘다.
③ 흡기온도를 상승시킨다.
④ 예열장치를 사용한다.

07 착화순서가 1-5-3-6-2-4인 기관에서 1번 실린더가 동력 행정을 할 때 6번 실린더의 행정은?

① 흡입행정
② 압축행정
③ 동력행정
④ 배기행정

08 기관에서 공기청정기의 설치 목적으로 옳은 것은?

① 연료의 여과와 가압작용
② 공기의 가압작용
③ 공기의 여과와 소음 방지
④ 연료의 여과와 소음 방지

09 디젤기관 인젝션 펌프에서 딜리버리 밸브의 기능으로 틀린 것은?

① 역류 방지
② 후적 방지
③ 잔압 유지
④ 유량 조정

10 배기행정 초기에 배기밸브가 열려 실린더 내의 연소가스가 스스로 배출되는 현상은?

① 피스톤 슬랩
② 블로바이
③ 블로 다운
④ 피스톤 행정

11 **엔진오일의 점도지수가 작은 경우 온도변화에 따른 점도변화는?**

① 온도에 따른 점도변화가 작다.
② 온도에 따른 점도변화가 크다.
③ 점도가 수시로 변화한다.
④ 온도와 점도는 무관하다.

12 **과급기를 부착하였을 때의 이점으로 틀린 것은?**

① 고지대에서도 출력의 감소가 적다.
② 회전력이 증가한다.
③ 기관 출력이 향상된다.
④ 압축온도의 상승으로 착화지연 시간이 길어진다.

13 **겨울철에 디젤기관 기동전동기의 크랭킹 회전수가 저하되는 원인으로 틀린 것은?**

① 엔진오일의 점도 상승
② 온도에 의한 축전지의 용량 감소
③ 점화코일의 저항 증가
④ 기온 저하로 기동부하 증가

14 **전조등 회로의 구성품으로 틀린 것은?**

① 전조등 릴레이
② 전조등 스위치
③ 디머 스위치
④ 플래셔 유닛

15 **축전지의 케이스와 커버를 청소할 때 사용하는 용액으로 가장 옳은 것은?**

① 비누와 물
② 소금과 물
③ 소다와 물
④ 오일과 가솔린

16 **충전장치에서 IC 전압조정기의 장점으로 틀린 것은?**

① 조정 전압 정밀도 향상이 크다.
② 내열성이 크며, 출력을 증대시킬 수 있다.
③ 진동에 의한 전압 변동이 크고, 내구성이 우수하다.
④ 초소형화가 가능하므로 발전기 내에 설치할 수 있다.

17 **납산 축전지가 불량했을 때에 대한 설명으로 옳은 것은?**

① 크랭킹 시 발열하면서 심하면 터질 수 있다.
② 방향지시등이 켜졌다가 꺼짐을 반복한다.
③ 제동등이 상시 점등된다.
④ 가감속이 어렵고, 공회전 상태가 심하게 흔들린다.

18 **퓨즈의 접촉이 나쁠 때 나타나는 현상으로 옳은 것은?**

① 연결부의 저항이 떨어진다.
② 전류의 흐름이 높아진다.
③ 연결부가 끊어진다.
④ 연결부가 튼튼해진다.

19 **수동변속기가 장착된 건설기계에서 기어의 이중 물림을 방지하는 장치는?**

① 인젝션 장치
② 인터쿨러 장치
③ 인터로크 장치
④ 인터널 기어 장치

20 **타이어에서 고무로 피복된 코드를 여러 겹으로 겹친 층에 해당되며 타이어 골격을 이루는 부분은?**

① 카커스(Carcass)부
② 트레드(Tread)부
③ 숄더(Shoulder)부
④ 비드(Bead)부

21 **건설기계조종사의 적성검사 기준으로 가장 거리가 먼 것은?**

① 두 눈을 동시에 뜨고 잰 시력이 0.7 이상이고, 두 눈의 시력이 각각 0.3 이상일 것
② 시각은 150° 이상일 것
③ 언어분별력이 80% 이상일 것
④ 교정시력의 경우는 시력이 2.0 이상일 것

22 **검사대행자 지정을 받고자 할 때 신청서에 첨부할 사항이 아닌 것은?**

① 검사 업무 규정안
② 시설 소유 증명서
③ 기술자 보유 증명서
④ 장비 보유 증명서

23 **다음 중 최고속도 15km/h 미만의 타이어식 건설기계가 필히 갖추어야 할 조명장치는?**

① 후미등　② 방향지시등
③ 후부반사기　④ 번호등

24 **건설기계관리법령상 건설기계조종사 면허취소 또는 효력정지를 시킬 수 있는 자는?**

① 대통령
② 경찰서장
③ 시장·군수 또는 구청장
④ 국토교통부장관

25 **대형건설기계 특별표지판을 부착하지 않아도 되는 건설기계는?**

① 너비 3m인 건설기계
② 길이 16m인 건설기계
③ 최소회전반경이 13m인 건설기계
④ 총중량 50ton인 건설기계

26 연식이 20년을 초과한 로더(타이어식)의 정기검사 유효기간으로 옳은 것은?

① 1년 ② 2년
③ 3년 ④ 4년

27 등록번호표의 문자가 '006나 6543'인 건설기계로 옳은 것은?

① 롤러(대여사업용)
② 덤프트럭(대여사업용)
③ 지게차(자가용)
④ 덤프트럭(관용)

28 건설기계조종사의 면허취소 사유에 해당하는 것은?

① 그 밖의 인명피해로 1명을 사망하게 하였을 경우
② 면허의 효력정지 기간 중 건설기계를 조종한 경우
③ 그 밖의 인명피해로 10명에게 경상을 입힌 경우
④ 건설기계로 1,000만원 이상의 재산피해를 냈을 경우

29 건설기계의 형식승인은 누가 하는가?

① 국토교통부장관
② 시장·군수 또는 구청장
③ 시·도지사
④ 고용노동부장관

30 건설기계 조종 중 재산피해를 일으켰을 때 피해금액 50만원마다 면허효력정지 기간은 며칠인가?

① 1일 ② 2일
③ 3일 ④ 4일

31 타이어 롤러에서 전축과 후축의 타이어 수가 다른 이유는?

① 차체의 안정감과 균형 유지를 위하여
② 미끄러짐을 방지하기 위하여
③ 노면을 일정하게 다지기 위하여
④ 차축의 진동을 방지하기 위하여

32 표면 지층에서 20cm가 넘는 연약한 지반에 사용되며 흙의 표면을 분쇄하여 다질 수 있고, 그물모양의 바퀴를 사용하는 롤러 형식은?

① 시프 풋식(Sheep Foot Type)
② 턴 풋식(Turn Foot Type)
③ 타이어식(Tire Type)
④ 진동식(Vibratory Type)

33 머캐덤 롤러의 전륜에 대한 설명으로 맞는 것은?

① 조향은 유압식이다.
② 전륜축은 베어링으로 지지한다.
③ 킹핀이 설치되어 있다.
④ 브레이크 장치가 설치되어 있다.

34 머캐덤 롤러의 클러치가 미끄러지는 원인에 대한 설명 중 틀린 것은?

① 클러치 스프링의 노후
② 라이닝에 기름이 묻었을 때
③ 클러치 릴리스 레버 선단의 마모
④ 클러치판의 마모

35 타이어식 롤러에서 조향 핸들의 조작을 가볍고 원활하게 하는 방법으로 옳지 않은 것은?

① 조향을 동력으로 한다.
② 바퀴의 정렬을 정확히 한다.
③ 타이어의 공기압을 적정압으로 한다.
④ 종감속 장치를 사용한다.

36 진동 롤러의 기진기구에 대한 설명 중 틀린 것은?

① 기진력은 불평형추의 무게에 비례한다.
② 기진력은 불평형추의 편심량에 비례한다.
③ 기진력은 불평형추의 회전속도에 비례한다.
④ 기진력은 불평형추의 고유진동수에 비례한다.

37 롤러 운전자를 직사광선으로부터 보호하고 쾌적한 운전을 위하여 설치한 것은?

① 프레임
② 롤 스크레이퍼
③ 밸러스트
④ 차일(遮日)

38 복스 렌치를 오픈엔드 렌치보다 많이 권장하여 사용하는 가장 적합한 이유는?

① 가볍다.
② 값이 싸다.
③ 다양한 크기의 볼트와 너트에 사용할 수 있다.
④ 볼트와 너트 주위를 완전히 감싸게 되어 있어 사용 중에 미끄러지지 않는다.

39 아세틸렌가스용기의 취급 방법 중 틀린 것은?

① 용기의 온도는 60℃로 유지할 것
② 용기는 반드시 세워서 보관할 것
③ 전도, 전락 방지 조치를 할 것
④ 충전용기와 빈 용기는 명확히 구분하여 각각 보관할 것

40 너트에 대한 종류와 설명으로 틀린 것은?

① 사각너트 : 건축용, 목공용으로 사용한다.
② 나비너트 : 공구가 필요치 않고 손으로 조일 수 있는 너트
③ 둥근너트 : 일반적으로 많이 사용한다.
④ 캡너트 : 유체의 누출을 방지하기 위한 너트

41 **유압장치에 사용되는 배관의 종류에 해당되지 않는 것은?**

① 강 관
② 플라스틱관
③ 스테인리스관
④ 알루미늄관

42 **유압펌프의 소음발생 원인으로 틀린 것은?**

① 펌프 흡입관부에서 공기가 혼입된다.
② 흡입오일 속에 기포가 있다.
③ 펌프의 회전이 너무 빠르다.
④ 펌프축의 센터와 원동기축의 센터가 일치한다.

43 **유압실린더의 움직임이 느리거나 불규칙할 때의 원인이 아닌 것은?**

① 피스톤링이 마모되었다.
② 유압유의 점도가 너무 높다.
③ 회로 내에 공기가 혼입되어 있다.
④ 체크 밸브의 방향이 반대로 설치되어 있다.

44 **유압탱크에 대한 구비조건으로 가장 거리가 먼 것은?**

① 적당한 크기의 주유구 및 스트레이너를 설치한다.
② 드레인(배출밸브) 및 유면계를 설치한다.
③ 오일에 이물질이 혼입되지 않도록 밀폐되어야 한다.
④ 오일 냉각을 위한 쿨러를 설치한다.

45 **다음 중 커먼레일 디젤기관의 공기 유량 센서(AFS)에 대한 설명 중 맞지 않는 것은?**

① EGR 피드백 제어기능을 주로 한다.
② 열막 방식을 사용한다.
③ 연료량 제어기능을 주로 한다.
④ 스모그 제한 부스터 압력 제어용으로 사용한다.

46 유압모터에 대한 설명 중 맞는 것은?

① 유압발생장치에 속한다.
② 압력, 유량, 방향을 제어한다.
③ 직선운동을 하는 작동기(Actuator)이다.
④ 유압 에너지를 기계적 일로 변환한다.

47 다음 중 압력제어밸브가 아닌 것은?

① 릴리프 밸브
② 체크 밸브
③ 언로드 밸브
④ 카운터밸런스 밸브

48 유압장치 중에서 회전운동을 하는 것은?

① 급속배기 밸브
② 유압모터
③ 하이드롤릭 실린더
④ 복동 실린더

49 그림의 유압기호가 나타내는 것은?

① 유압밸브
② 차단 밸브
③ 오일탱크
④ 유압실린더

50 유압펌프 중 토출량을 변화시킬 수 있는 것은?

① 가변 토출량형
② 고정 토출량형
③ 회전 토출량형
④ 수평 토출량형

51 **운반 작업 시 지켜야 할 사항으로 옳은 것은?**

① 운반 작업은 장비를 사용하기보다 가능한 한 많은 인력을 동원하여 하는 것이 좋다.
② 인력으로 운반 시 무리한 자세로 장시간 취급하지 않도록 한다.
③ 인력으로 운반 시 보조구를 사용하되 몸에서 멀리 떨어지게 하고, 가슴 위치에서 하중이 걸리게 한다.
④ 통로 및 인도에 가까운 곳에서는 빠른 속도로 벗어나는 것이 좋다.

52 **스패너 및 렌치 사용 시 유의 사항이 아닌 것은?**

① 스패너의 입이 너트 폭과 잘 맞는 것을 사용한다.
② 스패너를 너트에 단단히 끼워서 앞으로 당겨 사용한다.
③ 멍키렌치는 웜과 랙의 마모 상태를 확인한다.
④ 멍키렌치는 위턱 방향으로 돌려서 사용한다.

53 **작업장의 안전수칙 중 틀린 것은?**

① 공구는 오래 사용하기 위하여 기름을 묻혀서 사용한다.
② 작업복과 안전장구는 반드시 착용한다.
③ 각종 기계를 불필요하게 공회전시키지 않는다.
④ 기계의 청소나 손질은 운전을 정지시킨 후 실시한다.

54 **하인리히의 사고예방원리 5단계를 순서대로 나열한 것은?**

① 조직, 사실의 발견, 평가분석, 시정책의 선정, 시정책의 적용
② 시정책의 적용, 조직, 사실의 발견, 평가분석, 시정책의 선정
③ 사실의 발견, 평가분석, 시정책의 선정, 시정책의 적용, 조직
④ 시정책의 선정, 시정책의 적용, 조직, 사실의 발견, 평가분석

55 **자연발화가 일어나기 쉬운 조건으로 틀린 것은?**

① 발열량이 클 때
② 주위온도가 높을 때
③ 착화점이 낮을 때
④ 표면적이 작을 때

56 **화재발생으로 부득이 화염이 있는 곳을 통과할 때의 요령으로 틀린 것은?**

① 몸을 낮게 엎드려서 통과한다.
② 물수건으로 입을 막고 통과한다.
③ 머리카락, 얼굴, 발, 손 등을 불과 닿지 않게 한다.
④ 뜨거운 김은 입으로 마시면서 통과한다.

57 **작업장에서 수공구 재해예방 대책으로 잘못된 사항은?**

① 결함이 없는 안전한 공구 사용
② 공구의 올바른 사용과 취급
③ 공구는 항상 오일을 바른 후 보관
④ 작업에 알맞은 공구 사용

58 **다음 그림과 같은 안전보건표지가 나타내는 것은?**

① 비상구
② 출입금지
③ 인화성물질 경고
④ 보안경 착용

59 **산업재해 방지 대책을 수립하기 위하여 위험요인을 발견하는 방법으로 가장 적합한 것은?**

① 안전 점검
② 재해 사후 조치
③ 경영층 참여와 안전조직 진단
④ 안전 대책 회의

60 **전력케이블이 매설돼 있음을 표시하기 위한 표지시트는 차도에서 지표면 아래 몇 cm 깊이에 설치되어 있는가?**

① 10　　② 30
③ 50　　④ 100

제 2 회 | 모의고사

정답 및 해설 p.203

01 4행정 기관에서 흡·배기밸브가 모두 열려 있는 시점은?

① 흡입행정 말
② 압축행정 초
③ 폭발행정 초
④ 배기행정 말

02 기관 윤활장치의 유압이 낮아지는 이유가 아닌 것은?

① 오일의 점도가 높을 때
② 베어링 윤활간극이 클 때
③ 오일 팬 오일이 부족할 때
④ 압력조절 스프링 장력이 약할 때

03 디젤기관에 과급기를 설치하였을 때 장점이 아닌 것은?

① 동일 배기량에서 출력이 감소하고, 연료소비율이 증가된다.
② 냉각손실이 작으며, 높은 지대에서도 기관의 출력 변화가 작다.
③ 연소상태가 좋아지므로 압축온도 상승에 따라 착화지연이 짧아진다.
④ 연소상태가 양호하기 때문에 비교적 질이 낮은 연료를 사용할 수 있다.

04 내연기관의 동력전달 순서가 맞는 것은?

① 피스톤 – 커넥팅로드 – 플라이휠 – 크랭크축
② 피스톤 – 커넥팅로드 – 크랭크축 – 플라이휠
③ 피스톤 – 크랭크축 – 커넥팅로드 – 플라이휠
④ 피스톤 – 크랭크축 – 플라이휠 – 커넥팅로드

05 디젤기관의 연료장치에서 프라이밍 펌프의 사용 시기는?

① 출력을 증가시키고자 할 때
② 연료계통에 공기를 배출할 때
③ 연료의 양을 가감할 때
④ 연료의 분사압력을 측정할 때

06 기관의 밸브 간극이 너무 클 때 발생하는 현상에 관한 설명으로 올바른 것은?

① 정상온도에서 밸브가 확실하게 닫히지 않는다.
② 밸브 스프링의 장력이 약해진다.
③ 푸시로드가 변형이 된다.
④ 정상온도에서 밸브가 완전히 개방되지 않는다.

07 인젝터의 점검 항목이 아닌 것은?

① 저 항
② 작동온도
③ 분사량
④ 작동음

08 기관에서 발생하는 진동의 억제 대책이 아닌 것은?

① 플라이휠
② 캠 샤프트
③ 밸런스 샤프트
④ 댐퍼 풀리

09 피스톤과 실린더 사이의 간극이 너무 클 때 일어나는 현상은?

① 엔진의 출력 증대
② 압축압력 증가
③ 실린더 소결
④ 엔진오일의 소비 증가

10 기관의 윤활유 소모가 많아질 수 있는 원인으로 옳은 것은?

① 비산과 압력
② 비산과 희석
③ 연소와 누설
④ 희석과 혼합

11 **엔진 과열 시 먼저 점검할 사항으로 옳은 것은?**

① 연료분사량
② 수온 조절기
③ 냉각수 양
④ 물 재킷

12 **사용하던 라디에이터와 신품 라디에이터의 냉각수 주입량을 비교했을 때 신품으로 교환해야 할 시점은?**

① 10% 이상의 차이가 발생했을 때
② 20% 이상의 차이가 발생했을 때
③ 30% 이상의 차이가 발생했을 때
④ 40% 이상의 차이가 발생했을 때

13 **시동 스위치를 시동(ST)위치로 했을 때 솔레노이드 스위치는 작동되나 기동전동기는 작동되지 않는 원인으로 틀린 것은?**

① 축전지 방전으로 전류 용량 부족
② 시동 스위치 불량
③ 엔진 내부 피스톤 고착
④ 기동전동기 브러시 손상

14 **경음기 스위치를 작동하지 않았는데 경음기가 계속 울리고 있다면 그 원인은?**

① 경음기 릴레이의 접점이 용착
② 배터리의 과충전
③ 경음기 접지선이 단선
④ 경음기 전원 공급선이 단선

15 **회로 중의 어느 한 점에 있어서 그 점에 흘러 들어오는 전류의 총합과 흘러가는 전류의 총합은 서로 같다는 법칙은?**

① 렌츠의 법칙
② 줄의 법칙
③ 키르히호프 제1법칙
④ 플레밍의 왼손 법칙

16 시동키를 뽑은 상태로 주차했음에도 배터리에서 방전되는 전류를 뜻하는 것은?

① 충전전류
② 암전류
③ 시동전류
④ 발전전류

17 AC 발전기에서 전류가 흐를 때 전자석이 되는 것은?

① 계자 철심
② 로 터
③ 스테이터 철심
④ 아마추어

18 배터리에 대한 설명으로 옳은 것은?

① 배터리 터미널 중 굵은 것이 (+)이다.
② 점프 시동할 경우 추가 배터리를 직렬로 연결한다.
③ 배터리는 운행 중 발전기 가동을 목적으로 장착된다.
④ 배터리 탈거 시 (+)단자를 먼저 탈거한다.

19 클러치 작동유 사용상 주의할 점으로 틀린 것은?

① 다른 종류와 섞어 쓰지 않는다.
② 공기빼기 작업을 할 때는 하이드로 백을 통해 배출한다.
③ 오일에 수분이 혼입되지 않도록 주의한다.
④ 도장 면에 오일이 묻으면 벗겨지므로 주의한다.

20 차량을 앞에서 보았을 때 알 수 있는 앞바퀴 정렬 요소는?

① 캠버, 토인
② 캐스터, 토인
③ 캠버, 킹핀 경사각
④ 토인, 킹핀 경사각

21 **가동하고 있는 엔진에서 화재가 발생하였다. 불을 끄기 위한 조치 방법으로 올바른 것은?**

① 원인분석을 하고, 모래를 뿌린다.
② 포말소화기를 사용 후, 엔진 시동스위치를 끈다.
③ 엔진 시동스위치를 끄고, ABC소화기를 사용한다.
④ 엔진을 급가속하여 팬의 강한 바람을 일으켜 불을 끈다.

22 **플레밍의 오른손 법칙에서 가운데(중지) 손가락 방향은?**

① 자력선 방향
② 자밀도 방향
③ 유도기전력 방향
④ 운동 방향

23 **일반가연성 물질의 화재로서 물질이 연소된 후에 재를 남기는 일반적인 화재는?**

① A급 화재
② B급 화재
③ C급 화재
④ D급 화재

24 **로드 롤러에 전용의 역전장치가 설치되어 있는 이유는?**

① 전・후진 속도를 동일하도록 하기 위하여
② 고속 운행이 가능하도록 하기 위하여
③ 차륜의 슬립 현상을 방지하기 위하여
④ 험한 지역에서 공회전을 막기 위하여

25 **롤러를 이용한 다짐 또는 포장작업의 설명으로 옳지 않은 것은?**

① 포장작업 물량은 거리, 너비, 용량으로 확인한다.
② 다짐은 정지상태에서 진동을 작동하지 않아야 한다.
③ 경사진 곳에서는 낮은 곳에서 높은 곳으로 다짐한다.
④ 드럼에 살수가 부족하면 스카프 현상이 나타난다.

26 **롤러의 다짐방식에 의한 구분으로 틀린 것은?**

① 쇄석 롤러
② 머캐덤 롤러
③ 탠덤 롤러
④ 탬핑 롤러

27 **롤러를 이용한 다짐방법 중 마무리 다짐에 대한 내용으로 옳지 않은 것은?**

① 포장의 요철이나 롤러 자국 등의 제거 및 포장체의 평탄성 확보가 목적이다.
② 15ton 이상의 타이어 롤러를 사용한다.
③ 마무리 다짐(3차 다짐)은 2차 다짐에 이어 70~90℃ 부근에서 다진다.
④ 2차 다짐에 의해 생긴 롤러 자국이 없어질 정도로 다진다.

28 **롤러의 엔진오일이 갖춰야 할 기능이 아닌 것은?**

① 마모 방지성이 있어야 한다.
② 엔진의 배기가스 농도 조정과 출력 증대 성분이 있어야 한다.
③ 마찰 감소, 녹과 부식의 방지성이 있어야 한다.
④ 냉각성, 밀봉성, 기포 발생 방지성이 있어야 한다.

29 **다짐방법 결정 시 점토질 다짐에 적합하지 않은 롤러는?**

① 탬핑 롤러
② 탠덤 롤러
③ 머캐덤 롤러
④ 진동형 타이어 롤러

30 **롤러의 일일점검사항이 아닌 것은?**

① 엔진오일 및 연료량 점검
② 오일 필터 점검
③ 벨트 장력 점검
④ 냉각수 점검

31 등록 건설기계의 기종별 기호표시가 틀린 것은?

① 01 : 굴착기
② 06 : 덤프트럭
③ 07 : 기중기
④ 09 : 롤러

32 건설기계조종사면허에 관한 설명으로 옳은 것은?

① 건설기계조종사면허는 국토교통부장관이 발급한다.
② 콘크리트믹서트럭을 조종하고자 하는 자는 자동차 제1종 대형면허를 받아야 한다.
③ 기중기면허를 소지하면 굴착기도 조종할 수 있다.
④ 기중기로 도로를 주행하고자 할 때는 자동차 제1종 면허를 받아야 한다.

33 건설기계의 구조변경검사는 누구에게 신청할 수 있는가?

① 건설기계정비업소
② 자동차검사소
③ 건설기계검사대행자
④ 건설기계폐기업소

34 건설기계조종사면허 신청 시의 첨부서류가 아닌 것은?

① 증명사진
② 신체검사서
③ 주민등록등본
④ 소형건설기계조종교육이수증(소형건설기계조종사면허증을 발급 신청하는 경우)

35 건설기계 등록의 말소 사유에 해당되지 않는 것은?

① 거짓이나 그 밖의 부정한 방법으로 등록을 한 경우
② 건설기계를 교육·연구 목적으로 사용하는 경우
③ 정기검사 명령, 수시검사 명령 또는 정비 명령에 따르지 아니한 경우
④ 건설기계조종사 면허가 취소된 경우

36 **건설기계관리법상 건설기계조종사면허를 받지 아니하고 건설기계를 조종한 자의 벌칙으로 옳은 것은?**

① 2년 이하의 징역 또는 2,000만원 이하의 벌금
② 1년 이하의 징역 또는 1,500만원 이하의 벌금
③ 1년 이하의 징역 또는 1,000만원 이하의 벌금
④ 1년 이하의 금고 또는 1,000만원 이하의 벌금

37 **건설기계관리법령상 특별표지판을 부착하여야 할 건설기계의 범위에 해당하지 않는 것은?**

① 길이가 10m를 초과하는 건설기계
② 높이가 4.0m를 초과하는 건설기계
③ 총중량이 40ton을 초과하는 건설기계
④ 최소회전반경이 12m를 초과하는 건설기계

38 **건설기계의 검사를 연장받을 수 있는 기간을 잘못 설명한 것은?**

① 해외 임대를 위하여 일시 반출된 경우 : 반출기간 이내
② 압류된 건설기계의 경우 : 압류기간 이내
③ 건설기계대여업을 휴업한 경우 : 사업의 개시신고를 하는 때까지
④ 장기간 수리가 필요한 경우 : 소유자가 원하는 기간

39 **건설기계조종사면허를 받을 때의 결격사유에 해당하지 않는 것은?**

① 앞을 보지 못하는 사람
② 건설기계조종사면허의 효력정지처분 기간 중에 있는 사람
③ 나이가 만 18세인 사람
④ 듣지 못하는 사람

40 **건설기계등록지를 변경한 때(단, 시·도 간의 변경이 있는 경우)는 등록번호표를 시·도지사에게 며칠 이내에 반납하여야 하는가?**

① 10일 ② 5일
③ 20일 ④ 30일

41 그림과 같은 유압기호에 해당하는 밸브는?

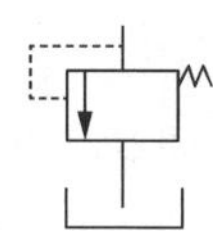

① 체크 밸브
② 카운터밸런스 밸브
③ 릴리프 밸브
④ 리듀싱 밸브

42 다음에서 압력의 단위만 고른 것은?

ㄱ. psi	ㄴ. kgf/cm^2
ㄷ. bar	ㄹ. N·m

① ㄱ, ㄴ, ㄷ
② ㄱ, ㄴ, ㄹ
③ ㄴ, ㄷ, ㄹ
④ ㄱ, ㄷ, ㄹ

43 유압장치에 사용되는 밸브 부품의 세척유로 가장 적절한 것은?

① 엔진오일
② 물
③ 경 유
④ 합성세제

44 유압모터의 회전력이 변화하는 것에 영향을 미치는 것은?

① 유압유 압력
② 유 량
③ 유압유 점도
④ 유압유 온도

45 유압장치에서 피스톤로드에 있는 먼지 또는 오염 물질 등이 실린더 내로 혼입되는 것을 방지하는 것은?

① 필터(Filter)
② 더스트 실(Dust Seal)
③ 밸브(Valve)
④ 실린더 커버(Cylinder Cover)

46 유압장치에서 압력제어밸브가 아닌 것은?

① 릴리프 밸브
② 체크 밸브
③ 감압 밸브
④ 시퀀스 밸브

47 작동유에서 점도의 단위로 맞는 것은?

① kg　② cm
③ P　④ S

48 유압펌프에서 토출량에 대한 설명으로 맞는 것은?

① 펌프가 단위시간당 토출하는 액체의 체적
② 펌프가 임의의 체적당 토출하는 액체의 체적
③ 펌프가 임의의 체적당 용기에 가하는 체적
④ 펌프 사용 최대 시간 내에 토출하는 액체의 최대 체적

49 현장에서 유압유의 열화를 찾아내는 방법으로 가장 적합한 것은?

① 오일을 가열했을 때 냉각되는 시간 확인
② 오일을 냉각시켰을 때 침전물의 유무 확인
③ 자극적인 악취·색깔의 변화 확인
④ 건조한 여과지를 오일에 넣어 젖는 시간 확인

50 유압모터의 속도를 감속하는 데 사용하는 밸브는?

① 체크 밸브
② 디셀러레이션 밸브
③ 변환 밸브
④ 압력스위치

51 **안전보건표지의 종류와 형태에서 그림의 표지로 맞는 것은?**

① 안전복 착용
② 안전모 착용
③ 보안면 착용
④ 출입금지

52 **드라이버 사용 시 주의할 점으로 틀린 것은?**

① 규격에 맞는 드라이버를 사용한다.
② 드라이버는 지렛대 대신으로 사용하지 않는다.
③ 클립(Clip)이 있는 드라이버는 옷에 걸고 다녀도 무방하다.
④ 잘 풀리지 않는 나사는 플라이어를 이용하여 강제로 뺀다.

53 **마이크로미터를 보관하는 방법으로 틀린 것은?**

① 습기가 없는 곳에 보관한다.
② 직사광선에 노출되지 않도록 한다.
③ 앤빌과 스핀들을 밀착시켜서 둔다.
④ 측정 부분이 손상되지 않도록 보관함에 보관한다.

54 **벨트를 풀리에 걸 때는 어떤 상태에서 걸어야 하는가?**

① 저속으로 회전 상태
② 중속으로 회전 상태
③ 고속으로 회전 상태
④ 회전을 중지한 상태

55 **지렛대 사용 시 주의사항이 아닌 것은?**

① 손잡이가 미끄럽지 않을 것
② 화물 중량과 크기에 적합한 것
③ 화물 접촉면을 미끄럽게 할 것
④ 둥글고 미끄러지기 쉬운 지렛대는 사용하지 말 것

56 다음 중 유류화재에 대하여 가장 적합하지 않은 소화기는?

① 분말 소화기
② 포말 소화기
③ CO_2 소화기
④ 물

57 전장품을 안전하게 보호하는 퓨즈의 사용법으로 틀린 것은?

① 퓨즈가 없으면 임시로 철사를 감아서 사용한다.
② 회로에 맞는 전류 용량의 퓨즈를 사용한다.
③ 오래되어 산화된 퓨즈는 미리 교환한다.
④ 과열되어 끊어진 퓨즈는 과열된 원인을 먼저 수리한다.

58 무거운 짐을 이동할 때 설명으로 틀린 것은?

① 힘겨우면 기계를 이용한다.
② 기름이 묻은 장갑을 끼고 한다.
③ 지렛대를 이용한다.
④ 2인 이상이 작업할 때는 힘센 사람과 약한 사람과의 균형을 잡는다.

59 등록된 건설기계에 등록번호표를 부착·봉인하지 않거나 등록번호를 새기지 않은 경우, 1회 위반 시의 과태료는?

① 100만원
② 50만원
③ 30만원
④ 20만원

60 감전사고 예방을 위한 주의사항의 내용으로 틀린 것은?

① 젖은 손으로는 전기기기를 만지지 않는다.
② 코드를 뺄 때는 반드시 플러그의 몸체를 잡고 뺀다.
③ 전력선에 물체를 접촉하지 않는다.
④ 220V는 단상이고, 저압이므로 생명의 위협은 없다.

제 3 회 | 모의고사

정답 및 해설 p.208

01 디젤기관에서 타이머의 역할로 가장 적합한 것은?

① 분사량 조절
② 자동 변속 단 조절
③ 연료분사 시기 조절
④ 기관속도 조절

02 라디에이터 캡의 스프링이 파손되었을 때 가장 먼저 나타나는 현상은?

① 냉각수 비등점이 낮아진다.
② 냉각수 순환이 불량해진다.
③ 냉각수 순환이 빨라진다.
④ 냉각수 비등점이 높아진다.

03 디젤기관을 정지시키는 방법으로 가장 적합한 것은?

① 연료공급을 차단한다.
② 초크 밸브를 닫는다.
③ 기어를 넣어 기관을 정지한다.
④ 축전지를 분리시킨다.

04 다음 중 실린더 블록의 구비조건으로 적당치 않은 것은?

① 기관의 부품 중 가장 큰 부품이므로 가능한 소형·경량일 것
② 기관의 기초 구조물이므로 강도와 강성이 클 것
③ 구조가 복잡하므로 주조 성능 및 절삭성능이 좋을 것
④ 실린더 벽의 마모성이 클 것

05 엔진오일 교환 후 압력이 높아졌다면 그 원인으로 가장 적절한 것은?

① 엔진오일 교환 시 냉각수가 혼입되었다.
② 오일의 점도가 낮은 것으로 교환하였다.
③ 오일 회로 내 누설이 발생하였다.
④ 오일 점도가 높은 것으로 교환하였다.

06 고속 디젤기관의 장점으로 틀린 것은?

① 열효율이 가솔린기관보다 높다.
② 인화점이 높은 경유를 사용하므로 취급이 용이하다.
③ 가솔린기관보다 최고 회전수가 빠르다.
④ 연료 소비량이 가솔린기관보다 적다.

07 실린더헤드 등 면적이 넓은 부분에서 볼트를 조이는 방법으로 가장 적합한 것은?

① 규정 토크로 한 번에 조인다.
② 중심에서 외측을 향하여 대각선으로 조인다.
③ 외측에서 중심을 향하여 대각선으로 조인다.
④ 조이기 쉬운 곳부터 조인다.

08 건설기계기관에 설치되는 오일 냉각기의 주 기능으로 맞는 것은?

① 오일 온도를 30℃ 이하로 유지하기 위한 기능을 한다.
② 오일 온도를 정상 온도로 일정하게 유지한다.
③ 수분, 슬러지(Sludge) 등을 제거한다.
④ 오일의 압을 일정하게 유지한다.

09 디젤엔진의 시동불량 원인과 관계가 없는 것은?

① 흡・배기밸브의 밀착이 좋지 못할 때
② 압축압력이 저하되었을 때
③ 밸브의 개폐시기가 부정확할 때
④ 점화 플러그가 젖어 있을 때

10 변속기의 필요성이 아닌 것은?

① 회전수를 증가시킨다.
② 기관을 무부하 상태로 한다.
③ 역전이 가능하게 한다.
④ 회전력을 증대시킨다.

11 **엔진 과열의 원인이 아닌 것은?**

① 히터 스위치 고장
② 헐거워진 냉각 팬 벨트
③ 수온 조절기의 고장
④ 물 통로 내의 물때(Scale)

12 **분사노즐 시험기로 점검할 수 있는 것은?**

① 분사개시 압력과 분사 속도를 점검할 수 있다.
② 분포상태와 플런저의 성능을 점검할 수 있다.
③ 분사개시 압력과 후적을 점검할 수 있다.
④ 분포상태와 분사량을 점검할 수 있다.

13 **동력을 전달하는 계통의 순서를 바르게 나타낸 것은?**

① 피스톤 → 커넥팅로드 → 클러치 → 크랭크축
② 피스톤 → 클러치 → 크랭크축 → 커넥팅로드
③ 피스톤 → 크랭크축 → 커넥팅로드 → 클러치
④ 피스톤 → 커넥팅로드 → 크랭크축 → 클러치

14 **건설기계장비의 충전장치는 어떤 발전기를 가장 많이 사용하고 있는가?**

① 직류발전기
② 단상 교류발전기
③ 3상 교류발전기
④ 와전류 발전기

15 **예열플러그의 사용시기로 가장 알맞은 것은?**

① 냉각수의 양이 많을 때
② 기온이 영하로 떨어졌을 때
③ 축전지가 방전되었을 때
④ 축전기가 과충전되었을 때

16 전조등의 좌우 램프 간 회로에 대한 설명으로 맞는 것은?

① 직렬 또는 병렬로 되어 있다.
② 병렬과 직렬로 되어 있다.
③ 병렬로 되어 있다.
④ 직렬로 되어 있다.

17 기동 전동기의 전기자 축으로부터 피니언 기어로는 동력이 전달되나 피니언 기어로부터 전기자 축으로는 동력이 전달되지 않도록 해 주는 장치는?

① 오버헤드 가드
② 솔레노이드 스위치
③ 시프트 칼라
④ 오버러닝 클러치

18 출발 시 클러치 페달의 거의 끝부분에서 차량이 출발되는 원인으로 틀린 것은?

① 클러치 디스크 과대 마모
② 클러치 자유간극 조정 불량
③ 클러치 케이블 불량
④ 클러치 오일의 부족

19 조향핸들의 조작이 무거운 원인으로 틀린 것은?

① 유압유 부족 시
② 타이어 공기압 과다 주입 시
③ 앞바퀴 휠 얼라인먼트 조절 불량 시
④ 유압계통 내의 공기 혼입 시

20 유니버설 조인트 중에서 훅형(십자형) 조인트가 가장 많이 사용되는 이유가 아닌 것은?

① 구조가 간단하다.
② 급유가 불필요하다.
③ 큰 동력의 전달이 가능하다.
④ 작동이 확실하다.

21 **건설기계에서 유압 작동기(액추에이터)의 방향전환밸브로서 원통형 슬리브 면에 내접하여 축방향으로 이동하여 유로를 개폐하는 형식의 밸브는?**

① 스풀 형식
② 포핏 형식
③ 베인 형식
④ 카운터밸런스 밸브 형식

22 **가연성 가스 저장실의 안전사항으로 옳은 것은?**

① 기름걸레를 이용하여 통과 통 사이에 끼워 충격을 적게 한다.
② 휴대용 전등을 사용한다.
③ 담뱃불을 가지고 출입한다.
④ 조명등은 백열등으로 하고 실내에 스위치를 설치한다.

23 **기계시설의 안전 유의사항으로 적합하지 않은 것은?**

① 회전부분(기어, 벨트, 체인) 등은 위험하므로 반드시 커버를 씌워 둔다.
② 발전기, 용접기, 엔진 등 장비는 한곳에 모아서 배치한다.
③ 작업장의 통로는 근로자가 안전하게 다닐 수 있도록 정리정돈을 한다.
④ 작업장의 바닥은 보행에 지장을 주지 않도록 청결하게 유지한다.

24 **로드 롤러의 살수장치에 대한 설명으로 옳지 않은 것은?**

① 아스팔트 롤링 작업 시 다짐효과가 향상된다.
② 중력식과 압송식이 있으며 주로 압송식이 많이 사용된다.
③ 타이어 또는 롤에 아스팔트가 부착되지 않도록 물을 뿌려 주는 장치이다.
④ 물펌프 압송식 물탱크 물의 양에 따라 살수 압력이 달라져야 한다.

25 **롤러 운행 중 주의사항으로 옳지 않은 것은?**

① 경사지를 내려올 때는 속도를 변속하지 말아야 한다.
② 언덕을 오르거나 내려올 때는 저속으로 운행한다.
③ 자주식 진동 롤러로 경사지를 내려올 때는 드럼 롤러를 앞쪽으로 하고 내려온다.
④ 전복방지장치 또는 캡이 장착된 롤러는 반드시 안전벨트와 안전모를 착용해야 한다.

26 **수평방향의 하중이 수직으로 미칠 때 원심력을 가하고 기전력을 서로 조합하여 흙을 다짐하면 적은 무게로 큰 다짐효과를 올릴 수 있는 다짐기계는?**

① 탬핑 롤러
② 머캐덤 롤러
③ 진동 롤러
④ 탠덤 롤러

27 **롤러의 점검사항으로 옳지 않은 것은?**

① 배출가스 상태는 운전 전에 점검한다.
② 엔진오일 필터는 500시간마다 점검하고 교체한다.
③ 배터리 충전상태 및 전해액량은 운전 전에 점검한다.
④ 전·후진 레버의 베어링 부위에는 유압오일을 주유한다.

28 **표면지층이 연약한 토질에 사용 가능한 롤러로 가장 적합한 것은?**

① 탠덤 롤러
② 탬퍼 풋 롤러
③ 콤비 롤러
④ 머캐덤 롤러

29 **롤러 운전 중 점검사항으로 옳지 않은 것은?**

① 오일경고등은 외부의 온도나 용도에 맞지 않는 오일 사용, 유압 회로가 막혔을 때, 오일 여과기 엘리먼트가 막혔을 때 켜진다.
② 엔진오일 부족, 필터 막힘, 점도 부적당, 급유라인 이상 시 엔진오일 압력경고등이 켜진다.
③ 여름철에는 워밍업을 하지 않아도 장비의 수명 및 기능에는 이상이 없다.
④ 오일경고등이 켜지면 즉시 기관을 멈추고 그 원인을 점검하여야 한다.

30 **타이어형 롤러의 바퀴가 상하로 움직이는 목적은?**

① 같은 압력으로 지면을 누르기 위함이다.
② 속도가 느려서 능률을 높이기 위함이다.
③ 기초 다짐에 효과적으로 사용하기 위함이다.
④ 자갈 및 모래 등의 골재 다짐에 용이하기 때문이다.

31 **검사 · 명령이행 기간 연장신청을 하였으나 불허통지를 받은 자는 언제까지 검사를 신청하여야 하는가?**

① 불허통지를 받은 날부터 5일 이내
② 불허통지를 받은 날부터 10일 이내
③ 검사신청기간 만료일부터 5일 이내
④ 검사신청기간 만료일부터 10일 이내

32 **건설기계조종사면허증의 반납사유에 해당하지 않는 것은?**

① 면허가 취소된 때
② 면허의 효력이 정지된 때
③ 건설기계 조종을 하지 않을 때
④ 면허증의 재교부를 받은 후 잃어버린 면허증을 발견한 때

33 **다음 중 건설기계대여업에 대한 설명으로 틀린 것은?**

① 일반건설기계대여업은 5대 이상의 건설기계로 운영하는 사업이다(단, 2인 이상의 개인 또는 법인이 공동운영하는 경우 포함).
② 개별건설기계대여업은 1인의 개인 또는 법인이 4대 이하의 건설기계로 운영하는 사업이다.
③ 건설기계대여업은 건설기계를 건설기계조종사와 함께 대여하는 경우도 가능하다.
④ 건설기계대여업의 등록을 하려는 자는 국토교통부령이 정하는 서류를 구비하여 관할 시 · 도지사에게 제출한다.

34 **건설기계조종사면허가 취소된 상태로 건설기계를 계속하여 조종한 자에 대한 벌칙은?**

① 2년 이하의 징역 또는 1,000만원 이하의 벌금
② 1년 이하의 징역 또는 1,000만원 이하의 벌금
③ 200만원 이하의 벌금
④ 100만원 이하의 벌금

35 건설기계관리법령상 정기검사를 받으려는 자가 정기검사신청기간까지 정기검사를 신청한 경우, 정기검사 유효기간의 산정방법으로 옳은 것은?

① 정기검사를 받은 날부터 기산한다.
② 정기검사를 받은 날의 다음 날부터 기산한다.
③ 종전 검사유효기간 만료일부터 기산한다.
④ 종전 검사유효기간 만료일의 다음 날부터 기산한다.

36 건설기계관리법상 건설기계 소유자는 건설기계를 도난당한 날로부터 얼마 이내에 등록말소를 신청해야 하는가?

① 30일 이내
② 2개월 이내
③ 3개월 이내
④ 6개월 이내

37 건설기계관련법상 건설기계의 정의로 가장 옳은 것은?

① 건설공사에 사용할 수 있는 기계로서 대통령령이 정하는 것을 말한다.
② 건설현장에서 운행하는 장비로서 대통령령이 정하는 것을 말한다.
③ 건설공사에서 사용할 수 있는 기계로서 국토교통부령이 정하는 것을 말한다.
④ 건설현장에서 운행하는 장비로서 국토교통부령이 정하는 것을 말한다.

38 성능이 불량하거나 사고가 빈발하는 건설기계의 성능을 점검하기 위하여 국토교통부장관이 실시하는 검사는?

① 신규등록검사
② 정기검사
③ 수시검사
④ 구조변경검사

39 **건설기계 형식승인 또는 형식신고를 한 자가 그 형식에 관한 사항을 변경하고자 할 경우 건설기계관리법령에서 정하는 경미한 사항의 변경이 아닌 것은?**

① 타이어 규격 변경(성능이 같거나 향상되는 경우)
② 작업 장치의 형식 변경(작업 장치를 다른 형식으로 변경하는 경우)
③ 부품의 변경(건설기계의 성능 및 안전에 영향을 미치지 않는 경우)
④ 운전실 내외의 형태 변경(건설기계의 길이, 너비 또는 높이의 변경이 없는 경우)

40 **정기검사 대상 건설기계의 정기검사 신청기간으로 맞는 것은?**

① 건설기계의 정기검사 유효기간 만료일 전 16일 이내에 신청한다.
② 건설기계의 정기검사 유효기간 만료일 전 5일 이내에 신청한다.
③ 건설기계의 정기검사 유효기간 만료일 전 15일 이내에 신청한다.
④ 건설기계의 정기검사 유효기간 만료일 전후 각각 31일 이내에 신청한다.

41 **유압장치의 기호 회로도에 사용되는 유압기호의 표시방법으로 적합하지 않은 것은?**

① 기호에는 흐름의 방향을 표시한다.
② 각 기기의 기호는 정상상태 또는 중립상태를 표시한다.
③ 기호는 어떠한 경우에도 회전하여서는 안 된다.
④ 기호에는 각 기기의 구조나 작용압력을 표시하지 않는다.

42 **유압 에너지의 저장, 충격흡수 등에 이용되는 것은?**

① 축압기(Accumulator)
② 스트레이너(Strainer)
③ 펌프(Pump)
④ 오일탱크(Oil Tank)

43 **유압펌프에서 사용되는 GPM의 의미는?**

① 분당 토출하는 작동유의 양
② 복동 실린더의 치수
③ 계통 내에서 형성되는 압력의 크기
④ 흐름에 대한 저항

44 유압계통의 오일장치 내에 슬러지 등이 생겼을 때 이것을 이용하여 장치 내를 깨끗이 하는 작업은?

① 플러싱　　② 트랩핑
③ 서 징　　④ 코 킹

45 외접형 기어펌프의 폐입현상에 대한 설명으로 틀린 것은?

① 폐입현상은 소음과 진동의 원인이 된다.
② 폐입된 부분의 기름은 압축이나 팽창을 받는다.
③ 보통기어 측면에 접하는 펌프 측판(Side Plate)에 릴리프 홈을 만들어 방지한다.
④ 펌프의 압력, 유량, 회전수 등이 주기적으로 변동해서 발생하는 진동현상이다.

46 건설기계 작업 중 갑자기 유압회로 내의 유압이 상승되지 않아 점검하려고 한다. 내용으로 적합하지 않은 것은?

① 펌프로부터 유압발생이 되는지 점검
② 오일탱크의 오일량 점검
③ 오일이 누출되었는지 점검
④ 작업장치의 자기탐상법에 의한 균열 점검

47 다음에서 유압계통에 사용되는 오일의 점도가 너무 낮을 경우 나타날 수 있는 현상을 모두 고른 것은?

ㄱ. 펌프 효율 저하
ㄴ. 실린더 및 컨트롤 밸브에서 누출 현상
ㄷ. 계통(회로) 내의 압력 저하
ㄹ. 시동 시 저항 증가

① ㄱ, ㄴ, ㄷ　　② ㄱ, ㄴ, ㄹ
③ ㄴ, ㄷ, ㄹ　　④ ㄱ, ㄷ, ㄹ

48 유압장치 운전 중 갑작스럽게 유압배관에서 오일이 분출되기 시작하였을 때 가장 먼저 운전자가 취해야 할 조치는?

① 작업장치를 지면에 내리고 시동을 정지한다.
② 작업을 멈추고 배터리 선을 분리한다.
③ 오일이 분출되는 호스를 분리하고 플러그로 막는다.
④ 유압회로 내의 잔압을 제거한다.

49 유압회로 내에서 유압을 일정하게 조절하여 일의 크기를 결정하는 밸브가 아닌 것은?

① 시퀀스 밸브
② 서보 밸브
③ 언로드 밸브
④ 카운터밸런스 밸브

50 수공구의 재해 방지에 관한 유의사항 중 ( ) 안에 적합한 내용은?

> a. ( ) 이상 유무를 반드시 점검한다.
> b. 작업에 ( ) 공구를 이용한다.
> c. 작업자에게 필요한 ( ) 착용시킨다.
> d. 수공구 ( ) 충분한 사용법을 숙지한다.
> e. ( ) 공구 사용 취급을 금한다.

① a : 사용 전에, b : 적합한, c : 안전모를, d : 사용 전에, e : 최대한
② a : 사용 전에, b : 적합한, c : 보호장구를, d : 사용 전에, e : 무리한
③ a : 사용 후에, b : 최대한, c : 보호장구를, d : 사용 전에, e : 무리한
④ a : 사용 전에, b : 적합한, c : 보호장구를, d : 사용 후에, e : 최대한

51 벨트를 풀리에 걸 때는 어떤 상태에서 걸어야 하는가?

① 회전을 중지시킨 후 건다.
② 저속으로 회전시키면서 건다.
③ 중속으로 회전시키면서 건다.
④ 고속으로 회전시키면서 건다.

52 유체의 에너지를 이용하여 기계적인 일로 변환하는 기기는?

① 유압모터
② 근접스위치
③ 오일탱크
④ 밸 브

53 도시가스 배관 주위를 굴착 후 되메우기 시 지하에 매몰하면 안 되는 것은?

① 전기방식 전위 테스트 박스(T/B)
② 보호판
③ 전기방식용 양극
④ 보호포

54 롤러에 유압으로 기진장치를 작동하여 다짐효과가 크고, 적은 다짐 횟수로 충분히 다질 수 있으며, 진흙, 바위, 부서진 돌 등 기초 다짐에 쓰이는 건설기계는 무엇인가?

① 타이어식 롤러(Tire Roller)
② 탬핑 롤러(Tamping Roller)
③ 콤비 롤러(Combi Roller)
④ 진동 롤러(Vibratory Roller)

55 특고압 전선로 주변에서 건설기계에 의한 작업을 위해 전선을 지지하는 애자 수를 확인한 결과 애자 수가 3개였다. 예측 가능한 전압은?

① 22,900V
② 66,000V
③ 154,000V
④ 345,000V

56 건설기계 등록사항 변경이 있을 때, 소유자는 건설기계등록사항 변경신고서를 누구에게 제출하여야 하는가?

① 검사대행자
② 시・도지사
③ 고용노동부장관
④ 행정안전부장관

57 조정렌치 사용 및 관리요령으로 적합하지 않은 것은?

① 볼트를 풀 때는 렌치에 연결대 등을 이용한다.
② 적당한 힘을 가하여 볼트, 너트를 죄고 풀어야 한다.
③ 잡아당길 때 힘을 가하면서 작업한다.
④ 볼트, 너트를 풀거나 조일 때 볼트머리나 너트에 꼭 끼워져야 한다.

58 **해머 사용 시 주의사항으로 틀린 것은?**

① 타격면이 마모되어 경사진 것은 사용하지 않는다.
② 담금질한 것은 단단하므로 한 번에 정확하게 강타한다.
③ 기름 묻는 손으로 자루를 잡지 않는다.
④ 열처리된 재료는 해머로 때리지 않도록 주의한다.

59 **그림의 안전표지 종류로 옳은 것은?**

① 지시표지
② 금지표지
③ 경고표지
④ 안내표지

60 **다음 중 전등 스위치가 옥내에 있으면 안 되는 장소는?**

① 건설기계장비 차고
② 절삭유 저장소
③ 카바이드 저장소
④ 기계류 저장소

제 4 회 | 모의고사

정답 및 해설 p.212

01 디젤기관의 연료분사펌프에서 연료 분사량 조정 방법은?

① 프라이밍 펌프의 조정
② 리밋 슬리브의 조정
③ 플런저 스프링의 장력 조정
④ 컨트롤 슬리브와 피니언의 관계 위치를 변화하여 조정

02 기관온도를 일정하게 유지하기 위해 설치된 물 통로는?

① 오일 팬 ② 밸 브
③ 워터 재킷 ④ 실린더헤드

03 기관에서 열효율이 높은 것은?

① 일정한 연료 소비로서 큰 출력을 얻는 것이다.
② 연료가 완전연소하지 않는 것이다.
③ 기관의 온도가 표준보다 높은 것이다.
④ 부조가 없고, 진동이 적은 것이다.

04 오일 압력이 낮은 것과 관계없는 것은?

① 커넥팅로드 대단부 베어링과 핀 저널의 간극이 클 때
② 실린더 벽과 피스톤 간극이 클 때
③ 각 마찰 부분 윤활 간극이 마모되었을 때
④ 엔진오일에 경유가 혼입되었을 때

05 디젤기관에서 연료 라인에 공기가 혼입되었을 때의 현상으로 가장 적절한 것은?

① 분사압력이 높아진다.
② 디젤 노크가 일어난다.
③ 연료 분사량이 많아진다.
④ 기관 부조 현상이 발생된다.

06 그림과 같은 경고등의 의미는?

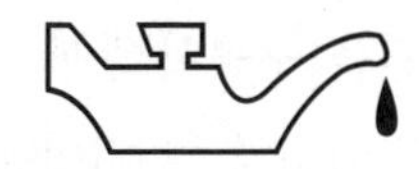

① 엔진오일 압력 경고등
② 워셔액 부족 경고등
③ 브레이크액 누유 경고등
④ 냉각수 온도 경고등

07 엔진에서 라디에이터의 방열기 캡을 열어 냉각수를 점검했더니 엔진오일이 떠 있다면, 그 원인은?

① 피스톤링과 실린더 마모
② 밸브 간격 과다
③ 압축압력이 높아 역화 현상 발생
④ 실린더헤드 개스킷 파손

08 다음 중 습식 공기청정기에 대한 설명으로 틀린 것은?

① 청정효율은 공기량이 증가할수록 높아지며, 회전속도가 빠르면 효율이 좋고, 낮으면 저하된다.
② 흡입 공기는 오일로 적셔진 여과망을 통과시켜 여과시킨다.
③ 공기청정기 케이스 밑에 일정한 양의 오일이 들어 있다.
④ 일정 기간 사용 후 무조건 신품으로 교환해야 한다.

09 기관의 엔진오일 여과기가 막히는 것을 방지하기 위해서 설치하는 것은?

① 체크 밸브(Check Valve)
② 바이패스 밸브(Bypass Valve)
③ 오일 디퍼(Oil Dipper)
④ 오일 팬(Oil Pan)

10 다음 중 유압에서 사용되는 속도제어 회로의 종류가 아닌 것은?

① 최대압력 제한 회로
② 미터 인 회로
③ 미터 아웃 회로
④ 블리드 오프 회로

11 **6기통 디젤기관에서 병렬로 연결된 예열플러그가 있다. 3번 기통의 예열플러그가 단선되면 어떤 현상이 발생되는가?**

① 예열플러그 전체가 작동이 안 된다.
② 3번 실린더의 예열플러그만 작동이 안 된다.
③ 2번과 4번의 예열플러그도 작동이 안 된다.
④ 축전지 용량의 배가 방전된다.

12 **충전장치에서 발전기는 어떤 축과 연동되어 구동되는가?**

① 크랭크축
② 캠 축
③ 추진축
④ 변속기 입력축

13 **기동 전동기의 기능으로 틀린 것은?**

① 기관을 구동시킬 때 사용한다.
② 플라이휠의 링 기어에 기동 전동기의 피니언을 맞물려 크랭크축을 회전시킨다.
③ 축전지와 각부 전장품에 전기를 공급한다.
④ 기관의 시동이 완료되면 피니언을 링 기어로부터 분리시킨다.

14 **배터리 취급 시에 지켜야 할 안전수칙으로 틀린 것은?**

① 배터리를 사용할 때는 반지를 끼지 말 것
② 배터리 취급 시는 손을 얼굴에서 멀리 할 것
③ 배터리 충전장치를 운반 시에는 제조회사 지시에 따를 것
④ 배터리 액을 만들 때는 물을 황산에 부을 것

15 **다음 중 납산 배터리의 축전지액 성분으로 맞는 것은?**

① 황산 + 소금물
② 증류수 + 황산
③ 염산 + 황산
④ 염산 + 증류수

16 건설기계를 조정하던 중 감전되었을 때 위험을 결정하는 요소로 틀린 것은?

① 전압의 차체 충격 경로
② 인체에 흐르는 전류의 크기
③ 인체에 전류가 흐른 시간
④ 전류의 인체 통과 경로

17 유체 클러치(Fluid Coupling)에서 가이드 링의 역할은?

① 와류를 감소시킨다.
② 터빈(Turbine)의 손상을 줄이는 역할을 한다.
③ 마찰을 증대시킨다.
④ 플라이휠의 마모를 방지시킨다.

18 자동변속기의 구성품이 아닌 것은?

① 토크 변환기
② 유압제어 장치
③ 싱크로메시 기구
④ 유성기어 유닛

19 클러치 차단이 불량한 원인이 아닌 것은?

① 릴리스 레버의 마멸
② 클러치판의 흔들림
③ 페달 유격의 과대
④ 토션 스프링의 약화

20 휠 구동식의 건설기계에서 기계식 조향장치에 사용되는 구성품이 아닌 것은?

① 섹터 기어
② 웜 기어
③ 타이로드 엔드
④ 하이포이드 기어

21 유압모터에 장착되어 있는 릴리프 밸브의 기능 중 틀린 것은?

① 고압에 대한 회로 보호
② 모터의 속도 증가
③ 설정압력 유지
④ 모터 내의 쇼크방지 기능

22 방향제어밸브를 동작시키는 방식이 아닌 것은?

① 수동식
② 전자식
③ 스프링식
④ 유압 파일럿식

23 소화설비를 설명한 내용으로 맞지 않는 것은?

① 포말 소화설비는 저온압축한 질소가스를 방사시켜 화재를 진화한다.
② 분말 소화설비는 미세한 분말소화제를 화염에 방사시켜 화재를 진화시킨다.
③ 물 분무 소화설비는 연소물의 온도를 인화점 이하로 냉각시키는 효과가 있다.
④ 이산화탄소 소화설비는 질식 작용에 의해 화염을 진화시킨다.

24 표층 위에 일정 높이로 쌓아 올린 흙을 롤러로 작업하여 단단한 지반으로 만드는 다짐은?

① 성토 다짐
② 토사 다짐
③ 포장 다짐
④ 아스팔트 다짐

25 롤러의 시동 후 점검사항이 아닌 것은?

① 엔진작동 상태 및 소리를 듣고 이상음 발생 여부를 확인한다.
② 각종 계기의 작동상태를 확인한다.
③ 브레이크, 핸들의 작동상태를 확인한다.
④ 작동유량 게이지의 유량을 확인한다.

26 롤러에 부착된 부품을 확인하였더니 3.00 −24−18PR로 명기되어 있었다. 다음 중 어느 것에 해당되는가?

① 유압펌프
② 엔진 일련번호
③ 타이어 규격
④ 시동 모터 용량

27 롤러의 하체 구성 부품에서 마모가 증가되는 원인이 아닌 것은?

① 부품끼리 접촉이 증가할 때
② 부품끼리 상대운동이 증가할 때
③ 부품에 윤활막이 유지될 때
④ 부품에 부하가 가해졌을 때

28 다음 롤러의 차동장치에 대한 설명 중 틀린 것은?

① 조향할 때 골재가 밀리는 것을 방지한다.
② 좌우 바퀴의 회전비율을 다르게 한다.
③ 조향을 원활하게 한다.
④ 작업 시 자동제한 차동장치는 반드시 체결하고 한다.

29 다짐 효과를 향상시키고 아스팔트가 타이어 또는 롤에 부착되지 않게 하기 위한 장치는?

① 부가하중장치
② 진동장치
③ 살수장치
④ 조향장치

30 롤러의 종류 중 전압식이 아닌 것은?

① 탠덤 롤러
② 진동 롤러
③ 타이어 롤러
④ 머캐덤 롤러

31 건설기계의 정비명령은 누구에게 하여야 하는가?

① 해당 기계 운전자
② 해당 기계 검사업자
③ 해당 기계 정비업자
④ 해당 기계 소유자

32 건설기계관리법상 건설기계의 구조변경 검사 신청은 주요 구조를 변경 또는 개조한 날부터 며칠 이내에 하여야 하는가?

① 5일 이내
② 15일 이내
③ 20일 이내
④ 30일 이내

33 건설기계 안전기준에 관한 규칙에서 정한 타이어식 건설기계의 조명장치가 아닌 것은?

① 작업등
② 전조등
③ 후부반사기
④ 제동등

34 건설기계의 출장검사가 허용되는 경우가 아닌 것은?

① 도서지역에 있는 건설기계
② 너비가 2.0m를 초과하는 건설기계
③ 최고속도가 35km/h 미만인 건설기계
④ 차체중량이 40ton을 초과하거나 축하중이 10ton을 초과하는 건설기계

35 건설기계에 대하여 국토교통부장관이 실시하는 검사가 아닌 것은?

① 수시검사
② 연속검사
③ 신규등록검사
④ 구조변경검사

36 건설기계관리법상 건설기계조종사면허 중 롤러 면허 보유자가 조종할 수 없는 건설기계는?

① 스크레이퍼
② 콘크리트피니셔
③ 자갈채취기
④ 골재살포기

37 건설기계 공제사업의 허가권자는?

① 국토교통부장관
② 시・도지사
③ 경찰청장
④ 행정안전부장관

38 기관을 시동하여 공전 시에 점검할 사항이 아닌 것은?

① 기관의 팬벨트 장력을 점검
② 오일의 누출 여부를 점검
③ 냉각수의 누출 여부를 점검
④ 배기가스의 색깔을 점검

39 건설기계의 정기검사 연기사유에 해당되지 않는 것은?

① 천재지변
② 건설기계의 도난
③ 사고발생
④ 3일 이내의 기계수리

40 등록번호표 또는 그 봉인이 떨어지거나 알아보기 어렵게 된 경우 건설기계 소유자의 처리방법은?

① 시・도지사에게 등록번호표의 부착 및 봉인을 신청하여야 한다.
② 국토교통부장관에게 등록번호표의 부착 및 봉인을 신청하여야 한다.
③ 고용노동부장관에게 등록번호표의 부착 및 봉인을 신청하여야 한다.
④ 검사소에 등록번호표의 부착 및 봉인을 신청하여야 한다.

41 내경이 작은 파이프에서 미세한 유량을 조정하는 밸브는?

① 압력보상 밸브
② 니들 밸브
③ 바이패스 밸브
④ 스로틀 밸브

42 일상점검에 대한 설명으로 가장 적절한 것은?

① 1일 1회로 행하는 점검
② 신호수가 행하는 점검
③ 감독관이 행하는 점검
④ 운전 전·중·후에 행하는 점검

43 유압실린더의 종류가 아닌 것은?

① 단동형
② 복동형
③ 레이디얼형
④ 다단형

44 그림의 공·유압기호는 무엇을 표시하는가?

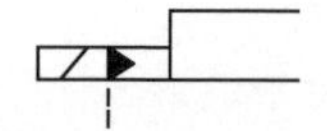

① 전자·공기압 파일럿
② 전자·유압 파일럿
③ 유압 2단 파일럿
④ 유압 가변 파일럿

45 베인 모터는 항상 베인을 캠링(Cam Ring) 면에 압착시켜 두어야 한다. 이때 사용하는 장치는?

① 볼트와 너트
② 스프링 또는 로킹 빔(Locking Beam)
③ 스프링 또는 배플 플레이트
④ 캠링 홀더(Cam Ring Holder)

46 유압유의 점도에 대한 설명으로 틀린 것은?

① 온도가 상승하면 점도는 저하된다.
② 점성의 정도를 나타내는 척도이다.
③ 온도가 내려가면 점도는 높아진다.
④ 점성계수를 밀도로 나눈 값이다.

47 원동기(내연기관, 전동기 등)로부터의 기계적인 에너지를 이용하여 작동유에 유체에너지를 부여해 주는 유압기기는?

① 유압탱크
② 유압펌프
③ 유압밸브
④ 유압스위치

48 실(Seal)의 구분 중 고정 부분에만 사용되는 것은?

① 패 킹
② 로드 실
③ 개스킷
④ 메커니컬 실

49 유압이 규정치보다 높아질 때 작동하여 계통을 보호하는 밸브는?

① 릴리프 밸브
② 리듀싱 밸브
③ 카운터밸런스 밸브
④ 시퀀스 밸브

50 유압펌프 중 토출량을 변화시킬 수 있는 것은?

① 가변 토출량형
② 고정 토출량형
③ 회전 토출량형
④ 수평 토출량형

51 목재, 섬유 등 일반화재에도 사용되며 가솔린과 같은 유류나 화학 약품의 화재에도 적당하나 전기화재에는 부적당한 소화기는?

① ABC소화기
② 모 래
③ 포말소화기
④ 분말소화기

52 렌치 작업 시 안전사항으로 옳은 것은?

① 오픈렌치를 사용 시 몸의 중심을 옆으로 한 후 작업한다.
② 오픈렌치의 크기는 너트의 치수보다 약간 큰 것을 선택하여 사용한다.
③ 볼트의 크기에 따라 큰 토크가 필요할 때는 오픈렌치 2개를 연결하여 사용한다.
④ 오픈렌치로 볼트를 조이거나 풀 때 모두 작업자의 앞으로 당긴다.

53 작업 장치를 갖춘 건설기계의 작업 전 점검사항으로 틀린 것은?

① 제동장치 및 조종장치 기능의 이상 유무
② 하역장치 및 유압장치 기능의 이상 유무
③ 유압장치의 과열 이상 유무
④ 전조등, 후미등, 방향지시등 및 경보장치의 이상 유무

54 불안전한 조명, 불안전한 환경, 방호장치의 결함으로 인하여 오는 산업재해 요인은?

① 지적 요인
② 물적 요인
③ 신체적 요인
④ 정신적 요인

55 작업장에서 지켜야 할 안전수칙이 아닌 것은?

① 작업 중 입은 부상은 즉시 응급조치하고 보고한다.
② 밀폐된 실내에서는 장비의 시동을 걸지 않는다.
③ 통로나 마룻바닥에 공구나 부품을 방치하지 않는다.
④ 기름걸레나 인화물질은 나무상자에 보관한다.

56 **수공구를 사용할 때 주의사항으로 가장 거리가 먼 것은?**

① 양호한 상태의 공구를 사용할 것
② 수공구는 그 목적 이외의 용도에는 사용하지 말 것
③ 수공구는 올바르게 사용할 것
④ 수공구는 녹 방지를 위해 기름걸레에 싸서 보관할 것

57 **산업재해의 직접원인 중 인적 불안전 행위가 아닌 것은?**

① 작업복의 부적당
② 작업 태도 불안전
③ 위험한 장소의 출입
④ 기계 공구의 결함

58 **다음 중 옳은 작업방법이 아닌 것은?**

① 배터리 전해액을 다룰 때는 고무장갑을 껴야 한다.
② 배터리는 그늘진 곳에 보관해야 한다.
③ 공구 손잡이가 짧을 때는 파이프를 연결하여 사용한다.
④ 무거운 것은 혼자 작업하면 위험하다.

59 **다음 중 사용구분에 따른 차광보안경의 종류에 해당하지 않는 것은?**

① 자외선용
② 적외선용
③ 용접용
④ 비산방지용

60 **긴 내리막길을 내려갈 때 베이퍼 로크를 방지하는 좋은 운전 방법은?**

① 변속레버를 중립으로 놓고 브레이크 페달을 밟고 내려간다.
② 시동을 끄고 브레이크 페달을 밟고 내려간다.
③ 엔진 브레이크를 사용한다.
④ 클러치를 끊고 브레이크 페달을 계속 밟고 속도를 조정하며 내려간다.

제 5 회 | 모의고사

정답 및 해설 p.216

01 건설기계장비 운전 시 계기판에서 냉각수량 경고등이 점등되었다. 그 원인으로 가장 거리가 먼 것은?

① 냉각수량이 부족할 때
② 냉각 계통의 물 호스가 파손되었을 때
③ 라디에이터 캡이 열린 채 운행하였을 때
④ 냉각수 통로에 스케일(물때)이 없을 때

02 엔진의 밸브가 닫혀 있는 동안 밸브 시트와 밸브 페이스를 밀착시켜 기밀이 유지되도록 하는 것은?

① 밸브 리테이너
② 밸브 가이드
③ 밸브 스템
④ 밸브 스프링

03 다음 디젤기관에서 과급기를 사용하는 이유로 맞지 않는 것은?

① 체적효율 증대
② 냉각효율 증대
③ 출력 증대
④ 회전력 증대

04 윤활유의 점도가 기준보다 높은 것을 사용했을 때의 현상으로 맞는 것은?

① 좁은 공간에 잘 스며들어 충분한 윤활이 된다.
② 동절기에 사용하면 기관 시동이 용이하다.
③ 점차 묽어지므로 경제적이다.
④ 윤활유 압력이 다소 높아진다.

05 디젤엔진의 연료탱크에서 분사노즐까지 연료의 순환 순서로 맞는 것은?

① 연료탱크 → 연료공급펌프 → 분사펌프 → 연료필터 → 분사노즐
② 연료탱크 → 연료필터 → 분사펌프 → 연료공급펌프 → 분사노즐
③ 연료탱크 → 연료공급펌프 → 연료필터 → 분사펌프 → 분사노즐
④ 연료탱크 → 분사펌프 → 연료필터 → 연료공급펌프 → 분사노즐

06 기관을 점검하는 요소 중 디젤기관과 관계 없는 것은?

① 예 열
② 점 화
③ 연 료
④ 연 소

07 디젤엔진에서 오일을 가압하여 윤활부에 공급하는 역할을 하는 것은?

① 냉각수 펌프
② 진공 펌프
③ 공기 압축 펌프
④ 오일 펌프

08 4행정 디젤엔진에서 흡입행정 시 실린더 내에 흡입되는 것은?

① 혼합기
② 연 료
③ 공 기
④ 스파크

09 착화지연기간이 길어져 실린더 내에 연소 및 압력 상승이 급격하게 일어나는 현상은?

① 디젤 노크
② 조기점화
③ 가솔린 노크
④ 정상연소

10 노킹이 발생하였을 때 기관에 미치는 영향은?

① 압축비가 커진다.
② 제동마력이 커진다.
③ 기관이 과열될 수 있다.
④ 기관의 출력이 향상된다.

11 **기관이 과열되는 원인이 아닌 것은?**

① 물 재킷 내의 물때 형성
② 팬벨트의 장력 과다
③ 냉각수 부족
④ 무리한 부하 운전

12 **커먼레일 디젤기관의 센서에 대한 설명이 아닌 것은?**

① 연료온도센서는 연료온도에 따른 연료량 보정신호를 한다.
② 수온센서는 기관의 온도에 따른 연료량을 증감하는 보정신호로 사용된다.
③ 수온센서는 기관의 온도에 따른 냉각팬 제어신호로 사용된다.
④ 크랭크 포지션 센서는 밸브 개폐시기를 감지한다.

13 **방향 지시등 스위치를 작동하자 한쪽은 정상이나 다른 쪽은 점멸 작용이 정상과 다르게(빠르게 또는 느리게) 될 때, 고장 원인이 아닌 것은?**

① 전구 1개가 단선되었을 때
② 전구를 교체하면서 규정 용량의 전구를 사용하지 않았을 때
③ 플래셔 유닛이 고장 났을 때
④ 한쪽 전구 소켓에 녹이 발생하여 전압강하가 있을 때

14 **기동 전동기의 구성품이 아닌 것은?**

① 전기자
② 브러시
③ 스테이터
④ 구동피니언

15 **축전지 전해액 내의 황산을 설명한 것이다. 틀린 것은?**

① 피부에 닿게 되면 화상을 입을 수도 있다.
② 의복에 묻으면 구멍을 뚫을 수도 있다.
③ 눈에 들어가면 실명될 수도 있다.
④ 라이터를 사용하여 점검할 수도 있다.

16 **납산 축전지 터미널에 녹이 발생했을 때의 조치방법으로 가장 적합한 것은?**

① 물걸레로 닦아내고 더 조인다.
② 녹을 닦은 후 고정시키고 소량의 그리스를 상부에 도포한다.
③ (+)와 (−)터미널을 서로 교환한다.
④ 녹슬지 않게 엔진오일을 도포하고 확실히 더 조인다.

17 **디젤기관에만 해당되는 회로는?**

① 예열플러그 회로
② 시동 회로
③ 충전 회로
④ 등화 회로

18 **클러치페달에 대한 설명으로 틀린 것은?**

① 펜던트식과 플로어식이 있다.
② 페달 자유유격은 일반적으로 20~30mm 정도로 조정한다.
③ 클러치판이 마모될수록 자유유격이 커져서 미끄러지는 현상이 발생한다.
④ 클러치가 완전히 끊긴 상태에서도 발판과 페달과의 간격은 20mm 이상 확보해야 한다.

19 **유압브레이크 장치에서 잔압을 유지시켜 주는 부품으로 옳은 것은?**

① 피스톤
② 피스톤 컵
③ 체크 밸브
④ 실린더 보디

20 **양축 끝에 십자형의 조인트를 가지며, 중간 혹은 Y형의 원통으로 되어 있고, 그 양 끝의 각 축에 십자축이 설치되어 있는 조인트는 무엇인가?**

① 파빌레 조인트
② 스파이서 그랜저 조인트
③ 트랙터 조인트
④ 벤딕스 조인트

21 **유압모터를 선택할 때 고려해야 할 특성이 아닌 것은?**

① 점 도
② 효 율
③ 동 력
④ 부 하

22 **유압모터의 용량을 나타내는 것은?**

① 입구압력(kgf/cm^2)당 토크
② 체적(m^3)
③ 유압 작동부 압력(kgf/cm^2)당 토크
④ 주입된 동력(HP)

23 **유압회로에서 호스의 노화 현상이 아닌 것은?**

① 호스의 탄성이 거의 없는 상태로 굳어 있는 경우
② 표면에 크랙(Crack)이 발생한 경우
③ 정상적인 압력 상태에서 호스가 파손될 경우
④ 액추에이터(작업장치)의 작동이 원활하지 않을 경우

24 **롤러 살수장치에서 노즐분사 방식으로 맞는 것은?**

① 기계식 또는 전기식
② 기계식 또는 수압식
③ 수압식 또는 전기식
④ 전자식 또는 전기식

25 **롤러 주행 작업 시 주의사항이 아닌 것은?**

① 천천히 출발하고 천천히 멈춘다.
② 조종사 이외에 탑승하지 않도록 한다.
③ 경사지를 운행할 때는 고속으로 운전한다.
④ 경사지를 옆으로 운행하지 말고, 방향전환이나 회전하면 안 된다.

26 **아스팔트 다짐(롤링)작업 시 바퀴에 물을 뿌리는 이유는?**

① 바퀴를 냉각시키기 위해
② 아스팔트를 냉각시키기 위해
③ 브레이크 성능을 좋게 하기 위해
④ 바퀴에 아스팔트가 부착되는 것을 막기 위해

27 **머캐덤 롤러 변속기의 부품이 아닌 것은?**

① 시프트 포크
② 시프트 축
③ 변속기어
④ 차동기어 록 장치

28 **타이어형 롤러의 차륜 지지방식에는 고정식, 상호요동식, 독립지지식이 있다. 이 기구들의 주된 작용은 무엇인가?**

① 동력의 전달을 원활히 한다.
② 제동능력을 향상시킨다.
③ 노면 상태와 관계없이 균일한 하중으로 다짐 작업을 할 수 있다.
④ 가속능력과 조향능력 및 등판능력을 향상시킨다.

29 **롤러의 종감속장치에서 동력 전달방식이 아닌 것은?**

① 평기어식
② 베벨기어식
③ 체인 구동식
④ 벨트 구동식

30 **타이어 롤러에 대한 설명으로 옳지 않은 것은?**

① 다짐 작업에 따라 공기압과 부가 하중을 조정할 수 있다.
② 타이어의 접지압과 면적에 따라 전압 특성이 정해진다.
③ 타이어의 공기압을 감소시켜서 점질토의 다짐에 적용할 수 있다.
④ 부가 하중을 감소시키면 접지압이 감소한다.

31 시·도지사는 수시검사를 명령하고자 하는 때에는 수시검사 명령의 이행을 위한 검사의 신청기간을 며칠 이내로 정하여 건설기계소유자에게 통지해야 하는가?

① 7일 ② 31일
③ 15일 ④ 10일

32 정기검사에 불합격한 건설기계의 정비명령 기간으로 가장 적합한 것은?

① 1개월 이내
② 2개월 이내
③ 3개월 이내
④ 4개월 이내

33 건설기계 임시운행 사유가 아닌 것은?

① 확인검사를 받기 위하여 건설기계를 검사장소로 운행하는 경우
② 신규등록검사를 받기 위하여 건설기계를 검사장소로 운행하는 경우
③ 신개발 건설기계를 시험·연구의 목적으로 운행하는 경우
④ 말소등록을 하기 위하여 운행하는 경우

34 건설기계사업에 해당되지 않는 것은?

① 건설기계대여업
② 건설기계매매업
③ 건설기계재생업
④ 건설기계정비업

35 건설기계를 주택가 주변의 도로나 공터 등에 주차하여 교통소통을 방해하거나 소음 등으로 주민의 조용하고 평온한 생활환경을 침해한 자에 대한 벌칙은?

① 200만원 이하의 벌금
② 100만원 이하의 벌금
③ 100만원 이하의 과태료
④ 50만원 이하의 과태료

36 **건설기계 등록사항 변경이 있을 때, 그 소유자는 누구에게 신고하여야 하는가?**

① 관할검사소장
② 고용노동부장관
③ 행정안전부장관
④ 시·도지사

37 **건설기계등록사항의 변경신고에서 건설기계 등록사항 변경신고서에 첨부하여야 하는 서류에 해당되는 것은?**

① 형식변경 신청서류
② 건설기계 검사소의 서면확인
③ 건설기계 등록원부 등본
④ 건설기계검사증

38 **건설기계조종사에 관한 설명 중 틀린 것은?**

① 해당 건설기계 조종의 국가기술자격소지자가 건설기계조종사면허를 받지 않고 건설기계를 조종한 때에는 무면허이다.
② 거짓이나 그 밖의 부정한 방법으로 건설기계조종사면허를 받은 경우는 면허를 취소하여야 한다.
③ 정기적성검사 또는 수시적성검사에 불합격한 경우는 건설기계조종사면허의 효력을 정지시킬 수 있다.
④ 건설기계조종사면허의 효력정지 기간 중 건설기계를 조종한 때에는 시·도지사는 건설기계조종사면허를 취소하여야 한다.

39 **건설기계관리법령상 건설기계의 범위에서 벗어나는 것은?**

① 이동식으로 20kW의 원동기를 가진 쇄석기
② 혼합장치를 가진 자주식인 콘크리트믹서트럭
③ 정지장치를 가진 자주식인 모터그레이더
④ 무한궤도 또는 타이어식인 롤러

40 건설기계관리법의 입법 목적에 해당되지 않는 것은?

① 건설기계의 효율적인 관리를 하기 위함
② 건설기계의 안전도 확보를 위함
③ 건설기계의 규제 및 통제를 하기 위함
④ 건설공사의 기계화를 촉진하기 위함

41 유압 작동유의 점도가 지나치게 낮을 때 나타날 수 있는 현상은?

① 출력이 증가한다.
② 압력이 상승한다.
③ 유동 저항이 증가한다.
④ 유압실린더의 속도가 늦어진다.

42 유압장치에서 회전축 둘레의 누유를 방지하기 위하여 사용되는 밀봉장치(Seal)는?

① 오링(O-ring)
② 개스킷(Gasket)
③ 더스트 실(Dust Seal)
④ 기계적 실(Mechanical Seal)

43 유압펌프에서 경사판의 각을 조정하여 토출유량을 변화시키는 펌프는?

① 기어 펌프
② 로터리 펌프
③ 베인 펌프
④ 플런저 펌프

44 유압장치의 장점이 아닌 것은?

① 작은 동력원으로 큰 힘을 낼 수 있다.
② 과부하 방지가 용이하다.
③ 운동방향을 쉽게 변경할 수 있다.
④ 고장원인의 발견이 쉽고, 구조가 간단하다.

45 실린더의 피스톤이 고속으로 왕복운동할 때 행정의 끝에서 피스톤이 커버에 충돌하여 발생하는 충격을 흡수하고, 그 충격력에 의해서 발생하는 유압회로의 악영향이나 유압기기의 손상을 방지하기 위해서 설치하는 것은?

① 쿠션기구
② 밸브기구
③ 유량제어기구
④ 셔틀기구

46 유압실린더의 숨 돌리기 현상이 생겼을 때 일어나는 현상이 아닌 것은?

① 작동 지연 현상이 생긴다.
② 서지압이 발생한다.
③ 오일의 공급이 과대해진다.
④ 피스톤 작동이 불안정하게 된다.

47 피스톤식 유압펌프에서 회전경사판의 기능으로 가장 적합한 것은?

① 펌프 압력을 조정
② 펌프 출구의 개폐
③ 펌프 용량을 조정
④ 펌프 회전속도를 조정

48 유압장치의 방향전환밸브(중립 상태)에서 실린더가 외력에 의해 충격을 받았을 때 발생되는 고압을 릴리프 시키는 밸브는?

① 반전방지 밸브
② 과부하(포트) 릴리프 밸브
③ 메인 릴리프 밸브
④ 유량감지 밸브

49 타이어에서 트레드 패턴과 관련 없는 것은?

① 제동력
② 구동력 및 견인력
③ 편평률
④ 타이어의 배수효과

50 유압모터의 일반적인 특징으로 가장 적합한 것은?

① 운동량을 직선으로 속도조절이 용이하다.
② 운동량을 자동으로 직선 조작할 수 있다.
③ 넓은 범위의 무단변속이 용이하다.
④ 각도에 제한 없이 왕복 각운동을 한다.

51 미끄러운 노면이 아닌 일반 작업조건에서 건설기계 운전 중 장비를 멈추었다가 출발하려고 하는데 전·후진이 되질 않아 점검하려고 한다. 가장 먼저 점검해 봐야 하는 장치는?

① 스티어링 장치
② 트랜스미션 장치
③ 디퍼렌셜 장치
④ 서스펜션 장치

52 다음 중 안전 보호구가 아닌 것은?

① 안전모
② 안전화
③ 안전가드레일
④ 안전장갑

53 수공구 사용 시 주의사항이 아닌 것은?

① 작업에 알맞은 공구를 선택해 사용한다.
② 공구는 사용 전에 기름 등을 닦은 후 사용한다.
③ 공구를 취급할 때는 올바른 방법으로 사용한다.
④ 개인이 만든 공구는 일반적인 작업에 사용한다.

54 유류화재 시 소화방법으로 부적절한 것은?

① 모래를 뿌린다.
② ABC소화기를 사용한다.
③ 다량의 물을 부어 끈다.
④ B급 화재 소화기를 사용한다.

55 보안경을 사용하는 이유로 틀린 것은?

① 유해 약물의 침입을 막기 위하여
② 떨어지는 중량물을 피하기 위하여
③ 비산되는 칩에 의한 부상을 막기 위하여
④ 유해 광선으로부터 눈을 보호하기 위하여

56 방호장치의 일반원칙으로 옳지 않은 것은?

① 작업방해의 제거
② 작업점의 방호
③ 외관상의 안전화
④ 기계특성에의 부적합성

57 **지상에 설치되어 있는 도시가스배관 외면에 반드시 표시해야 하는 사항이 아닌 것은?**

① 사용 가스명
② 가스 흐름방향
③ 소유자명
④ 최고사용압력

58 **특별고압 가공 송전선로에 대한 설명으로 틀린 것은?**

① 애자의 수가 많을수록 전압이 높다.
② 겨울철에 비하여 여름철에는 전선이 더 많이 처진다.
③ 154,000V 가공전선은 피복전선이다.
④ 철탑과 철탑과의 거리가 멀수록 전선의 흔들림이 크다.

59 **수출을 하기 위하여 건설기계를 선적지로 운행하는 경우 임시운행기간은 얼마로 하는가?**

① 7일 이내
② 15일 이내
③ 31일 이내
④ 1년 이내

60 **전기선로 주변에서 크레인, 지게차, 굴착기 등으로 작업 중 활선에 접촉하여 사고가 발생하였을 경우 조치 요령으로 가장 거리가 먼 것은?**

① 발생개소, 정돈, 진척상태를 정확히 파악하여 조치한다.
② 이상상태 확대 및 재해 방지를 위한 조치, 강구 등의 응급조치를 한다.
③ 사고 당사자가 모든 상황을 처리한 후 상사인 안전담당자 및 작업관계자에게 통보한다.
④ 재해가 더 이상 확대되지 않도록 응급상황에 대처한다.

제 6 회 | 모의고사

정답 및 해설 p.220

01 건설기계의 조종 중 고의 또는 과실로 가스공급시설을 손괴할 경우 조종사면허의 처분기준은?

① 면허효력정지 10일
② 면허효력정지 15일
③ 면허효력정지 25일
④ 면허효력정지 180일

02 건설기계 등록이 말소되는 사유에 해당하지 않는 것은?

① 건설기계를 폐기한 때
② 건설기계의 구조 변경을 했을 때
③ 건설기계가 천재지변 등으로 멸실되었을 때
④ 건설기계를 수출할 때

03 건설기계의 구조변경검사신청서에 첨부할 서류가 아닌 것은?

① 변경 전후의 건설기계 외관도(외관의 변경이 있는 경우에 한함)
② 변경 전후의 주요제원 대비표
③ 변경한 부분의 도면
④ 변경한 부분의 사진

04 건설기계의 제동장치에 대한 정기검사를 면제받기 위한 건설기계제동장치정비확인서를 발행받을 수 있는 곳은?

① 건설기계대여회사
② 건설기계정비업자
③ 건설기계부품업자
④ 건설기계매매업자

05 건설기계관리법상 건설기계의 소유자는 건설기계를 취득한 날부터 얼마 이내에 건설기계 등록신청을 해야 하는가?

① 2개월 이내
② 3개월 이내
③ 6개월 이내
④ 1년 이내

06 **건설기계정비업 사업범위의 정비항목에 해당하는 것은?**

① 오일의 보충
② 배터리・전구의 교환
③ 창유리의 교환
④ 엔진 탈・부착 및 정비

07 **폐기요청을 받은 건설기계를 폐기하지 아니하거나 등록번호표를 폐기하지 아니한 자에 대한 벌칙은?**

① 2년 이하의 징역 또는 2,000만원 이하의 벌금
② 1년 이하의 징역 또는 1,000만원 이하의 벌금
③ 200만원 이하의 벌금
④ 100만원 이하의 벌금

08 **건설기계에서 구조변경 및 개조를 할 수 없는 항목은?**

① 원동기의 형식변경
② 제동장치의 형식변경
③ 유압장치의 형식변경
④ 적재함의 용량증가를 위한 구조변경

09 **건설기계의 검사를 연장받을 수 있는 기간을 잘못 설명한 것은?**

① 해외 임대를 위하여 일시 반출된 경우 : 반출기간 이내
② 압류된 건설기계의 경우 : 압류기간 이내
③ 건설기계대여업의 휴업을 신고한 경우 : 사업의 개시신고를 하는 때까지
④ 장기간 수리가 필요한 경우 : 소유자가 원하는 기간

10 **건설기계관리법령상 조종사면허를 받은 자가 면허의 효력이 정지된 때에는 그 사유가 발생한 날부터 며칠 이내에 주소지를 관할하는 시장・군수 또는 구청장에게 그 면허증을 반납해야 하는가?**

① 10일 이내
② 30일 이내
③ 60일 이내
④ 100일 이내

11 **2륜식 철륜 롤러 종감속기어 장치의 설명으로 맞는 것은?**

① 기어오일로 윤활한다.
② 감속비가 작아야 한다.
③ 추진축으로 구동한다.
④ 구동륜에 직접 설치되어 있다.

12 **타이어 롤러에 대한 설명 중 틀린 것은?**

① 다짐속도가 비교적 빠르다.
② 골재를 파괴시키지 않고 골고루 다질 수 있다.
③ 아스팔트 혼합재 다짐용으로 적합하다.
④ 타이어 공기압으로 다짐능력을 조정할 수 없다.

13 **롤러 장비의 누유 및 누수의 점검 사항 중 틀린 것은?**

① 롤러의 다음 작업을 위하여 운행 후 장비의 상태를 점검한다.
② 장비를 점검하기 위하여 지면에 떨어진 누유 여부를 확인하고, 조치한다.
③ 기관의 원활한 작동을 위하여 냉각장치에서 발생된 냉각수 누수를 확인하고, 조치한다.
④ 작동 중 냉각수 누수가 확인되면, 즉시 라디에이터 캡을 열어 확인한다.

14 **롤러의 사용설명서로 파악할 수 없는 것은?**

① 각 부품의 단가
② 각부 명칭과 기능
③ 장비의 성능
④ 장비의 유지관리에 대한 사항

15 **탠덤 롤러를 설명한 것 중 옳은 것은?**

① 전륜은 타이어, 후륜은 드럼 형태의 쇠바퀴로 구성되었다.
② 전륜은 드럼 형태의 쇠바퀴, 후륜은 타이어로 구성되었다.
③ 전·후륜 모두 타이어로 구성되어 있다.
④ 전·후륜 모두 드럼 형태의 쇠바퀴 2개로 구성되어 있다.

16 머캐덤 롤러의 동력전달 순서는?

① 기관 → 클러치 → 변속기 → 역전기 → 차동장치 → 종감속장치 → 뒤차륜
② 기관 → 클러치 → 역전기 → 변속기 → 차동장치 → 뒤차축 → 뒤차륜
③ 기관 → 클러치 → 역전기 → 변속기 → 차동장치 → 종감속장치 → 뒤차륜
④ 기관 → 클러치 → 변속기 → 역전기 → 차동장치 → 뒤차축 → 뒤차륜

17 3륜 철륜으로 구성되어 아스팔트 포장면의 초기다짐 장비로 사용되는 롤러는?

① 타이어 롤러
② 탬핑 롤러
③ 머캐덤 롤러
④ 진동 롤러

18 다음 중 기어펌프에서 맥동 원인이 되는 폐입 현상을 방지하기 위해 사용하는 방법으로 가장 적절한 것은?

① 피스톤로드 강도를 크게 한다.
② 기어펌프의 토출압을 낮춘다.
③ 백래시를 적게 한다.
④ 릴리프 홈을 만든다.

19 연소실 중에서 복실식이 아닌 것은?

① 직접분사실식
② 와류실식
③ 공기실식
④ 예연소실식

20 전해액의 비중은 그 전해액의 온도가 내려감에 따라 어떻게 되는가?

① 낮아진다.
② 낮은 곳에 머문다.
③ 높아진다.
④ 변화가 없다.

21 건식 공기청정기의 장점과 거리가 먼 것은?

① 작은 입자의 먼지나 이물질은 여과할 수 없다.
② 설치 또는 분해·조립이 간단하다.
③ 장기간 사용할 수 있으며, 청소를 간단히 할 수 있다.
④ 기관 회전속도의 변동에도 안정된 공기청정 효율을 얻을 수 있다.

22 축전지의 구비조건으로 가장 거리가 먼 것은?

① 축전지의 양이 클 것
② 전기적 절연이 완전할 것
③ 가급적 크고, 다루기 쉬울 것
④ 전해액의 누설방지가 완전할 것

23 일상점검 내용에 속하지 않는 것은?

① 기관 윤활유량
② 브레이크 오일량
③ 라디에이터 냉각수량
④ 연료분사량

24 전압(Voltage)에 대한 설명으로 적당한 것은?

① 자유전자가 도선을 통하여 흐르는 것을 말한다.
② 전기적인 높이, 즉 전기적인 압력을 말한다.
③ 물질에 전류가 흐를 수 있는 정도를 나타낸다.
④ 도체의 저항에 의해 발생되는 열을 나타낸다.

25 기관의 오일펌프 유압이 낮아지는 원인이 아닌 것은?

① 윤활유 점도가 너무 높을 때
② 베어링의 오일 간극이 클 때
③ 윤활유의 양이 부족할 때
④ 오일 스트레이너가 막힐 때

26 **예열플러그를 빼서 보았더니 심하게 오염되어 있다. 그 원인으로 가장 적합한 것은?**

① 불완전연소 또는 노킹
② 기관의 과열
③ 플러그의 용량 과다
④ 냉각수 부족

27 **기관에 사용되는 시동모터가 회전이 안 되거나 회전력이 약한 원인이 아닌 것은?**

① 시동스위치의 접촉이 불량하다.
② 배터리 단자와 터미널의 접촉이 나쁘다.
③ 브러시가 정류자에 잘 밀착되어 있다.
④ 축전지 전압이 낮다.

28 **디젤기관 냉각장치에서 냉각수의 비등점을 높여 주기 위해 설치된 부품으로 알맞은 것은?**

① 코 어 ② 냉각핀
③ 보조탱크 ④ 압력식 캡

29 **교류발전기에서 교류를 직류로 바꾸어 주는 것은?**

① 계 자 ② 슬립링
③ 브러시 ④ 다이오드

30 **디젤기관의 노킹 발생 원인과 가장 거리가 먼 것은?**

① 착화기간 중 분사량이 많다.
② 노즐의 분무상태가 불량하다.
③ 세탄가가 높은 연료를 사용하였다.
④ 기관이 과도하게 냉각되어 있다.

31 유압장치의 구성요소가 아닌 것은?

① 제어밸브
② 오일탱크
③ 유압펌프
④ 차동장치

32 건설기계 유압회로에서 유압유 온도를 알맞게 유지하기 위해 오일을 냉각하는 부품은?

① 어큐뮬레이터
② 오일 쿨러
③ 방향제어밸브
④ 유압밸브

33 유압유의 점도에 대한 설명으로 틀린 것은?

① 온도가 상승하면 점도는 낮아진다.
② 점성의 정도를 표시하는 값이다.
③ 점도가 낮아지면 유압이 떨어진다.
④ 점성계수를 밀도로 나눈 값이다.

34 디젤기관의 윤활장치에서 오일 여과기의 역할은?

① 오일의 역순환 방지 작용
② 오일에 필요한 방청 작용
③ 오일에 포함된 불순물 제거 작용
④ 오일 계통에 압력 증대 작용

35 유압모터의 속도를 감속하는 데 사용하는 밸브는?

① 체크 밸브
② 디셀러레이션 밸브
③ 변환 밸브
④ 압력스위치

36 그림의 유압기호는 무엇을 표시하는가?

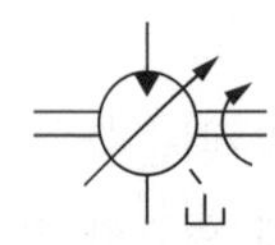

① 가변 유압모터
② 유압펌프
③ 가변 토출 밸브
④ 가변 흡입 밸브

37 유압실린더를 교환 후 우선적으로 시행하여야 할 사항은?

① 엔진을 저속 공회전시킨 후 공기빼기 작업을 실시한다.
② 엔진을 고속 공회전시킨 후 공기빼기 작업을 실시한다.
③ 유압장치를 최대한 부하 상태로 유지한다.
④ 시험 작업을 실시한다.

38 유압장치의 단점에 대한 설명 중 틀린 것은?

① 관로를 연결하는 곳에서 작동유가 누출될 수 있다.
② 고압 사용으로 인한 위험성이 존재한다.
③ 작동유의 누유로 인해 환경오염을 유발할 수 있다.
④ 전기, 전자의 조합으로 자동제어가 곤란하다.

39 유압 작동부에서 오일이 새고 있을 때 일반적으로 먼저 점검해야 하는 것은?

① 밸브(Valve)
② 기어(Gear)
③ 플런저(Plunger)
④ 실(Seal)

40 유압장치 내의 압력을 일정하게 유지하고 최고압력을 제한하여 회로를 보호해 주는 밸브는?

① 릴리프 밸브
② 체크 밸브
③ 제어 밸브
④ 로터리 밸브

41 **부동액으로 사용되는 에틸렌글리콜의 특징으로 맞지 않는 것은?**

① 냄새가 없으며, 휘발하지 않는다.
② 도료를 침식하지 않는다.
③ 끓는점이 약 197.2℃이다.
④ 물과 잘 섞이지 못한다.

42 **브레이크의 분류 중 주브레이크가 아닌 것은?**

① 유압식 브레이크
② 배기 브레이크
③ 배력식 브레이크
④ 공기식 브레이크

43 **액슬축의 종류가 아닌 것은?**

① 반부동식
② 3/4부동식
③ 1/2전동식
④ 전부동식

44 **변속기의 구비조건으로 틀린 것은?**

① 전달효율이 작을 것
② 변속 조작이 용이할 것
③ 소형・경량일 것
④ 단계가 없이 연속적인 변속 조작이 가능할 것

45 **수동식 변속기가 장착된 장비에서 클러치 페달에 유격을 두는 이유는?**

① 클러치 용량을 크게 하기 위해
② 클러치의 미끄럼을 방지하기 위해
③ 엔진 출력을 증가시키기 위해
④ 제동 성능을 증가시키기 위해

46 기관의 플라이휠과 항상 같이 회전하는 부품은?

① 압력판
② 릴리스 베어링
③ 클러치축
④ 디스크

47 엔진의 회전수를 나타내는 rpm의 의미는?

① 시간당 엔진회전수
② 분당 엔진회전수
③ 초당 엔진회전수
④ 10분간 엔진회전수

48 기관의 실린더 수가 많을 때의 장점이 아닌 것은?

① 기관의 진동이 작다.
② 저속 회전이 용이하고, 큰 동력을 얻을 수 있다.
③ 연료 소비가 적고, 큰 동력을 얻을 수 있다.
④ 가속이 원활하고, 신속하다.

49 실린더헤드 개스킷에 대한 구비조건으로 틀린 것은?

① 기밀 유지가 좋을 것
② 내열성과 내압성이 있을 것
③ 복원성이 작을 것
④ 강도가 적당할 것

50 실린더의 내경이 행정보다 작은 기관을 무엇이라고 하는가?

① 스퀘어 기관
② 단행정 기관
③ 장행정 기관
④ 정방행정 기관

51 운전자의 작업 전 장비 점검과 관련된 내용으로 거리가 먼 것은?

① 타이어 및 궤도 차륜 상태
② 브레이크 및 클러치의 작동 상태
③ 낙석, 낙하물 등의 위험이 예상되는 작업 시 견고한 헤드 가이드 설치 상태
④ 정격 용량보다 높은 회전으로 수차례 모터를 구동시켜 내구성 상태 점검

52 작업안전상 드라이버 사용 시 유의사항이 아닌 것은?

① 날 끝이 홈의 폭과 길이가 같은 것을 사용한다.
② 날 끝이 수평이어야 한다.
③ 작은 부품은 한손으로 잡고 사용한다.
④ 전기 작업 시 금속 부분이 자루 밖으로 나와 있지 않아야 한다.

53 사고 원인으로서 작업자의 불안전한 행위는?

① 안전 조치의 불이행
② 작업장 환경 불량
③ 물적 위험상태
④ 기계의 결함상태

54 작업장에 대한 안전관리상 설명으로 틀린 것은?

① 항상 청결하게 유지한다.
② 작업대 사이 또는 기계 사이의 통로는 안전을 위한 일정한 너비가 필요하다.
③ 공장 바닥은 폐유를 뿌려, 먼지 등이 일어나지 않도록 한다.
④ 전원 콘센트 및 스위치 등에 물을 뿌리지 않는다.

55 금속나트륨이나 금속칼륨 화재의 소화제로서 가장 적합한 것은?

① 물
② 포소화기
③ 건조사
④ 이산화탄소 소화기

56 **산업공장에서 재해의 발생을 줄이기 위한 방법으로 틀린 것은?**

① 폐기물은 정해진 위치에 모아둔다.
② 공구는 소정의 장소에 보관한다.
③ 소화기 근처에 물건을 적재한다.
④ 통로나 창문 등에 물건을 세워 놓아서는 안 된다.

57 **산소 가스용기(의료용 제외)의 도색으로 맞는 것은?**

① 녹 색
② 노란색
③ 흰 색
④ 갈 색

58 **공기(Air)기구 사용 작업에 대한 설명으로 적절하지 않은 것은?**

① 공기 기구의 섭동 부위에 윤활유를 주유하면 안 된다.
② 규정에 맞는 토크를 유지하며 작업한다.
③ 공기를 공급하는 고무호스가 꺾이지 않도록 한다.
④ 공기기구의 반동으로 생길 수 있는 사고를 미연에 방지한다.

59 **작업복에 대한 설명으로 적합하지 않은 것은?**

① 작업복은 몸에 알맞고 동작이 편해야 한다.
② 착용자의 연령, 성별 등에 관계없이 일률적인 스타일을 선정해야 한다.
③ 작업복은 항상 깨끗한 상태로 입어야 한다.
④ 주머니가 너무 많지 않고, 소매가 단정한 것이 좋다.

60 **사고의 결과로 인하여 인간이 입는 인명 피해와 재산상의 손실을 무엇이라 하는가?**

① 재 해
② 안 전
③ 사 고
④ 부 상

제 7 회 | 모의고사

정답 및 해설 p.225

01 **디젤기관의 연소실 중 연료소비율이 낮으며 연소압력이 가장 높은 연소실 형식은?**

① 예연소실식
② 와류실식
③ 직접분사실식
④ 공기실식

02 **오일의 압력이 낮아지는 원인과 가장 거리가 먼 것은?**

① 유압펌프의 성능이 불량할 때
② 오일의 점도가 높아졌을 때
③ 오일의 점도가 낮아졌을 때
④ 계통 내에서 누설이 있을 때

03 **디젤기관 연료장치 내에 있는 공기를 배출하기 위하여 사용하는 펌프는?**

① 인젝션 펌프
② 연료 펌프
③ 프라이밍 펌프
④ 공기 펌프

04 **피스톤링에 대한 설명으로 틀린 것은?**

① 피스톤이 받는 열의 대부분을 실린더 벽에 전달한다.
② 압축과 팽창가스 압력에 대해 연소실의 기밀을 유지한다.
③ 링의 절개구 모양은 버튼 이음, 랩 이음 등이 있다.
④ 피스톤링이 마모된 경우 크랭크케이스 내에 블로다운 현상으로 인한 연소가스가 많아진다.

05 **습식 공기청정기에 대한 설명으로 틀린 것은?**

① 청정효율은 공기량이 증가할수록 높아지며, 회전속도가 빠르면 효율이 좋고 낮으면 저하한다.
② 흡입 공기는 오일로 적셔진 여과망을 통과시켜 여과시킨다.
③ 공기청정기 케이스 밑에는 일정한 양의 오일이 들어 있다.
④ 공기청정기는 일정 기간 사용 후 무조건 신품으로 교환한다.

06 **수랭식 냉각 방식에서 냉각수를 순환시키는 방식이 아닌 것은?**

① 자연 순환식
② 강제 순환식
③ 진공 순환식
④ 밀봉 압력식

07 **엔진에서 라디에이터의 방열기 캡을 열어 냉각수를 점검했더니 엔진오일이 떠 있다면, 그 원인은?**

① 피스톤링과 실린더 마모
② 밸브 간격 과다
③ 압축압력이 높아 역화현상 발생
④ 실린더헤드 개스킷 파손

08 **좌・우측 전조등 회로의 연결방법으로 옳은 것은?**

① 직렬연결
② 단식 배선
③ 병렬연결
④ 직・병렬연결

09 **디젤기관의 예열장치에서 코일형 예열플러그와 비교한 실드형 예열플러그의 설명 중 틀린 것은?**

① 발열량이 크고 열용량도 크다.
② 예열플러그들 사이의 회로는 병렬로 결선되어 있다.
③ 기계적 강도 및 가스에 의한 부식에 약하다.
④ 예열플러그 하나가 단선되어도 나머지는 작동된다.

10 **축전지 커버에 붙은 전해액을 세척할 때 사용하는 중화제로 가장 좋은 것은?**

① 증류수
② 비눗물
③ 암모니아수
④ 베이킹 소다수

11 **충전장치에서 발전기는 어떤 축과 연동되어 구동되는가?**

① 크랭크축
② 캠 축
③ 추진축
④ 변속기 입력축

12 그림과 같은 경고등의 의미는?

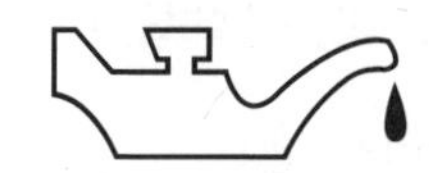

① 엔진오일 압력 경고등
② 와셔액 부족 경고등
③ 브레이크액 누유 경고등
④ 냉각수 온도 경고등

13 실린더헤드 개스킷에 대한 구비조건으로 틀린 것은?

① 기밀 유지가 좋을 것
② 내열성과 내압성이 있을 것
③ 복원성이 적을 것
④ 강도가 적당할 것

14 유체 클러치(Fluid Coupling)에서 가이드 링의 역할은?

① 와류를 감소시킨다.
② 터빈(Turbine)의 손상을 줄이는 역할을 한다.
③ 마찰을 증대시킨다.
④ 플라이휠의 마모를 방지시킨다.

15 장비에 부하가 걸릴 때 토크 컨버터의 터빈 속도는 어떻게 되는가?

① 빨라진다.
② 느려진다.
③ 일정하다.
④ 관계없다.

16 유압식 조향장치의 핸들 조작이 무거운 원인과 가장 거리가 먼 것은?

① 유압이 낮다.
② 오일이 부족하다.
③ 유압계통 내에 공기가 혼입되었다.
④ 펌프의 회전이 빠르다.

17 타이어식 건설기계에서 조향바퀴의 토인을 조정하는 곳은?

① 핸 들
② 타이로드
③ 웜기어
④ 드래그링크

18 **타이어식 건설기계에서 브레이크를 연속하여 자주 사용함으로써 브레이크 드럼이 과열되어 마찰계수가 떨어지며, 브레이크 효과가 나빠지는 현상은?**

① 노킹 현상
② 페이드 현상
③ 하이드로플레이닝 현상
④ 채팅 현상

19 **부동액에 대한 설명으로 옳은 것은?**

① 에틸렌글리콜과 글리세린은 단맛이 있다.
② 부동액 100%인 원액 사용을 원칙으로 한다.
③ 온도가 낮아지면 화학적 변화를 일으킨다.
④ 부동액은 냉각계통에 부식을 일으키는 특징이 있다.

20 **원동기(내연기관, 전동기 등)로부터의 기계적인 에너지를 이용하여 작동유에 유체 에너지를 부여해주는 유압기기는?**

① 유압탱크
② 유압펌프
③ 유압밸브
④ 유압스위치

21 **계통 내의 최대 압력을 설정함으로써 계통을 보호하는 밸브는?**

① 릴리프 밸브
② 릴레이 밸브
③ 리듀싱 밸브
④ 리타더 밸브

22 **유압실린더의 속도를 제어하는 블리드 오프(Bleed-off) 회로에 대한 설명으로 틀린 것은?**

① 유량제어밸브를 실린더와 직렬로 설치한다.
② 펌프 토출량 중 일정한 양을 탱크로 되돌린다.
③ 릴리프 밸브에서 과잉압력을 줄일 필요가 없다.
④ 부하변동이 급격한 경우에는 정확한 유량제어가 곤란하다.

23 **유압모터의 가장 큰 장점은?**

① 공기와 먼지 등이 침투하면 성능에 영향을 준다.
② 오일의 누출을 방지한다.
③ 압력 조정이 용이하다.
④ 무단변속이 용이하다.

24 **그림의 유압기호에서 "A"부분이 나타내는 것은?**

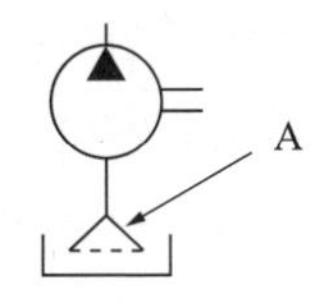

① 오일 냉각기
② 스트레이너
③ 가변용량 유압펌프
④ 가변용량 유압모터

25 **유압유의 구비조건으로 옳지 않은 것은?**

① 비압축성이어야 한다.
② 점도지수가 커야 한다.
③ 인화점 및 발화점이 높아야 한다.
④ 체적 탄성계수가 작아야 한다.

26 **유압장치에서 작동 및 움직임이 있는 곳의 연결관으로 적합한 것은?**

① 플렉시블 호스
② 구리 파이프
③ 강 파이프
④ PVC 호스

27 **산업재해 중 중대재해가 아닌 것은?**

① 사망자가 1명 이상 발생한 재해
② 부상자 또는 직업성 질병자가 동시에 10명 이상 발생한 재해
③ 3개월 이상의 요양을 요하는 부상자가 동시에 2명 이상 발생한 재해
④ 4일 이상의 요양을 요하는 부상을 입은 자가 5명 발생한 재해

28 **안전작업의 복장상태로 틀린 것은?**

① 땀을 닦기 위한 수건이나 손수건을 허리나 목에 걸고 작업해서는 안 된다.
② 옷소매 폭이 너무 넓지 않은 것이 좋고, 단추가 달린 것은 되도록 피한다.
③ 물체 추락의 우려가 있는 작업장에서는 작업모를 착용해야 한다.
④ 복장을 단정하게 하기 위해 넥타이를 꼭 매야 한다.

29 작업장에서 지켜야 할 안전수칙이 아닌 것은?

① 작업 중 입은 부상은 즉시 응급조치하고 보고한다.
② 밀폐된 실내에서는 장비의 시동을 걸지 않는다.
③ 통로나 마룻바닥에 공구나 부품을 방치하지 않는다.
④ 기름걸레나 인화물질은 나무상자에 보관한다.

30 체인이나 벨트, 풀리 등에서 일어나는 사고로 기계의 운동 부분 사이에 신체가 끼는 사고는?

① 협착 ② 접촉
③ 충격 ④ 얽힘

31 다음 그림의 안전표지가 나타내는 것은?

① 비상구
② 출입금지
③ 인화성물질경고
④ 보안경 착용

32 엔진오일이 우유색을 띠고 있을 때의 원인에 해당될 수 있는 것은?

① 가솔린이 유입되었다.
② 연소가스가 섞여 있다.
③ 경유가 유입되었다.
④ 냉각수가 섞여 있다.

33 고압선로 주변에서 건설기계에 의한 작업 중 고압선로 또는 지지물에 접촉 위험이 가장 높은 것은?

① 붐 또는 권상 로프
② 상부 회전체
③ 하부 주행체
④ 장비 운전석

34 작업장에서 전기가 별도의 예고 없이 정전되었을 경우 전기로 작동하던 기계・기구의 조치방법으로 가장 적합하지 않은 것은?

① 즉시 스위치를 끈다.
② 안전을 위해 작업장을 미리 정리해 놓는다.
③ 퓨즈의 단선 유・무를 검사한다.
④ 전기가 들어오는 것을 알기 위해 스위치를 켜 둔다.

35 벨트 취급 시 안전에 대한 주의사항으로 틀린 것은?

① 벨트에 기름이 묻지 않도록 한다.
② 벨트의 적당한 유격을 유지하도록 한다.
③ 벨트 교환 시 회전이 완전히 멈춘 상태에서 한다.
④ 벨트의 회전을 정지시킬 때 손으로 잡아 정지시킨다.

36 화재 및 폭발의 우려가 있는 가스발생장치 작업장에서 지켜야 할 사항으로 맞지 않는 것은?

① 불연성 재료 사용금지
② 화기 사용금지
③ 인화성물질 사용금지
④ 점화원이 될 수 있는 기재 사용금지

37 건설기계의 등록신청은 누구에게 하는가?

① 건설기계 작업현장 관할 시・도지사
② 국토해양부장관
③ 건설기계 소유자의 주소지 또는 사용본거지 관할 시・도지사
④ 국무총리실

38 건설기계관리법령상 건설기계 형식 신고를 하지 아니할 수 있는 사람은?

① 건설기계를 사용목적으로 제작하려는 자
② 건설기계를 사용목적으로 조립하려는 자
③ 건설기계를 사용목적으로 수입하려는 자
④ 건설기계를 연구개발 목적으로 제작하려는 자

39 건설기계관리법령상 정기검사 유효기간이 다른 건설기계는?

① 덤프트럭
② 콘크리트믹스트럭
③ 타워크레인
④ 굴삭기(타이어식)

40 건설기계등록번호표의 표시내용이 아닌 것은?

① 기 종
② 등록 번호
③ 용 도
④ 장비 연식

41 시·도지사가 직권으로 등록 말소할 수 있는 사유가 아닌 것은?

① 거짓이나 그 밖의 부정한 방법으로 등록을 한 경우
② 규정에 따른 정기검사 명령, 수시검사 명령 또는 정비 명령에 따르지 아니한 경우
③ 건설기계를 폐기한 경우
④ 건설기계의 등록이 말소된 후 등록번호표를 반납하지 아니한 경우

42 건설기계의 정비명령은 누구에게 하여야 하는가?

① 해당 기계 운전자
② 해당 기계 검사업자
③ 해당 기계 정비업자
④ 해당 기계 소유자

43 건설기계 공제사업의 허가권자는?

① 국토교통부장관
② 시·도지사
③ 경찰청장
④ 행정안전부장관

44 건설기계조종사면허가 취소되거나 효력정지처분을 받은 후에도 건설기계를 계속하여 조종한 자에 대한 벌칙은?

① 과태료 50만원
② 1년 이하의 징역 또는 1,000만원 이하의 벌금
③ 최소기간 연장조치
④ 조종사면허 취득 절대 불가

45 건설기계등록번호표를 가리거나 훼손하여 알아보기 곤란하게 한 자 또는 그러한 건설기계를 운행한 자에게 부과하는 과태료로 옳은 것은?

① 50만원 이하
② 100만원 이하
③ 300만원 이하
④ 1000만원 이하

46 시·도지사로부터 등록번호표 제작통지를 받은 건설기계소유자는 며칠 이내에 등록번호표 제작자에게 제작 신청을 하여야 하는가?

① 3일 ② 10일
③ 20일 ④ 30일

47 **건설기계의 구조변경 가능 범위에 속하지 않는 것은?**

① 수상작업용 건설기계 선체의 형식 변경
② 적재함의 용량 증가를 위한 변경
③ 건설기계의 길이, 너비, 높이 변경
④ 조종장치의 형식 변경

48 **등록 건설기계의 기종별 표시 방법 중 맞는 것은?**

① 09 : 롤러
② 02 : 모터그레이더
③ 03 : 지게차
④ 04 : 덤프트럭

49 **타이어 롤러에서 전압은 무엇으로 조정하는가?**

① 타이어의 자중
② 다짐속도와 밸러스트(Ballast)
③ 밸러스트와 타이어 공기압
④ 다짐속도와 타이어 공기압

50 **진동 롤러를 장기간 보관하는 경우 유지관리로 옳지 않은 것은?**

① 오일과 그리스를 주입하고, 각종 오일을 교환한다.
② 배터리는 (−) 케이블을 탈거한 후 덮어놓거나, 장비에서 배터리를 완전히 탈거하여 안전한 장소에 보관한다.
③ 전·후 주행 레버를 OFF에 위치시킨다.
④ 진동 스위치를 OFF에 위치시키시고 주차 브레이크를 체결한다.

51 **머캐덤 롤러의 시동을 걸었을 때 엔진에 이상이 있어 엔진 체크등에 불이 들어왔을 경우 점검사항이 아닌 것은?**

① 연료필터 막힘
② 엔진에 공급되는 공기량 부족
③ 연료 부족
④ 유압오일

52 **콤비 롤러의 인터로크, 비상정지, 주차 브레이크 점검으로 옳지 않은 것은?**

① 인터로크 기능 점검은 롤러를 정지하고 운전자가 운전석을 이탈하게 되면 점검할 수 있다.
② 점검 시에는 장비가 급정지할 때를 대비하여 조향 휠을 단단히 잡고 실시한다.
③ 인터로크 기능이 작동되면 엔진은 정지하고 브레이크가 작동된 후 7초 후 경고음이 발생된다.
④ 주차 브레이크 작동 점검은 롤러를 매우 느린 속도로 전진 또는 후진(양방향 모두 점검)시키면서 주차 브레이크를 작동시켜 점검한다.

53 **탠덤 롤러의 진동다짐 설명으로 옳지 않은 것은?**

① 자유다짐은 2개의 안내륜을 노면의 상태에 따라서 자유로이 상하로 움직일 수 있으며, 모든 차륜이 항상 접지하고 있는 상태이다.
② 반고정다짐은 중간 안내륜이 위쪽으로만 움직일 수 있는 상태이다
③ 전고정다짐은 모든 차륜이 언제나 같은 평면상에 있는 상태이다.
④ 3축 탠덤 롤러는 다짐의 종류에 따라서 중량 분포와 선압이 다르다.

54 **트랙식 건설장치에서 트랙의 구성부품으로 맞는 것은?**

① 슈, 조인트, 실(Seal), 핀, 슈볼트
② 스프로킷, 트랙 롤러, 상부 롤러, 아이들러
③ 슈, 스프로킷, 하부 롤러, 상부 롤러, 감속기
④ 슈, 슈볼트, 링크, 부싱, 핀

55 **트랙 프레임 상부 롤러에 대한 설명으로 틀린 것은?**

① 더블 플랜지형을 주로 사용한다.
② 트랙의 회전을 바르게 유지한다.
③ 트랙이 밑으로 처지는 것을 방지한다.
④ 전부 유동륜과 기동륜 사이에 1~2개가 설치된다.

56 **트랙 슈의 종류로 틀린 것은?**

① 단일돌기 슈
② 습지용 슈
③ 이중돌기 슈
④ 변하중돌기 슈

57 **롤러의 다짐작업 방법으로 틀린 것은?**

① 소정의 접지 압력을 받을 수 있도록 부가하중을 증감한다.
② 다짐작업 시 정지시간은 길게 한다.
③ 다짐작업 시 급격한 조향은 하지 않는다.
④ 1/2씩 중첩되게 다짐을 한다.

58 **진동 콤팩터의 설명으로 옳지 않은 것은?**

① 매우 민첩하여 취급이 용이하다.
② 롤러에 의해 전압이 곤란한 장소에 사용한다.
③ 뒤채움 비탈면 다짐에 이용한다
④ 자갈 모래 실트를 배합한 흙다짐에 적합하다.

59 **진동 롤러의 진동작업에 대한 설명으로 옳지 않은 것은?**

① 진동 다지기 기능은 오직 엔진 rpm이 최대일 경우에만 가능하다.
② 진동 중 가장 적절한 주행 속도는 2~5 km/h이다.
③ 주행 방향 전환은 신속히 하여야 한다.
④ 장비가 주행하지 않는 상태에서는 진동을 사용하지 말아야 한다.

60 **운전자는 작업 전에 장비의 정비상태를 확인하고 점검해야 하는데, 이에 대한 내용으로 적합하지 않은 것은?**

① 타이어 및 궤도 차륜상태
② 브레이크 및 클러치의 작동상태
③ 낙석, 낙하물 등의 위험이 예상되는 작업 시 견고한 헤드 가이드 설치상태
④ 엔진의 진공도 상태

제 1 회 | 모의고사 정답 및 해설

모의고사 p.113

01	①	02	④	03	②	04	③	05	①	06	②	07	①	08	③	09	④	10	③
11	②	12	④	13	③	14	④	15	③	16	③	17	①	18	③	19	③	20	①
21	④	22	④	23	③	24	③	25	②	26	①	27	②	28	②	29	①	30	①
31	③	32	②	33	④	34	③	35	④	36	④	37	④	38	④	39	①	40	③
41	②	42	④	43	④	44	④	45	③	46	④	47	②	48	②	49	③	50	①
51	②	52	④	53	①	54	①	55	④	56	④	57	③	58	②	59	①	60	②

01 ② 부동액은 냉각수와 50 : 50으로 혼합하여 사용하는 것이 바람직하다.
③ 온도변화와 관계없이 화학적으로 안정해야 한다.
④ 부동액에는 금속들의 부식을 막기 위해 부식 방지제 등의 첨가제가 첨가되어 있다.

04 흡입 공기에 방향성을 주어 실린더에 흡입될 때 와류를 일으키게 하고 또 피스톤이 상사점에 근접하였을 때 스퀴시부가 있어 압축행정 끝부분에 강한 와류를 일으키게 한다.

05 압력식 캡은 디젤기관 냉각장치에서 냉각수의 비등점을 높여 주기 위해 설치된 부품이다.

06 시동 시 회전속도가 낮으면 시동이 어렵다.

07 착화순서 1-5-3-6-2-4인 기관에서 1번과 6번, 2번과 5번, 3번과 4번은 핀 저널이 같이 움직이므로 1번 실린더가 동력행정을 할 때 6번 실린더의 행정은 흡입행정이 된다.

08 **공기청정기(에어클리너)**
흡입 공기의 먼지 등을 여과하고, 흡입 공기의 소음을 줄이는 작용을 한다.

09 **딜리버리 밸브(Delivery Valve, 토출밸브)**
플런저의 상승행정으로 배럴 내의 압력이 규정값(약 10kgf/cm^2)에 도달하면 이 밸브가 열려 연료를 분사파이프로 압송한다. 그리고 플런저의 유효행정이 완료되어 배럴 내의 연료압력이 급격히 낮아지면 스프링 장력에 의해 신속히 닫혀 연료의 역류(분사노즐에서 펌프로의 흐름)를 방지하고, 후적을 방지하며, 분사파이프 내에 잔압을 유지시킨다.

10 ① 피스톤 슬랩 : 실린더와 피스톤 간극이 클 때, 피스톤이 운동방향을 바꿀 때 측압에 의하여 실린더 벽을 때리는 현상
② 블로바이 : 배기가스가 배기밸브를 통하지 않고 배출되는 현상
④ 피스톤 행정 : 상사점과 하사점과의 길이

11 **점도지수(VI)** : 온도의 변화로 점도에 주는 영향의 정도를 표시하는 지수로, 점도지수가 높을수록 온도상승에 대한 점도변화가 작다.

12 **과급기의 특징**

- 고지대에서도 출력의 감소가 적다.
- 기관의 출력이 35~45% 증가된다.
- 체적효율이 향상되기 때문에 기관의 회전력이 증대된다.
- 체적효율이 향상되기 때문에 평균 유효 압력이 높아진다.
- 압축 온도의 상승으로 착화 지연 기간이 짧다.
- 연소 상태가 양호하기 때문에 세탄가가 낮은 연료의 사용이 가능하다.
- 냉각손실이 적고, 연료소비율이 3~5% 정도 향상된다.
- 과급기를 설치하면 기관의 중량이 10~15% 정도 증가한다.

14 플래셔 유닛은 방향 지시등 회로 구성품이다.

15 축전지의 케이스와 커버 청소는 소다(탄산나트륨)와 물 또는 암모니아수로 한다.

16 **IC조정기의 특징**

- 조정 전압의 정밀도 향상이 크다.
- 내열성이 크며, 출력을 증대시킬 수 있다.
- 진동에 의한 전압 변동이 없고, 내구성이 크다.
- 초소형화할 수 있어 발전기 내에 설치할 수 있다.
- 배선을 간소화할 수 있다.
- 축전지 충전 성능이 향상되고, 각 전기 부하에 적절한 전력 공급이 가능하다.

18 전류의 흐름이 나빠지고, 퓨즈가 끊어질 수 있다.

19 인터로크 장치는 변속기의 이중 물림을 방지하기 위한 장치이다.

20 ② 트레드(Tread)부 : 직접 노면과 접촉되어 마모에 견디고 적은 슬립으로 견인력을 증대시키는 부분

③ 숄더(Shoulder)부 : 트레드 끝의 각(角) 부분

④ 비드(Bead)부 : 림과 접촉하게 되는 타이어의 내면 부분

21 **건설기계조종사의 적성검사 기준(건설기계관리법 시행규칙 제76조제1항)**

- 두 눈을 동시에 뜨고 잰 시력이 0.7 이상이고, 두 눈의 시력이 각각 0.3 이상일 것(교정시력을 포함)
- 55dB(보청기를 사용하는 사람은 40dB)의 소리를 들을 수 있고, 언어분별력이 80% 이상일 것
- 시각은 150° 이상일 것
- 다음의 사유에 해당되지 아니할 것
  - 건설기계 조종상의 위험과 장해를 일으킬 수 있는 정신질환자 또는 뇌전증환자로서 국토교통부령으로 정하는 사람
  - 건설기계 조종상의 위험과 장해를 일으킬 수 있는 마약 · 대마 · 향정신성의약품 또는 알코올중독자로서 국토교통부령으로 정하는 사람

22 **검사대행자 등(건설기계관리법 시행규칙 제33조제1항)**

검사대행자로 지정을 받으려는 자는 건설기계검사대행자지정신청서에 다음의 서류를 첨부하여 국토교통부장관에게 제출하여야 한다.

- 규정에 의한 시설의 소유권 또는 사용권이 있음을 증명하는 서류
- 보유하고 있는 기술자의 명단 및 그 자격을 증명하는 서류
- 검사 업무 규정안

23 타이어식 건설기계의 조명장치 설치(건설기계 안전기준에 관한 규칙 제155조제1항)

1. 최고주행속도가 15km/h 미만인 건설기계	가. 전조등 나. 제동등(단, 유량 제어로 속도를 감속하거나 가속하는 건설기계는 제외) 다. 후부반사기 라. 후부반사판 또는 후부반사지
2. 최고주행속도가 15km/h 이상 50km/h 미만인 건설기계	가. 1.에 해당하는 조명장치 나. 방향지시등 다. 번호등 라. 후미등 마. 차폭등
3. 도로교통법에 따른 운전면허를 받아 조종하는 건설기계 또는 50km/h 이상 운전이 가능한 타이어식 건설기계	가. 1. 및 2.에 따른 조명장치 나. 후퇴등 다. 비상점멸 표시등

24 건설기계조종사면허의 취소・정지(건설기계관리법 제28조 전단)

시장・군수 또는 구청장은 건설기계조종사가 건설기계조종사면허의 취소・정지 사유 중 어느 하나에 해당하는 경우에는 국토교통부령으로 정하는 바에 따라 건설기계조종사면허를 취소하거나 1년 이내의 기간을 정하여 건설기계조종사면허의 효력을 정지시킬 수 있다.

25 특별표지판 부착을 하여야 하는 대형건설기계의 범위(건설기계 안전기준에 관한 규칙 제2조)

- 길이가 16.7m를 초과하는 건설기계
- 너비가 2.5m를 초과하는 건설기계
- 높이가 4.0m를 초과하는 건설기계
- 최소회전반경이 12m를 초과하는 건설기계
- 총중량이 40ton을 초과하는 건설기계(단, 굴착기, 로더 및 지게차는 운전중량이 40ton을 초과하는 경우를 말한다)
- 총중량 상태에서 축하중이 10ton을 초과하는 건설기계(단, 굴착기, 로더 및 지게차는 운전중량 상태에서 축하중이 10ton을 초과하는 경우를 말한다)

26 정기검사 유효기간(건설기계관리법 시행규칙 [별표 7])

- 연식 20년 이하
  - 1년 : 덤프트럭, 콘크리트 믹서트럭, 콘크리트펌프(트럭적재식), 도로보수트럭(타이어식), 트럭지게차(타이어식)
  - 2년 : 로더(타이어식), 지게차(1ton 이상), 모터그레이더, 노면파쇄기(타이어식), 노면측정장비(타이어식), 수목이식기(타이어식)
  - 3년 : 그 밖의 특수건설기계, 그 밖의 건설기계
- 연식 20년 초과
  - 6개월 : 덤프트럭, 콘크리트 믹서트럭, 콘크리트펌프(트럭적재식), 도로보수트럭(타이어식), 트럭지게차(타이어식)
  - 1년 : 로더(타이어식), 지게차(1ton 이상), 모터그레이더, 노면파쇄기(타이어식), 노면측정장비(타이어식), 수목이식기(타이어식), 그 밖의 특수건설기계, 그 밖의 건설기계
- 연식의 기준이 없는 건설기계, 특수건설기계의 정기검사 유효기간
  - 6개월 : 타워크레인
  - 1년 : 굴착기(타이어식), 기중기, 아스팔트살포기, 천공기, 항타 및 항발기, 터널용 고소작업차

※ 신규등록 후 최초 유효기간의 산정은 등록일부터 기산하며, 연식은 신규등록일(수입된 중고건설기계의 경우 제작연도의 12월 31일)부터 기산한다. 타워크레인을 이동 설치하는 경우에는 이동 설치할 때마다 정기검사를 받아야 한다.

27 ② 덤프트럭(대여사업용) : 006 가~호6000~9999
① 롤러(대여사업용) : 009 가~호6000~9999
③ 지게차(자가용) : 004 가~호1000~5999
④ 덤프트럭(관용) : 006 가~호0001~0999
※ 건설기계등록번호표의 일련번호(건설기계관리법 시행규칙 [별표 2])
- 한글 : 가, 나, 다, 라, 마, 거, 너, 더, 러, 머, 버, 서, 어, 저, 고, 노, 도, 로, 모, 보, 소, 오, 조, 구, 누, 두, 루, 무, 부, 수, 우, 주, 하, 허, 호
- 숫자 : 관용 0001~0999, 자가용 1000~5999, 대여사업용 6000~9999
- 한글과 용도별 숫자를 조합하되, 오름차순으로 부여한다(관용 예시 : "가0001~가0999" 부여 후 "나0001~나0999" 순으로 부여).

28 ① 그 밖의 인명피해로 1명을 사망하게 하였을 경우 : 면허효력정지 45일
③ 그 밖의 인명피해로 10명에게 경상을 입힌 경우 : 면허효력정지 5일 × 10 = 50일
④ 건설기계로 1,000만원 이상의 재산피해를 냈을 경우 : 면허효력정지 1일(피해금액 50만원마다) × 20 = 20일 이상(90일을 넘지 못함)

29 건설기계를 제작·조립 또는 수입(제작 등)하려는 자는 해당 건설기계의 형식에 관하여 국토교통부령으로 정하는 바에 따라 국토교통부장관의 승인을 받아야 한다(건설기계관리법 제18조제2항 전단).

30 **건설기계조종사면허의 취소·정지처분기준(건설기계관리법 시행규칙 [별표 22])**
재산피해 : 피해금액 50만원마다 면허효력정지 1일(90일을 넘지 못함)

31 타이어 롤러의 타이어는 앞바퀴가 다지지 못한 부분을 뒷바퀴가 다질 수 있도록 배열되어 노면을 일정하게 다질 수 있다.

33 브레이크 장치는 구동륜(전륜)에 설치되어 있다.

35 종감속장치는 전달된 동력을 감속시켜 높은 토크를 갖도록 하여 차륜에 전달한다.

37 차일은 옥외에서 일사(강우, 강설 등)를 임시로 가리기 위해 사용하는 천막이다.

39 ① 용기 온도는 40℃ 이하로 유지하며, 보호 캡을 씌운다.

40 **둥근너트** : 자리가 좁아 보통의 육각너트를 쓸 수 없는 경우 또는 너트의 높이를 작게 해야 할 경우, 회전축 등에 사용한다.

41 유압장치에서 쓰이는 배관으로는 강관, 스테인리스관, 알루미늄관 등이 있다.

42 펌프축의 편심 오차가 클 경우 소음발생 원인이 된다.

43 체크 밸브는 방향제어밸브이고, 유압기기의 움직임은 압력과 유량에 의해 변화된다.

44 오일 쿨러는 작동유를 냉각시키며, 일정 유온을 유지하게 한다.
※ 유압탱크의 구비 조건
- 적당한 크기의 주입구에 여과망을 두어 불순물이 유입되지 않도록 할 것
- 이물질이 들어가지 않도록 밀폐되어 있을 것
- 스트레이너의 장치 분해에 충분한 출입구를 둘 것

- 탱크의 유량을 알 수 있도록 유면계가 있을 것
- 복귀관과 흡입관 사이에 칸막이를 둘 것
- 탱크 안을 청소할 수 있도록 떼어 낼 수 있는 측판을 둘 것
- 작동유를 빼낼 수 있는 드레인 플러그를 아래에 설치할 것
- 흡입구 쪽에 작동유를 여과하기 위한 여과기를 설치할 것
- 설치필터는 안전을 위하여 바이패스 회로를 구성할 것
- 적절한 용량을 담을 수 있을 것(용량은 일반적으로 유압펌프의 매분 배출량의 3배 이상으로 설계한다)
- 냉각에 방해가 되지 않는 구조로 주변품이 설치될 것
- 캡은 압력식일 것

45 **공기 유량 센서(AFS)**
열막 방식을 사용하며 주 기능은 배기가스재순환(EGR) 피드백 제어와 스모그 리밋 부스트 압력제어(매연 발생을 감소시키는 제어)이다.

46 유압모터는 유체 에너지를 연속적인 회전운동으로 하는 기계적 에너지로 바꾸어 주는 기기를 말한다.

47 체크 밸브는 방향제어밸브이다.

50 가변 용량형 유압펌프는 펌프 자체로 토출량을 변화시킬 수가 있으나 정용량형 펌프를 사용할 경우는 부하가 변동하여도 토출량은 거의 변화하지 않는다.

52 멍키(조정)렌치는 볼트, 너트를 조이고 풀 때 사용하는 공구로 렌치 머리부의 조정나사를 돌려 입의 크기를 조정하여 사용하며, 회전방향은 필히 아래턱의 방향으로 한다.

53 사용한 공구는 면 걸레로 깨끗이 닦아서 공구상자 또는 공구보관 장소로 지정된 곳에 보관한다.

54 **하인리히의 사고예방 기본윤리 5단계**
- 1단계 : 안전관리 조직
- 2단계 : 사실의 발견
- 3단계 : 분석평가
- 4단계 : 시정책의 선정
- 5단계 : 시정책의 적용

55 표면적이 넓어야 한다.

56 화기를 들이 마시면 치명적인 폐 손상 위험이 있으므로 탈출할 땐 물을 적신 수건 등으로 코와 입을 막고 심호흡을 한 뒤 가능하면 몸을 낮춰 이동하도록 한다.

57 공구는 면 걸레로 깨끗이 닦아서 녹슬지 않도록 건조한 장소에 보관하여야 한다.

58 **안전보건표지의 종류와 형태(산업안전보건법 시행규칙 [별표 6])**

비상구	인화성물질 경고	보안경 착용

59 안전 점검은 산업재해 방지 대책을 수립하기 위하여 위험요인을 발견하는 방법으로 주된 목적은 위험을 사전에 발견하여 시정하고자 함이다.

제 2 회 | 모의고사 정답 및 해설

모의고사 p.125

01	④	02	①	03	①	04	②	05	②	06	④	07	②	08	②	09	④	10	③
11	③	12	②	13	②	14	①	15	③	16	②	17	②	18	①	19	②	20	③
21	③	22	③	23	①	24	①	25	④	26	①	27	②	28	②	29	④	30	②
31	①	32	②	33	③	34	③	35	④	36	③	37	①	38	④	39	③	40	①
41	③	42	①	43	③	44	①	45	②	46	②	47	③	48	①	49	③	50	②
51	②	52	④	53	③	54	④	55	③	56	④	57	①	58	②	59	①	60	④

01 4행정 엔진에서는 배기행정이 끝나고 흡입행정이 시작할 때가 상사점 부근에서 흡입밸브와 배기밸브가 동시에 열려 있는 시점이다.

02 점도가 높으면 마찰력이 높아지기 때문에 압력이 높아진다.

03 과급기는 엔진의 행정체적이나 회전속도에 변화를 주지 않고 흡입효율(공기밀도 증가)을 높이기 위해 흡기에 압력을 가하는 공기 펌프로서 엔진의 출력 증대, 연료소비율의 향상, 회전력을 증대시키는 역할을 한다.

06 밸브 기구의 열팽창으로 밸브 면과 밸브 시트 사이가 떨어지는 것을 막기 위해 밸브 스템 엔드와 로커암 사이의 간극을 두는데 만약 크게 되면, 정상온도에서 완전 밀착이 안 되어 소리가 나고, 밸브가 완전 개방이 안 된다.

08 캠 샤프트는 배기밸브를 개폐하기 위한 캠이 붙어 있는 회전축이다.

09 **피스톤과 실린더 사이의 간극이 너무 클 때 일어나는 현상**

- 피스톤 슬랩 현상이 발생되며 기관 출력이 저하된다.
- 블로바이에 의해 압축압력이 낮아진다.
- 피스톤링의 기능 저하로 인하여 오일이 연소실에 유입되어 오일 소비가 많아진다.

12 라디에이터의 코어 막힘이 20% 이상이면 라디에이터를 교환하여야 한다.

13 시동스위치가 불량하면 솔레노이드 스위치도 작동되지 않는다.

15 ① 렌츠의 법칙 : 유도 기전력은 코일 내의 자속 변화를 방해하는 방향으로 발생한다는 법칙
② 줄의 법칙 : 도선 안을 흐르는 정상 전류가 일정 시간 안에 내는 줄 열의 양은 전류 세기의 제곱 및 도선의 저항에 비례한다는 법칙
④ 플레밍의 왼손 법칙 : 전류가 흐르는 도선의 미소 부분이 자장에게 받는 힘은 왼손 중지와 검지를 각각 직교하는 전류의 방향, 자장의 방향으로 향하게 했을 때 이것에 수직인 엄지의 방향을 향한다는 법칙

19 공기빼기 작업을 할 때는 프라이밍 펌프를 통해 배출한다.

20 앞바퀴 정렬의 종류에는 토인, 캠버, 캐스터, 킹핀 경사각 등이 있다.

21 ABC소화기에 표시된 A는 일반화재(목재, 섬유류, 종이, 플라스틱 등), B는 유류화재(휘발유, 콩기름 등), C는 전기화재(전기설비, 전기기구 등)에 효율적으로 사용이 가능하다는 표시이다.

22 **플레밍의 오른손 법칙**

자기장 안에서 도체가 운동할 때 자속의 방향과 도체의 운동방향을 통해 유도기전력의 방향을 확인할 수 있는 법칙이다.

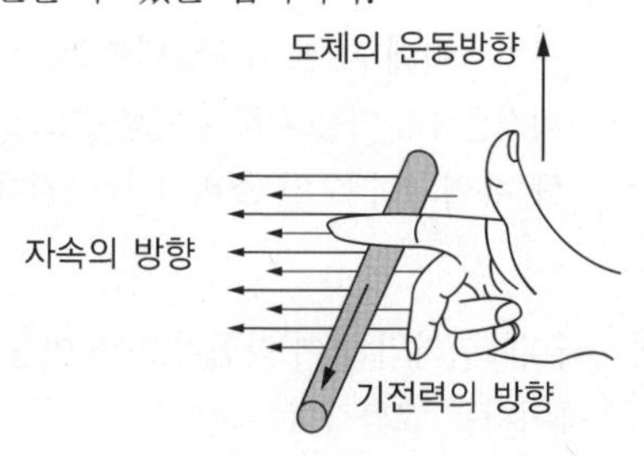

23
① A급 화재 : 일반(물질이 연소된 후 재를 남기는)화재
② B급 화재 : 유류(기름)화재
③ C급 화재 : 전기화재
④ D급 화재 : 금속화재

24 롤러는 전진과 후진을 동일한 속도로 작업해야 하므로 별도로 역전장치(전·후진 전환장치)를 갖추고 있다.

25 드럼에 살수가 부족하면 눌어붙음 현상이 나타나고, 스카프(긁힘) 현상은 대형롤러에 작은 직경의 드럼을 장착하였을 때 발생한다.

26 **롤러의 다짐방식에 의한 구분**

- 전압식(자체중량을 이용) : 로드 롤러(머캐덤 롤러, 탠덤 롤러), 탬핑 롤러, 전압식 타이어 롤러, 콤비 롤러 등
- 진동식(진동을 이용) : 진동 롤러, 진동식 타이어 롤러, 진동 분사력 콤팩터 등
- 충격식(충격하중을 이용) : 래머, 탬퍼 등

27 2차 다짐에는 15ton 이상의 타이어 롤러를 사용하고, 3차 다짐에는 12ton 이상의 탠덤 롤러를 사용한다.

28 **엔진오일의 기능**

- 마찰 감소, 윤활 작용
- 피스톤과 실린더 사이의 밀봉작용
- 마찰열을 흡수, 제거하는 냉각작용
- 내부의 이물을 씻어 내는 청정작용
- 운동부의 산화 및 부식을 방지하는 방청작용
- 운동부의 충격 완화 및 소음 완화작용 등
- 기포발생 방지작용

29 **토질별 사용 롤러**

- 점토질 : 머캐덤 롤러, 탠덤 롤러, 타이어 롤러, 탬핑 롤러
- 사질토 : 진동 롤러, 진동형 타이어 롤러

30 엔진오일 필터는 매 500시간마다 점검하고 교체한다.

31 **기종별 기호표시(건설기계관리법 시행규칙 [별표 2])**

- 01 : 불도저
- 02 : 굴착기
- 06 : 덤프트럭
- 07 : 기중기
- 09 : 롤러

32 ① 건설기계 조종사면허는 시장·군수 또는 구청장이 발급한다.
③ 기중기면허를 소지하면 기중기만 조종할 수 있다.
④ 기중기로 도로를 주행하고자 할 때는 건설기계조종사면허(기중기)를 받아야 한다.

33 구조변경검사를 받으려는 자는 주요 구조를 변경 또는 개조한 날부터 20일 이내(타워크레인의 주요 구조부를 변경 또는 개조하는 경우에는 변경 또는 개조 후 검사에 소요되는 기간 전)에 별도 서식의 건설기계구조변경 검사신청서에 정해진 서류를 첨부하여 시·도지사에게 제출해야 한다. 다만, 검사대행자를 지정한 경우에는 검사대행자에게 제출해야 한다(건설기계관리법 시행규칙 제25조).

34 **건설기계조종사면허증 발급 신청 시 첨부서류(건설기계관리법 시행규칙 제71조제1항)**
- 신체검사서
- 소형건설기계조종교육이수증(소형건설기계조종사면허증을 발급 신청하는 경우에 한정)
- 건설기계조종사면허증(건설기계조종사면허를 받은 자가 면허의 종류를 추가하고자 하는 때에 한함)
- 신청일 전 6개월 이내에 모자 등을 쓰지 않고 촬영한 천연색 상반신 정면사진 1장

35 **등록의 말소(건설기계관리법 제6조제1항)**
시·도지사는 등록된 건설기계가 다음의 어느 하나에 해당하는 경우에는 그 소유자의 신청이나 시·도지사의 직권으로 등록을 말소할 수 있다. 다만, ①, ⑤, ⑧(건설기계의 강제처리(법 제34조의2제2항)에 따라 폐기한 경우로 한정) 또는 ⑫에 해당하는 경우에는 직권으로 등록을 말소하여야 한다.
① 거짓이나 그 밖의 부정한 방법으로 등록을 한 경우
② 건설기계가 천재지변 또는 이에 준하는 사고 등으로 사용할 수 없게 되거나 멸실된 경우
③ 건설기계의 차대(車臺)가 등록 시의 차대와 다른 경우
④ 건설기계가 건설기계안전기준에 적합하지 아니하게 된 경우
⑤ 정기검사 명령, 수시검사 명령 또는 정비 명령에 따르지 아니한 경우
⑥ 건설기계를 수출하는 경우
⑦ 건설기계를 도난당한 경우
⑧ 건설기계를 폐기한 경우
⑨ 건설기계해체재활용업을 등록한 자(건설기계해체재활용업자)에게 폐기를 요청한 경우
⑩ 구조적 제작 결함 등으로 건설기계를 제작자 또는 판매자에게 반품한 경우
⑪ 건설기계를 교육·연구 목적으로 사용하는 경우
⑫ 대통령령으로 정하는 내구연한을 초과한 건설기계. 다만, 정밀진단을 받아 연장된 경우는 그 연장기간을 초과한 건설기계
⑬ 건설기계를 횡령 또는 편취당한 경우

36 건설기계조종사면허를 받지 아니하고 건설기계를 조종한 자는 1년 이하의 징역 또는 1,000만원 이하의 벌금에 처한다(건설기계관리법 제41조 제14호).

37 특별표지판 부착을 하여야 하는 대형건설기계의 범위(건설기계 안전기준에 관한 규칙 제2조)

- 길이가 16.7m를 초과하는 건설기계
- 너비가 2.5m를 초과하는 건설기계
- 높이가 4.0m를 초과하는 건설기계
- 최소회전반경이 12m를 초과하는 건설기계
- 총중량이 40ton을 초과하는 건설기계(단, 굴착기, 로더 및 지게차는 운전중량이 40ton을 초과하는 경우를 말한다)
- 총중량 상태에서 축하중이 10ton을 초과하는 건설기계(단, 굴착기, 로더 및 지게차는 운전중량 상태에서 축하중이 10ton을 초과하는 경우를 말한다)

38 검사 또는 명령이행 기간의 연장(건설기계관리법 시행규칙 제31조의2제3·5항)

① 검사·명령이행기간을 연장하는 경우 그 연장기간은 다음의 구분에 따른 기간 이내로 한다. 이 경우 정기검사, 구조변경검사, 수시검사는 ㉠에 따른 연장기간동안 검사유효기간이 연장된 것으로 본다.

㉠ 정기검사, 구조변경검사, 수시검사 : 6개월. 다만, 남북경제협력 등으로 북한지역의 건설공사에 사용되는 건설기계와 해외임대를 위하여 일시 반출되는 건설기계의 경우에는 반출기간, 압류된 건설기계의 경우에는 그 압류기간, 타워크레인 또는 천공기(터널보링식 및 실드굴진식으로 한정)가 해체된 경우에는 해체되어 있는 기간으로 한다.

㉡ 정기검사 명령, 수시검사 명령 또는 정비명령 : 31일

② 건설기계의 소유자가 해당 건설기계를 사용하는 사업을 영위하는 경우로서 해당 사업의 휴업을 신고한 경우에는 해당 사업의 개시신고를 하는 때까지 검사유효기간이 연장된 것으로 본다.

40 등록번호표의 반납(건설기계관리법 제9조 전단)

등록된 건설기계의 소유자는 다음의 어느 하나에 해당하는 경우에는 10일 이내에 등록번호표의 봉인을 떼어낸 후 그 등록번호표를 국토교통부령으로 정하는 바에 따라 시·도지사에게 반납하여야 한다.

- 건설기계의 등록이 말소된 경우
- 건설기계의 등록사항 중 대통령령으로 정하는 사항이 변경된 경우
- 등록번호표 또는 그 봉인이 떨어지거나 알아보기 어렵게 된 경우에 등록번호표의 부착 및 봉인을 신청하는 경우

등록번호표의 반납(건설기계관리법 시행령 제10조)

법 제9조에서 "대통령령으로 정하는 사항의 변경"이란 다음의 변경을 말한다.

- 등록된 건설기계의 소유자의 주소지 또는 사용본거지의 변경(시·도 간의 변경이 있는 경우에 한함)
- 등록번호의 변경

42 압력의 단위

1psi = 0.070307kgf/cm^2 = 0.068948bar
= 68,947.33dyne/cm^2

※ psi(pound per square inch) : 평방인치당 파운드

46 체크 밸브는 방향제어밸브이다.

47 점도의 단위

CGS 단위계	SI 단위계
cP(centi Poise) = 0.01P	Pa·s

49 현장에서 오일의 열화를 찾아내는 방법

- 유압유를 흔들었을 때 거품이 발생되는지 확인
- 유압유 색깔의 변화나 수분 및 침전물의 유무를 확인
- 유압유에서 자극적인 악취가 발생되는지 확인
- 유압유의 외관으로 판정(색채, 냄새, 점도)

51 **안전보건표지(산업안전보건법 시행규칙 [별표 6])**

안전복 착용	보안면 착용	출입금지

52 플라이어는 철선을 꼬거나 굽힐 때나 자를 때 쓴다.

드라이버 사용 시 주의사항

- 날 끝 홈의 폭과 깊이가 같은 것을 사용한다.
- 날 끝이 수평인 것을 사용하며, 둥글거나 빠진 것은 사용하지 않는다.
- 작은 공작물이라도 한 손으로 잡지 말고 바이스 등으로 고정한다.
- 규격에 맞는 드라이버를 사용한다.
- 드라이버를 지렛대 대신 사용해서는 안 된다.
- 클립(Clip)이 있는 드라이버는 옷에 걸고 다녀도 무방하다.

53 보관 시에는 앤빌 면과 스핀들 면을 약간 떨어뜨려 놓아야 한다.

56 유류화재 시 물을 이용한 소화는 화재를 급격히 번지게 하므로 절대 금한다.

57 퓨즈 대용으로 구리선・철선을 사용 시 화재의 위험이 있다.

59 **주요 위반행위의 과태료 금액 기준(건설기계관리법 시행령 [별표 3])**

- 등록번호표를 부착・봉인하지 않거나 등록번호를 새기지 않은 경우
  - 1차 위반 : 100만원
  - 2차 위반 : 100만원
  - 3차 위반 이상 : 100만원
- 등록번호표를 부착하지 않거나 봉인하지 않은 건설기계를 운행한 경우
  - 1차 위반 : 100만원
  - 2차 위반 : 200만원
  - 3차 위반 이상 : 300만원
- 등록번호표를 가리거나 훼손하여 알아보기 곤란하게 한 경우 또는 그러한 건설기계를 운행한 경우
  - 1차 위반 : 50만원
  - 2차 위반 : 70만원
  - 3차 위반 이상 : 100만원
- 건설기계의 소유자 또는 점유자가 스스로 건설기계를 정비할 때 국토교통부령으로 정하는 범위를 넘어 정비한 경우
  - 1차 위반 : 50만원
  - 2차 위반 : 50만원
  - 3차 위반 이상 : 50만원
- 건설기계를 주택가 주변의 도로・공터 등에 세워 두어 교통소통을 방해하거나 소음 등으로 주민의 조용하고 평온한 생활환경을 침해한 경우
  - 1차 위반 : 5만원
  - 2차 위반 : 10만원
  - 3차 위반 이상 : 30만원

60 220V로 감전되었을 때 사망할 확률이 110V에 비해 훨씬 높다.

제 3 회 | 모의고사 정답 및 해설

모의고사 p.137

01	③	02	①	03	①	04	④	05	④	06	③	07	②	08	②	09	④	10	①
11	①	12	③	13	④	14	③	15	②	16	③	17	④	18	④	19	②	20	②
21	①	22	②	23	②	24	④	25	③	26	③	27	①	28	②	29	③	30	①
31	④	32	③	33	④	34	②	35	④	36	②	37	①	38	③	39	②	40	④
41	③	42	①	43	①	44	①	45	④	46	④	47	①	48	①	49	②	50	②
51	①	52	①	53	①	54	④	55	①	56	②	57	①	58	②	59	①	60	③

01 디젤기관에서 연료량을 조절하는 것은 조속기(거버너)이며, 연료분사 시기를 조절하는 것은 타이머이다.

02 스프링이 파손되면 압력 밸브의 밀착이 불량하여 비등점이 낮아진다.

04 실린더 벽이 마모되지 않도록 내마모성이 커야 한다.

05 점도가 높으면 마찰력이 높아지기 때문에 압력이 높아진다.

06 디젤기관은 폭발력이 강해서 엔진이 너무 빨리 돌아가면 엔진에 무리가 생기므로 회전수가 낮다.

07 실린더헤드의 볼트를 조일 때는 중심 부분에서 외측으로 토크 렌치를 이용하여 대각선으로 조인다.

08 **오일 냉각기**
- 작동유의 온도를 40~60℃ 정도로 유지시키고, 열화를 방지하는 역할을 한다.
- 슬러지 형성과 유막의 파괴를 방지한다.

09 가솔린이나 LPG 엔진에는 점화 플러그가 있어 연소를 도와주지만 디젤엔진에는 예열플러그만 있다.

10 **변속기의 필요성**
- 엔진의 회전력(토크) 증대를 위해
- 정차 시 엔진의 공전운전을 가능하도록 하기 위해
- 후진을 가능하게 하기 위해
- 주행속도를 증감속하게 하기 위해

12 **분사노즐 시험기로 점검할 수 있는 것**
- 후적의 유무 점검
- 분무상태 점검
- 분사각도 점검
- 분사개시 압력

14 건설기계의 발전기는 저속에서도 발생전압이 높고, 고속에서도 안정된 성능을 발휘해야 하므로 3상 교류발전기를 사용한다.

15 예열플러그는 기온이 낮을 때 시동을 돕기 위한 것이다.

16 일반적인 등화장치에는 직렬연결법이 사용되나 전조등 회로는 병렬로 연결한다.

17 **오버러닝 클러치의 기능**

엔진이 기동되면 피니언 기어와 링 기어가 물린 상태이므로 기동 전동기가 엔진에 의해 고속으로 회전하여 전기자, 베어링 및 브러시 등이 파손된다. 오버러닝 클러치는 이를 방지하기 위하여 엔진이 기동된 다음에 피니언 기어가 공전하여 기동 전동기가 엔진에 의해 회전되지 않도록 한다.

18 출발 시 클러치 페달의 거의 끝부분에서 차량이 출발 시에는 클러치 유격을 점검한다.

19 **조향핸들의 조작이 무거운 원인**

- 유압유 부족
- 타이어 공기압이 낮을 때
- 앞바퀴 휠 얼라인먼트 조절 불량 시
- 유압 계통 내에 공기 혼입 시
- 타이어가 과도하게 마멸되고 유격이 클 때

20 훅 조인트는 십자형 자재이음이라고도 하며, 구조가 간단하고, 작동도 확실하기 때문에 가장 많이 사용되고 있다.

21 **주 밸브의 기본구조에 따른 분류**

- 스풀(Spool)형 : 밸브 몸체가 원통형 미끄럼 면에 내접하여 축방향으로 이동하여 유로를 개폐하는 형식
- 포핏형 : 밸브 몸체가 밸브자리에서 수직방향으로 이동하여 유로를 개폐하는 형식
- 슬라이드형 : 밸브 몸체와 밸브자리가 미끄러지면서 유로를 개폐하는 형식

22 가연성 가스를 저장하는 곳에는 휴대용 손전등 외의 등화를 휴대하지 않는다.

23 발전기, 아크용접기, 엔진 등 소음과 진동이 나는 기계는 각각 다른 곳에 배치하여 각각의 기기에 손상이 일어나지 않도록 해야 한다.

24 ④ 물펌프 압송식 물탱크 물의 양에 상관없이 살수 압력이 일정해야 한다.

살수장치의 물 공급 : 물탱크 → 물펌프 → 살수바 순서로 이루어진다.

25 ③ 자주식 진동 롤러로 경사지를 내려올 때는 구동 타이어를 앞쪽으로 하고 내려온다.

27 배출가스 상태는 엔진 시동 후 시험 운전을 통해 점검한다.

28 탬핑 롤러(Tamping Roller)는 점질토의 다짐에는 적합하지만 사질토 계통의 흙에는 부적당하다.

29 워밍업을 하지 않고 무리하게 운행하면 장비의 수명 단축 및 기능 저하, 엔진소음 증가, 진동이 발생할 우려가 있다.

31 **검사 또는 명령이행 기간의 연장(건설기계관리법 시행규칙 제31조의2제2항)**

검사·명령이행 기간 연장신청을 받은 시·도지사는 그 신청일부터 5일 이내에 검사·명령이행 기간 연장 여부를 결정하여 신청인에게 서면으로 통지하고 검사대행자에게 통보해야 한다. 이 경우 검사·명령이행기간 연장 불허통지를 받은 자는 정기검사 등 신청기간 만료일부터 10일 이내에 검사신청을 해야 한다.

32 **건설기계조종사면허증의 반납(건설기계관리법 시행규칙 제80조제1항)**

건설기계조종사면허를 받은 사람은 다음의 어느 하나에 해당하는 때에는 그 사유가 발생한 날부터 10일 이내에 시장·군수 또는 구청장에게 그 면허증을 반납해야 한다.

- 면허가 취소된 때
- 면허의 효력이 정지된 때
- 면허증의 재교부를 받은 후 잃어버린 면허증을 발견한 때

33 **건설기계대여업의 등록 신청(건설기계관리법 시행령 제13조제1항)**

건설기계대여업(건설기계조종사와 함께 건설기계를 대여하는 경우와 건설기계의 운전경비를 부담하면서 건설기계를 대여하는 경우를 포함)의 등록을 하려는 자는 건설기계대여업등록신청서에 국토교통부령이 정하는 서류를 첨부하여 시장·군수 또는 구청장에게 제출하여야 한다.

건설기계대여업의 등록의 구분(건설기계관리법 시행령 제13조제2항)

- 일반건설기계대여업 : 5대 이상의 건설기계로 운영하는 사업(2 이상의 개인 또는 법인이 공동으로 운영하는 경우를 포함)
- 개별건설기계대여업 : 1인의 개인 또는 법인이 4대 이하의 건설기계로 운영하는 사업

34 건설기계조종사면허가 취소되거나 건설기계조종사면허의 효력정지처분을 받은 후에도 건설기계를 계속하여 조종한 자는 1년 이하의 징역 또는 1,000만원 이하의 벌금에 처한다(건설기계관리법 제41조제18호).

35 유효기간의 산정은 정기검사신청기간까지 정기검사를 신청한 경우에는 종전 검사유효기간 만료일의 다음 날부터, 그 외의 경우에는 검사를 받은 날의 다음 날부터 기산한다(건설기계관리법 시행규칙 제23조제5항 후단).

36 건설기계의 소유자는 건설기계를 도난당한 경우의 사유가 발생한 날부터 2개월 이내로 시·도지사에게 등록 말소를 신청하여야 한다(건설기계관리법 제6조제2항제2호).

37 건설기계란 건설공사에 사용할 수 있는 기계로서 대통령령으로 정하는 것을 말한다(건설기계관리법 제2조제1항제1호).

38 **수시검사(건설기계관리법 제13조제1항제4호)**

성능이 불량하거나 사고가 자주 발생하는 건설기계의 안전성 등을 점검하기 위하여 수시로 실시하는 검사와 건설기계 소유자의 신청을 받아 실시하는 검사

39 형식승인을 받거나 형식신고를 한 자가 그 형식에 관한 사항을 변경하려면 형식승인을 받은 사항인 경우에는 국토교통부장관의 승인을 받아야 하고, 형식신고를 한 사항인 경우에는 국토교통부장관에게 신고하여야 한다. 다만, 국토교통부령으로 정하는 경미한 사항의 변경인 경우에는 그러하지 아니하다(건설기계관리법 제18조제3항).

경미한 사항의 변경(건설기계관리법 시행규칙 제45조)

- 운전실 내외의 형태(건설기계의 길이·너비 또는 높이의 변경이 없는 경우에 한함) 변경
- 타이어의 규격(성능이 같거나 향상되는 경우에 한함) 변경
- 부품(건설기계의 성능 및 안전에 영향을 미치지 아니하는 경우에 한함) 변경

40 **정기검사의 신청(건설기계관리법 시행규칙 제23조제1항 전단)**

정기검사를 받으려는 자는 검사유효기간의 만료일 전후 각각 31일 이내의 기간에 정기검사신청서를 시·도지사에게 제출해야 한다.

41 유압장치 기호도 회전표시를 할 수 있다.

42 축압기(어큐뮬레이터)는 압력을 저장하거나 맥동제거, 충격완화 등의 역할을 한다.

43 GPM이란 계통 내에서 이동되는 유체의 양을 표시할 때 사용하는 단위로 분당 유량 단위(Gallons Per Minute)를 뜻한다.

44 플러싱은 유압계통 내를 깨끗이 청소하는 것으로 노화를 방지하는 일이다.

45 ④는 서징현상에 대한 설명이다.

폐입현상

외접기어펌프에서 토출된 유량의 일부가 입구 쪽으로 되돌려지므로 토출량 감소, 축 동력의 증가, 케이싱 마모 등의 원인을 유발하는 현상을 말한다.

46 작업장치의 균열은 유압장치에 직접적인 영향을 주지 않는다.

47 시동 시 저항 증가는 오일의 점도가 높은 경우에 나타난다.

49 서보 밸브는 기계적 또는 전기적 입력 신호에 의해서 압력 또는 유량을 제어하는 밸브이다.

53 테스트 박스(Test Box)는 전기방식의 적정유무를 확인하기 위한 전위측정 및 양극전류 측정, 기타 피복손상탐사 등 전기방식 유지관리를 위하여 필요한 시설이다.

54 **진동 롤러(Vibratory Roller)**

- 롤러에 유압으로 기진장치를 작동하는 방식이다.
- 다짐효과가 크고, 적은 다짐 횟수로 충분히 다질 수 있다.
- 진흙, 바위, 부서진 돌 등 기초 다짐에 쓰이며, 안정된 흙, 시멘트와 아스팔트, 콘크리트를 다지는 데 특히 효과적이다.

55 **전압 계급별 애자 수**

공칭전압(kV)	22.9	66	154	345
애자 수(개)	2~3	4~5	9~11	18~23

56 **등록사항의 변경신고(건설기계관리법 시행령 제5조제1항 전단)**

건설기계의 소유자는 건설기계등록사항에 변경이 있는 때에는 그 변경이 있은 날부터 30일 이내에 건설기계등록사항변경신고서에 첨부서류를 첨부하여 등록을 한 시·도지사에게 제출하여야 한다.

58 담금질(열처리)한 것은 해머로 때리지 않도록 주의한다.

60 카바이드 저장소는 옥내에 전등 스위치가 있을 경우 스위치 작동 시 스파크 발생에 의한 화재 및 폭발 우려가 있다.

제4회 | 모의고사 정답 및 해설

모의고사 p.150

01	④	02	③	03	①	04	②	05	④	06	①	07	④	08	④	09	②	10	①
11	②	12	①	13	③	14	④	15	②	16	①	17	①	18	③	19	④	20	④
21	②	22	③	23	①	24	①	25	④	26	③	27	③	28	④	29	③	30	②
31	④	32	③	33	①	34	②	35	②	36	③	37	①	38	①	39	④	40	①
41	②	42	④	43	③	44	②	45	②	46	④	47	②	48	③	49	①	50	①
51	③	52	④	53	③	54	②	55	④	56	④	57	④	58	③	59	④	60	③

01 디젤기관의 연료분사펌프에서 연료 분사량은 슬리브와 피니언의 관계 위치를 변경하면서 조정한다.

02 **워터 재킷** : 엔진 외부를 둘러싼 냉각수 통로이다.

03 **열효율**(Thermal Efficiency)

열기관이 하는 유효한 일과 이것에 공급한 열량 또는 연료의 발열량과의 비를 의미하며, 그 값은 열기관의 급기온도와 배기온도와의 차가 클수록 높다.

04 실린더와 피스톤 간극이 크면 피스톤이 운동방향을 바꿀 때 측압에 의하여 실린더 벽을 때리는 현상(피스톤 슬랩)이 발생한다.

05 디젤기관에서 부조 발생의 원인은 연료계통에 공기가 혼입되는 것이다.

06 **경고등**

워셔액 부족 경고등	브레이크액 경고등	냉각수 온도 경고등
	(!) (P)	

07 **실린더헤드 개스킷**

실린더헤드와 블록 사이에 삽입하여 압축과 폭발가스의 기밀을 유지하고, 냉각수와 엔진오일이 누출되는 것을 방지하는 역할을 한다.

08 습식 공기청정기는 구조가 간단하고, 여과망을 세척하여 사용할 수 있다.

09 **여과기와 바이패스 밸브**

- 여과기는 계통 내에서 마멸에 의해 생기는 금속가루와 같은 이물질을 걸러 준다.
- 여과기가 막힐 경우를 대비하여 바이패스 밸브가 설치되어 있다. 여과기가 막히면 작동유는 바이패스 밸브를 통해 여과기를 우회하여 지나간다.

10 **속도제어 회로의 종류**

- 미터 인 회로
- 미터 아웃 회로
- 블리드 오프 회로

11 직렬연결일 때는 단선 시 모두 작동 불능이 되나, 병렬연결일 때는 해당 실린더만 작동 불능이 된다.

12 충전장치인 발전기는 기관의 크랭크축에 의하여 구동된다.

13 기동 전동기는 엔진을 시동하는 전동기로서 점화 스위치(기동 스위치)에 의하여 작동된다.

14 전해액을 만들 때는 황산을 증류수에 부어야 한다. 증류수를 황산에 부으면 폭발할 수 있다.

16 **감전 시 위험 영향 요소**
인체에 흐르는 전류의 경로, 전원의 종류, 전류의 크기, 통전 시간, 건강상태에 따라 피해 정도는 다르지만 가장 인체에 영향을 주는 것은 전류의 크기와 통전시간이다.

17 가이드 링은 유체 클러치에서 와류를 줄여 전달효율을 향상시키는 장치이다.

18 싱크로메시 기구는 수동변속기의 구성품이다.

19 토션 스프링의 약화 시 클러치를 연결할 때 떨림현상이 발생한다.

20 하이포이드 기어는 동력전달장치인 종감속장치에 사용된다.

21 **릴리프 밸브**
최고압력을 항상 일정하게 유지하여 과도한 압력으로부터 시스템을 보호하는 안전밸브(Safety Valve) 역할을 한다.

22 **방향제어밸브의 조작방식**
수동 조작, 기계 조작, 파일럿 조작, 전자 조작, 유압 조작, 공압 조작

23 포말 소화설비는 연소 면을 포말로 덮어 산소의 공급을 차단하는 질식 작용에 의해 화염을 진화시킨다.

24 **다짐작업의 종류**
- 성토 다짐 : 표층 위에 일정 높이로 쌓아 올린 흙을 롤러로 작업하여 단단한 지반으로 만드는 다짐 작업
- 토사 다짐 : 토사 입자 사이의 틈을 줄이는 다짐 작업

25 ④는 시동 전 점검사항이다.

26 **바이어스 타이어의 호칭 치수**

타이어 단면 폭	림의 지름	플라이 레이팅 (타이어 강도)
3.00	24	18PR

27 부품에 윤활막이 유지되지 않으면 구성 부품의 마모가 증가된다.

28 자동제한 차동장치는 차동장치에서 자동적으로 차동작용을 정지 또는 제한하여 미끄러지기 쉬운 노면으로부터의 발진을 용이하게 하고 한쪽 브레이크만의 작동으로 옆으로 미끄러지는 것을 방지하는 것이므로 작업 시 체결하면 안 된다.

30 **롤러의 다짐방식에 의한 구분**
- 전압식(자체중량을 이용) : 로드 롤러(머캐덤 롤러, 탠덤 롤러), 탬핑 롤러, 전압식 타이어 롤러, 콤비 롤러 등
- 진동식(진동을 이용) : 진동 롤러, 진동식 타이어 롤러, 진동 분사력 콤팩터 등
- 충격식(충격하중을 이용) : 래머, 탬퍼 등

31 **정비명령의 기간 및 방법(건설기계관리법 시행규칙 제31조)**

시・도지사는 검사에 불합격된 건설기계에 대해서는 31일 이내의 기간을 정하여 해당 건설기계의 소유자에게 검사를 완료한 날(검사를 대행하게 한 경우에는 검사결과를 보고받은 날)부터 10일 이내에 정비명령을 해야 한다. 다만, 건설기계 소유자의 주소 등을 통상적인 방법으로 확인할 수 없거나 통지가 불가능한 경우에는 해당 시・도의 공보 및 인터넷 홈페이지에 공고해야 한다.

32 **구조변경검사(건설기계관리법 시행규칙 제25조제1항)**

구조변경검사를 받으려는 자는 주요 구조를 변경 또는 개조한 날부터 20일 이내에 건설기계구조변경 검사신청서에 서류를 첨부하여 시・도지사에게 제출해야 한다.

33 **타이어식 건설기계의 조명장치 설치(건설기계 안전기준에 관한 규칙 제155조제1항)**

1. 최고주행속도가 15km/h 미만인 건설기계	가. 전조등 나. 제동등(단, 유량 제어로 속도를 감속하거나 가속하는 건설기계는 제외) 다. 후부반사기 라. 후부반사판 또는 후부반사지
2. 최고주행속도가 15km/h 이상 50km/h 미만인 건설기계	가. 1.에 해당하는 조명장치 나. 방향지시등 다. 번호등 라. 후미등 마. 차폭등
3. 도로교통법에 따른 운전면허를 받아 조종하는 건설기계 또는 50km/h 이상 운전이 가능한 타이어식 건설기계	가. 1. 및 2.에 따른 조명장치 나. 후퇴등 다. 비상점멸 표시등

34 **출장검사(건설기계관리법 시행규칙 제32조제2항)**

건설기계가 다음의 어느 하나에 해당하는 경우에는 규정에 불구하고 해당 건설기계가 위치한 장소에서 검사를 할 수 있다.

- 도서지역에 있는 경우
- 자체중량이 40ton을 초과하거나 축하중이 10ton을 초과하는 경우
- 너비가 2.5m를 초과하는 경우
- 최고속도가 35km/h 미만인 경우

35 **검사 등(건설기계관리법 제13조)**

건설기계의 소유자는 그 건설기계에 대하여 국토교통부령으로 정하는 바에 따라 국토교통부장관이 실시하는 신규등록검사, 정기검사, 구조변경검사, 수시검사를 받아야 한다.

36 **롤러 면허 보유자가 조종할 수 있는 건설기계(건설기계관리법 시행규칙 [별표 21])**

롤러, 모터그레이더, 스크레이퍼, 아스팔트피니셔, 콘크리트피니셔, 콘크리트살포기 및 골재살포기

37 **공제사업(건설기계관리법 제32조의2제1항)**

건설기계사업자가 설립한 협회는 대통령령으로 정하는 바에 따라 국토교통부장관의 허가를 받아 건설기계사업자의 건설기계 사고로 인한 손해배상책임의 보장사업 등 공제사업(共濟事業)을 할 수 있다.

38 팬벨트의 점검은 시동을 하지 않을 때 한다.

39 **검사 또는 명령이행 기간의 연장(건설기계관리법 시행규칙 제31조의2)**

건설기계의 소유자는 천재지변, 건설기계의 도난, 사고발생, 압류, 31일 이상에 걸친 정비 또는 그 밖의 부득이한 사유로 규정에 따른 검사 또는 규정에 따른 정기검사 명령, 수시검사 명령 또는 정비 명령의 이행을 위한 검사(이하 "정기검사 등"이라 한다)의 신청기간 내에 검사를 신청할 수 없는 경우에는 정기검사 등 신청기간 만료일까지 별도 서식의 검사·명령이행 기간 연장 신청서에 연장사유를 증명할 수 있는 서류를 첨부하여 시·도지사(검사대행자가 지정된 경우에는 검사대행자를 말함)에게 제출해야 한다.

40 건설기계 소유자는 등록번호표 또는 그 봉인이 떨어지거나 알아보기 어렵게 된 경우에는 시·도지사에게 등록번호표의 부착 및 봉인을 신청하여야 한다(건설기계관리법 제8조제2항).

41 **니들 밸브(Needle Valve)의 특징**

- 작은 지름의 파이프에서 유량을 미세하게 조정하기에 적합하다.
- 부하의 변동(압력의 변화)에 따른 유량을 정확히 제어할 수 없다.

43 **유압실린더의 분류**

- 단동형 : 피스톤형, 플런저 램형
- 복동형 : 단로드형, 양로드형
- 다단형 : 텔레스코픽형, 디지털형

45 베인 모터는 정용량형이며, 그 구조는 베인 펌프와 같으나 베인 스프링 또는 로킹 빔에 의해 캠링에 밀어붙이는 장치가 서로 상이하다.

46 ④는 동점성계수를 말한다.

점도는 오일의 끈적거리는 정도를 나타내며, 온도가 높아지면 점도는 낮아지고, 온도가 낮아지면 점도는 증가한다.

48 배관이나 압력용기 등과 같이 정지(고정)부분을 밀봉하는 데 사용하는 고정용 실(Static Seal)은 정지용 실이라고 부르며, 개스킷(Gasket)이라고 한다.

51 포말소화기는 전기화재에 사용하면 누전이 일어날 수 있기 때문에 적당하지 않다.

54 **사고의 원인**

직접 원인	물적 원인	불안전한 상태(1차 원인)
	인적 원인	불안전한 행동(1차 원인)
	천재지변	불가항력
간접 원인	교육적 원인	개인적 결함(2차 원인)
	기술적 원인	
	관리적 원인	사회적 환경, 유전적 요인

55 기름걸레나 인화물질은 철재 상자에 보관한다.

56 사용한 공구는 면 걸레로 깨끗이 닦아서 공구상자 또는 공구보관 장소로 지정된 곳에 보관한다.

제 5 회 | 모의고사 정답 및 해설

모의고사 p.162

01	④	02	④	03	②	04	④	05	③	06	②	07	④	08	③	09	①	10	③
11	②	12	④	13	③	14	③	15	④	16	②	17	①	18	③	19	③	20	②
21	①	22	①	23	④	24	①	25	③	26	④	27	④	28	③	29	④	30	④
31	②	32	①	33	④	34	③	35	④	36	④	37	④	38	③	39	④	40	③
41	④	42	④	43	④	44	④	45	①	46	③	47	③	48	②	49	③	50	③
51	②	52	③	53	④	54	③	55	②	56	④	57	③	58	③	59	②	60	③

01 엔진에서 발생한 열을 식히는 냉각수 수온이 120℃ 이상으로 높거나 냉각수량이 부족할 때 경고등이 켜진다.

03 **과급기의 역할**

- 엔진의 출력 증대
- 회전력 증대
- 연료소비율의 향상
- 체적효율 향상

04 점도가 너무 높으면 윤활유의 내부마찰과 저항이 커져 동력의 손실이 증가하며, 너무 낮으면 동력의 손실은 적어지지만 유막이 파괴되어 마모감소작용이 원활하지 못하게 된다.

06 디젤기관은 압축열에 의한 자기 착화로 연소하며 점화는 필요하지 않다.

08 **흡입행정** : 피스톤이 상사점으로부터 하강하면서 실린더 내로 공기만을 흡입한다.

10 **디젤기관의 노킹 피해**

- 기관이 과열되고, 배기 온도가 상승된다.
- 열효율과 출력이 저하된다.
- 실린더, 피스톤, 밸브의 손상 및 고착이 발생한다.

11 팬벨트의 장력이 느슨할 때 기관이 과열된다.

12 크랭크 포지션 센서는 크랭크축의 각도 및 피스톤의 위치, 기관 회전속도 등을 검출한다.

13 방향지시등의 한쪽 등에만 이상이 있을 때는 이상이 있는 쪽 전구의 문제인 경우가 많다.

플래셔 유닛
방향등으로의 전원을 주기적으로 끊어 주어 방향등을 점멸하게 하는 장치

14 스테이터는 토크 컨버터의 구성품이다.

15 전해액 내의 황산은 강산화성 물질로 산화력이 강하며, 가열 시 산소를 발생하며, 가연물과 접촉 시 발열하여 강하게 발화시킨다.

17 가솔린이나 LPG기관은 점화 플러그가 있어 연소를 도와주고, 디젤기관은 예열플러그가 시동이 걸리게 도와준다.

18 클러치판이 마멸되면 유격이 좁아진다.

19 **체크 밸브** : 연료의 압송이 정지될 때 체크 밸브가 닫혀 연료 라인 내에 잔압을 유지시켜 고온 시 베이퍼 로크 현상을 방지하고, 재시동성을 향상시킨다.

21 유압모터를 선택할 때에는 효율, 동력, 부하 등을 고려하여야 한다.

22 유압모터의 용량은 입구압력(kgf/cm^2)당 토크로 나타낸다.

24 **살수장치(건설기계안전기준에 관한 규칙 제45조)**

① 롤러에는 롤의 표면에 자재 또는 이물질이 부착되는 것을 방지하기 위한 제거장치 또는 살수장치를 설치하여야 한다.

② ①의 장치 중 살수장치는 기계식 또는 전기식의 노즐 분사 방식이어야 한다.

25 경사지를 운행할 때는 저속으로 운전한다.

29 롤러의 종감속장치의 동력 전달방식에는 평기어식, 베벨기어식, 체인 구동식 등이 있다.

30 부가 하중(밸러스트)을 감소시키면 접지압은 그대로이나 접지 면적이 감소하여 다짐 깊이가 변하게 된다.

31 시・도지사는 수시검사를 명령하려는 때에는 수시검사 명령의 이행을 위한 검사의 신청기간을 31일 이내로 정하여 건설기계 소유자에게 별도 서식의 건설기계 수시검사명령서를 서면으로 통지해야 한다(건설기계관리법 시행규칙 제30조의2제1항).

32 시・도지사는 검사에 불합격된 건설기계에 대해서는 31일 이내의 기간을 정하여 해당 건설기계의 소유자에게 검사를 완료한 날(검사를 대행하게 한 경우에는 검사결과를 보고받은 날)부터 10일 이내에 정비명령을 하여야 한다. 다만, 건설기계 소유자의 주소 등을 통상적인 방법으로 확인할 수 없거나 통지가 불가능한 경우에는 해당 시・도의 공보 및 인터넷 홈페이지에 공고해야 한다(건설기계관리법 시행규칙 제31조).

33 **미등록 건설기계의 임시운행 사유(건설기계관리법 시행규칙 제6조제1항)**

- 등록신청을 하기 위하여 건설기계를 등록지로 운행하는 경우
- 신규등록검사 및 확인검사를 받기 위하여 건설기계를 검사장소로 운행하는 경우
- 수출을 하기 위하여 건설기계를 선적지로 운행하는 경우
- 수출을 하기 위하여 등록 말소한 건설기계를 점검・정비의 목적으로 운행하는 경우
- 신개발 건설기계를 시험・연구의 목적으로 운행하는 경우
- 판매 또는 전시를 위하여 건설기계를 일시적으로 운행하는 경우

34 "건설기계사업"이란 건설기계대여업, 건설기계정비업, 건설기계매매업 및 건설기계해체재활용업을 말한다(건설기계관리법 제2조제1항제3호).

35 법 제33조제2항을 위반하여 건설기계를 세워 둔 자에게는 50만원 이하의 과태료를 부과한다(건설기계관리법 제44조제3항제12호).

건설기계의 소유자 또는 점유자의 금지행위(건설기계관리법 제33조제2항)

건설기계의 소유자 또는 점유자는 건설기계를 주택가 주변의 도로·공터 등에 세워 두어 교통 소통을 방해하거나 소음 등으로 주민의 조용하고 평온한 생활환경을 침해하여서는 아니 된다.

36 **등록사항의 변경신고(건설기계관리법 시행령 제5조제1항)**

건설기계의 소유자는 건설기계등록사항에 변경(주소지 또는 사용본거지가 변경된 경우를 제외)이 있는 때에는 그 변경이 있은 날부터 30일(상속의 경우에는 상속개시일부터 6개월) 이내에 건설기계등록사항변경신고서(전자문서로 된 신고서를 포함)에 다음의 서류(전자문서를 포함)를 첨부하여 등록을 한 시·도지사에게 제출하여야 한다. 다만, 전시·사변 기타 이에 준하는 국가비상사태하에 있어서는 5일 이내에 하여야 한다.

- 변경내용을 증명하는 서류
- 건설기계등록증(자가용 건설기계 소유자의 주소지 또는 사용본거지가 변경된 경우는 제외)
- 건설기계검사증(자가용 건설기계 소유자의 주소지 또는 사용본거지가 변경된 경우는 제외)

37 36번 해설 참고

38 시장·군수 또는 구청장은 건설기계조종사가 정기적성검사를 받지 아니하고 1년이 지난 경우와 정기적성검사 또는 수시적성검사에서 불합격한 경우에는 건설기계조종사면허를 취소하여야 한다(건설기계관리법 제28조).

39 **건설기계의 범위(건설기계관리법 시행령 [별표 1])**

건설 기계명	범 위
쇄석기	20kW 이상의 원동기를 가진 이동식인 것
콘크리트 믹서트럭	혼합장치를 가진 자주식인 것(재료의 투입·배출을 위한 보조장치가 부착된 것을 포함)
모터 그레이더	정지장치를 가진 자주식인 것
롤 러	• 조종석과 전압장치를 가진 자주식인 것 • 피견인 진동식인 것

40 **목적(건설기계관리법 제1조)**

건설기계의 등록·검사·형식승인 및 건설기계사업과 건설기계조종사면허 등에 관한 사항을 정하여 건설기계를 효율적으로 관리하고 건설기계의 안전도를 확보하여 건설공사의 기계화를 촉진함을 목적으로 한다.

41 점도가 낮아지면 유압이 떨어져 정확한 작동이 안 된다.

42 **기계적 실(Mechanical Seal)**

유체기계에서 송출하는 유체가 인체에 유해하거나 주변 환경에 영향을 주는 경우 외부누설을 완전히 차단할 목적으로 설치된 기계적인 축방향 밀봉장치이다.

44 고장 원인의 발견이 어렵고, 구조가 복잡한 것이 유압장치의 단점이다.

46 **숨 돌리기 현상**

공기가 실린더에 혼입되면 피스톤의 작동이 불량해져서 작동시간의 지연을 초래하는 현상으로 오일공급 부족과 서징이 발생한다.

47 경사판(Swash Plate) 각도를 조정하여 송출유량을 조정한다.

48 릴리프 밸브는 유압회로의 파손을 방지하기 위한 밸브로 일반적으로 펌프와 제어밸브 사이에 설치되며, 제어밸브와 작동실린더 사이에 설치되는 밸브는 과부하 밸브이다.

49 트레드 패턴은 타이어의 제동력, 구동력 및 견인력을 높인다. 또한 조종 안정성을 향상시키고, 타이어의 방열효과 및 배수효과를 주기도 한다.

50 **유압모터의 장단점**

장 점	단 점
• 무단변속이 용이하다. • 소형 · 경량으로서 큰 출력을 낼 수 있다. • 변속 · 역전 제어가 용이하다. • 속도나 방향의 제어가 용이하다.	• 작동유의 점도변화에 의하여 유압모터의 사용에 제약이 있다. • 작동유가 인화하기 쉽다. • 작동유에 먼지나 공기가 침입하지 않도록 특히 보수에 주의해야 한다. • 공기와 먼지 등이 침투하면 성능에 영향을 준다.

52 안전보호구는 근로자의 신체 일부 또는 전체에 착용해 외부의 유해 · 위험요인을 차단하거나 그 영향을 감소시켜 산업재해를 예방하고 피해의 정도와 크기를 줄여 주는 기구이다.

55 물체가 떨어지거나 날아올 위험 또는 근로자가 떨어질 위험이 있는 작업에는 안전모를 사용한다.

56 **방호장치의 일반원칙**

- 작업방해의 제거
- 작업점의 방호
- 외관상의 안전화
- 기계특성에의 적합성

57 배관은 그 외부에 사용 가스명, 최고사용압력 및 도시가스 흐름방향(지하에 매설하는 배관의 경우에는 흐름방향을 표시하지 아니할 수 있음)을 표시해야 한다(도시가스사업법 시행규칙 [별표 7]).

58 특별고압 가공 송전선로는 케이블의 냉각, 유지보수를 위하여 나선(나전선)으로 가설한다.

59 **미등록 건설기계의 임시운행(건설기계관리법 시행규칙 제6조제1 · 3항)**

① 건설기계의 등록 전에 일시적으로 운행을 할 수 있는 경우는 다음과 같다.

㉠ 등록신청을 하기 위하여 건설기계를 등록지로 운행하는 경우

㉡ 신규등록검사 및 확인검사를 받기 위하여 건설기계를 검사장소로 운행하는 경우

㉢ 수출을 하기 위하여 건설기계를 선적지로 운행하는 경우

㉣ 수출을 하기 위하여 등록 말소한 건설기계를 점검 · 정비의 목적으로 운행하는 경우

㉤ 신개발 건설기계를 시험 · 연구의 목적으로 운행하는 경우

㉥ 판매 또는 전시를 위하여 건설기계를 일시적으로 운행하는 경우

② 임시운행기간은 15일 이내로 한다. 다만, ① ㉤의 경우에는 3년 이내로 한다.

제 6 회 | 모의고사 정답 및 해설

모의고사 p.175

01	④	02	②	03	④	04	②	05	①	06	④	07	②	08	④	09	④	10	①
11	④	12	④	13	④	14	①	15	④	16	①	17	③	18	④	19	①	20	③
21	①	22	③	23	④	24	②	25	①	26	①	27	③	28	④	29	④	30	③
31	④	32	②	33	④	34	③	35	②	36	①	37	①	38	④	39	④	40	①
41	④	42	②	43	③	44	①	45	②	46	①	47	②	48	③	49	③	50	③
51	④	52	③	53	①	54	③	55	③	56	③	57	①	58	①	59	②	60	①

01 건설기계조종사면허의 취소 · 정지처분기준(건설기계관리법 시행규칙 [별표 22])

건설기계의 조종 중 고의 또는 과실로 「도시가스사업법」에 따른 가스공급시설을 손괴하거나 가스공급시설의 기능에 장애를 입혀 가스의 공급을 방해한 경우 : 면허효력정지 180일

02 등록의 말소(건설기계관리법 제6조제1항)

시 · 도지사는 등록된 건설기계가 다음의 어느 하나에 해당하는 경우에는 그 소유자의 신청이나 시 · 도지사의 직권으로 등록을 말소할 수 있다. 다만, ①, ⑤, ⑧(건설기계의 강제처리(법 제34조의2제2항)에 따라 폐기한 경우로 한정) 또는 ⑫에 해당하는 경우에는 직권으로 등록을 말소하여야 한다.

① 거짓이나 그 밖의 부정한 방법으로 등록을 한 경우
② 건설기계가 천재지변 또는 이에 준하는 사고 등으로 사용할 수 없게 되거나 멸실된 경우
③ 건설기계의 차대(車臺)가 등록 시의 차대와 다른 경우
④ 건설기계가 건설기계안전기준에 적합하지 아니하게 된 경우
⑤ 정기검사 명령, 수시검사 명령 또는 정비 명령에 따르지 아니한 경우
⑥ 건설기계를 수출하는 경우
⑦ 건설기계를 도난당한 경우
⑧ 건설기계를 폐기한 경우
⑨ 건설기계해체재활용업을 등록한 자(건설기계해체재활용업자)에게 폐기를 요청한 경우
⑩ 구조적 제작 결함 등으로 건설기계를 제작자 또는 판매자에게 반품한 경우
⑪ 건설기계를 교육 · 연구 목적으로 사용하는 경우
⑫ 대통령령으로 정하는 내구연한을 초과한 건설기계. 다만, 정밀진단을 받아 연장된 경우는 그 연장기간을 초과한 건설기계
⑬ 건설기계를 횡령 또는 편취당한 경우

03 구조변경검사(건설기계관리법 시행규칙 제25조제1항)

구조변경검사를 받으려는 자는 주요 구조를 변경 또는 개조한 날부터 20일 이내에 건설기계구조변경 검사신청서에 다음의 서류를 첨부하여 시 · 도지사에게 제출해야 한다. 다만, 검사대행자를 지정한 경우에는 검사대행자에게 제출해야 한다.

- 변경 전후의 주요제원 대비표
- 변경 전후의 건설기계 외관도(외관의 변경이 있는 경우에 한한다)
- 변경한 부분의 도면

- 선급법인 또는 한국해양교통안전공단이 발행한 안전도검사증명서(수상작업용 건설기계에 한한다)
- 건설기계를 제작하거나 조립하는 자 또는 건설기계정비업자의 등록을 한 자가 발행하는 구조변경사실을 증명하는 서류

04 **정기검사의 일부 면제(건설기계관리법 시행규칙 제32조의2제2항)**
건설기계의 제동장치에 대한 정기검사를 면제받고자 하는 자는 규정에 의한 정기검사의 신청 시에 해당 건설기계정비업자가 발행한 건설기계제동장치정비확인서를 시·도지사 또는 검사대행자에게 제출해야 한다.

05 **등록의 신청 등(건설기계관리법 시행령 제3조)**
규정에 의한 건설기계등록신청은 건설기계를 취득한 날(판매를 목적으로 수입된 건설기계의 경우에는 판매한 날)부터 2월 이내에 하여야 한다. 다만, 전시·사변 기타 이에 준하는 국가비상사태하에 있어서는 5일 이내에 신청하여야 한다.

06 ④는 건설기계정비업의 사업범위 정비항목에 해당한다.
건설기계정비업의 범위에서 제외되는 행위(건설기계관리법 시행규칙 제1조의3)
- 오일의 보충
- 에어클리너 엘리먼트 및 필터류의 교환
- 배터리·전구의 교환
- 타이어의 점검·정비 및 트랙의 장력 조정
- 창유리의 교환

07 **벌칙(건설기계관리법 제41조제13호)**
폐기요청을 받은 건설기계를 폐기하지 아니하거나 등록번호표를 폐기하지 아니한 자는 1년 이하의 징역 또는 1,000만원 이하의 벌금에 처한다.

08 건설기계의 기종변경, 육상작업용 건설기계규격의 증가 또는 적재함의 용량증가를 위한 구조변경은 이를 할 수 없다(건설기계관리법 시행규칙 제42조 단서).

09 **검사 또는 명령이행 기간의 연장 시 연장 기간(건설기계관리법 시행규칙 제31조의2제3·5항)**
- 검사·명령이행기간을 연장하는 경우 그 연장기간은 다음의 구분에 따른 기간 이내로 한다. 이 경우 정기검사, 구조변경검사, 수시검사는 ⓐ에 따른 연장기간 동안 검사유효기간이 연장된 것으로 본다.
  ⓐ 정기검사, 구조변경검사, 수시검사 : 6개월. 다만, 남북경제협력 등으로 북한지역의 건설공사에 사용되는 건설기계와 해외임대를 위하여 일시 반출되는 건설기계의 경우에는 반출기간, 압류된 건설기계의 경우에는 그 압류기간, 타워크레인 또는 천공기(터널보링식 및 실드굴진식으로 한정한다)가 해체된 경우에는 해체되어 있는 기간으로 한다.
  ⓑ 정기검사 명령, 수시검사 명령 또는 정비명령 : 31일
- 건설기계의 소유자가 해당 건설기계를 사용하는 사업을 영위하는 경우로서 해당 사업의 휴업을 신고한 경우에는 해당 사업의 개시신고를 하는 때까지 검사유효기간이 연장된 것으로 본다.

10 **건설기계조종사면허증의 반납(건설기계관리법 시행규칙 제80조제1항)**
건설기계조종사면허를 받은 사람은 다음의 어느 하나에 해당하는 때에는 그 사유가 발생한 날부터 10일 이내에 시장·군수 또는 구청장에게 그 면허증을 반납해야 한다.
- 면허가 취소된 때
- 면허의 효력이 정지된 때
- 면허증의 재교부를 받은 후 잃어버린 면허증을 발견한 때

12 타이어 롤러는 타이어의 공기압과 밸러스트(부가 하중)에 따라 전압능력을 조정할 수 있다.

13 시동을 끄고 즉시 라디에이터 캡을 열면 내부의 뜨거워진 냉각수가 분출되어 화상을 입을 수 있다.

14 롤러의 사용설명서에서 ②, ③, ④ 외에 장비의 작동법 및 안전과 관련된 내용을 파악할 수 있다.

15 탠덤 롤러는 철륜을 사용하며 앞바퀴와 뒷바퀴가 일직선으로, 2륜식과 3륜식이 있다.

17 머캐덤 롤러는 가열 포장 아스팔트의 초기다짐 롤러로 가장 적당하다.

18 보통기어 측면에 접하는 펌프 측판(Side Plate)에 릴리프 홈을 만들어 폐입 현상을 방지한다.

19 **디젤엔진의 연소실**

- 단실식 : 직접분사실식
- 복실식 : 와류실식, 공기실식, 예연소실식

20 전해액은 온도가 낮으면 비중은 높아지고, 상승하면 낮아진다.

21 건식 공기청정기는 작은 입자의 먼지나 이물질의 여과가 가능하다.

22 **축전지의 구비조건**

- 축전지의 용량이 클 것
- 전기적 절연이 완전할 것
- 소형이고, 운반이 편리할 것
- 전해액의 누설방지가 완전할 것
- 진동에 견딜 수 있을 것
- 축전지의 충전, 검사에 편리한 구조일 것
- 축전지는 가벼울 것

23 연료분사장치 점검은 특수정비에 속한다.

24 전압은 전기적인 위치에너지(電位)의 차이에 의한 전기적인 압력 차이를 말한다.

25 점도가 높으면 마찰력이 높아지기 때문에 압력이 높아진다.

26 예열플러그가 심하게 오염되어 있다면 불완전연소 또는 노킹이 원인이다.

27 브러시가 정류자에 잘 밀착되어 있어야 회전력이 상승된다.

28 압력식 라디에이터 캡의 압력 밸브는 냉각장치 내의 압력을 일정하게 유지하여 비등점을 112℃로 높여 주는 역할을 한다.

29 교류발전기의 다이오드는 교류를 정류하고, 역류를 방지한다.

30 세탄가가 높으면 노킹이 일어나지 않는다.

31 **유압장치의 기본 구성요소**

- 유압발생장치 : 유압펌프, 오일탱크, 배관, 부속장치(오일냉각기, 필터, 압력계)
- 유압제어장치 : 방향전환밸브, 압력제어밸브, 유량조절밸브
- 유압구동장치 : 유압모터, 유압실린더 등

32 오일 쿨러는 윤활용 등으로 사용되어 온도가 상승한 기름을 물 또는 공기로 냉각하는 장치이다.

33 ④는 동점성계수를 말한다.
점도는 오일의 끈적거리는 정도를 나타내며, 온도가 높아지면 점도는 낮아지고, 온도가 낮아지면 점도는 증가한다.

34 **오일 클리너(여과기)**
오일에 포함된 금속 분말이나 이물질을 청정, 여과하여 주는 역할을 한다.

35 **디셀러레이션 밸브**
유압실린더를 행정 최종 단에서 실린더의 속도를 감속하여 서서히 정지시키고자 할 때 사용되는 밸브이다.

36 **유압기호**

가변 유압모터	유압펌프

37 유압장치의 부품 교환을 하면 공기가 들어가므로 공기빼기를 먼저 실시해야 정상운전이 가능하다.

38 유압장치 자체의 자동제어는 한계가 있으나 전기, 전자 부품과 조합하여 사용하면 훨씬 그 효과를 증대시킬 수 있고, 전기식과 비교하여 크기가 작고 가벼우므로 관성의 영향이 작은 장점이 있다.

39 **오일 누설의 원인** : 실의 마모와 파손, 볼트의 이완 등이 있다.

41 분자의 상대적 질량에 비해 녹는점과 끓는점이 매우 높으며, 물과 잘 섞인다.

43 **액슬 샤프트 지지 형식에 따른 분류**
- 전부동식 : 자동차의 모든 중량을 액슬 하우징에서 지지하고 차축은 동력만을 전달하는 방식
- 반부동식 : 차축에서 1/2, 하우징이 1/2 정도의 하중을 지지하는 형식
- 3/4부동식 : 차축은 동력을 전달하면서 하중은 1/4 정도만 지지하는 형식
- 분리식 차축 : 승용차량의 후륜 구동차나 전륜 구동차에 사용되며, 동력을 전달하는 차축과 자동차 중량을 지지하는 액슬 하우징을 별도로 조립한 방식

44 **변속기의 구비조건**
- 전달효율이 좋아야 한다.
- 변속 조작이 쉽고, 신속 · 정확 · 정숙하게 이루어질 것
- 소형 · 경량이며, 수리하기가 쉬울 것
- 단계 없이 연속적으로 변속되어야 할 것

46 압력판은 클러치 커버에 지지되어 클러치페달을 놓았을 때 클러치 스프링의 장력에 의해 클러치판을 플라이휠에 압착시키는 작용을 한다.

47 rpm(revolution per minute)은 분당 회전수를 의미한다.

48 연료 소비가 많고, 큰 동력을 얻을 수 있다.

49 복원성과 적당한 강도가 있을 것

50 **실린더의 내경과 피스톤행정의 비율에 따른 분류**
- 장행정 기관 : 피스톤행정 > 실린더 내경
- 단행정 기관 : 피스톤행정 < 실린더 내경
- 정방행정 기관 : 피스톤행정 = 실린더 내경

51 작업 전에 기계의 정비 상태를 정비기록표 등에 의해 확인하고 다음의 사항을 점검하여야 한다.
- 타이어 및 궤도 차륜 상태
- 브레이크 및 클러치의 작동 상태
- 낙석, 낙하물 등의 위험이 예상되는 작업 시 견고한 헤드 가이드 설치 상태
- 경보장치 작동 상태
- 부속장치의 상태

52 ③ 작은 물건은 바이스나 고정구로 고정하고 직접 손으로 잡지 말아야 한다.

53 **사고유발의 직접원인**

불안전한 상태 (물적 원인)	불안전한 행동 (인적 원인)
• 물적인 자체의 결함 • 방호조치의 결함 • 물건의 두는 방법, 작업개소의 결함 • 보호구, 복장 등의 결함 • 작업환경의 결함 • 부외적, 자연적 불안전한 상태 • 작업방법의 결함	• 위험한 장소 접근 • 안전장치의 기능 제거 • 복장, 보호구의 잘못 사용 • 기계·기구의 잘못 사용 • 운전 중인 기계장치의 손질 • 불안전한 속도 조작 • 위험물 취급 부주의 • 불안전한 상태 방치 • 불안전한 자세 동작 • 감독 및 연락 불충분

55 금속나트륨 등의 화재는 일반적으로 건조사를 이용한 질식효과로 소화한다.

56 소화기 근처에는 어떠한 물건도 적재하면 안 된다. 소화기 근처에 물건을 적재하면 화재 발생 시 진화작업에 방해가 되므로 재해 발생의 원인이 된다.

57 **가스용기의 도색구분(고압가스 안전관리법 시행규칙 [별표 24])**

가스의 종류	도색 구분
산 소	녹 색
수 소	주황색
아세틸렌	황 색
그 밖의 가스	회 색

※ 의료용 산소 가스용기의 도색은 백색이다.

58 공기 기구의 섭동 부위에 윤활유를 주유해야 한다.

59 작업복은 착용자의 직종, 연령, 성별 등을 고려하여 적절한 것을 선정한다.

60 재해란 안전사고의 결과로 일어난 인명과 재산의 손실이다.

제 7 회 | 모의고사 정답 및 해설

모의고사 p.187

01	③	02	②	03	③	04	④	05	④	06	③	07	④	08	③	09	③	10	④
11	①	12	①	13	③	14	①	15	②	16	④	17	②	18	②	19	①	20	②
21	①	22	①	23	④	24	②	25	④	26	①	27	④	28	④	29	④	30	①
31	②	32	④	33	①	34	④	35	④	36	①	37	③	38	④	39	③	40	④
41	④	42	④	43	①	44	②	45	②	46	①	47	②	48	①	49	③	50	③
51	④	52	①	53	②	54	④	55	①	56	④	57	②	58	④	59	③	60	④

01 **직접분사실식의 장점**

- 연료소비량이 다른 형식보다 적다.
- 연소실의 표면적이 작아 냉각손실이 적다.
- 연소실이 간단하고 열효율이 높다.
- 실린더헤드의 구조가 간단하여 열변형이 적다.
- 와류손실이 없다.
- 시동이 쉽게 이루어지기 때문에 예열플러그가 필요 없다.

02 **유압이 낮아지는 원인**

- 엔진 베어링의 윤활 간극이 클 때
- 오일펌프가 마모되었거나 회로에서 오일이 누출될 때
- 오일의 점도가 낮을 때
- 오일 팬 내의 오일량이 부족할 때
- 유압조절밸브 스프링의 장력이 쇠약하거나 절손되었을 때
- 엔진오일이 연료 등의 유입으로 현저하게 희석되었을 때

03 **프라이밍 펌프** : 연료 공급계통의 공기빼기 작업 및 공급펌프를 수동으로 작동시켜 연료탱크 내의 연료를 분사펌프까지 공급하는 공급펌프이다.

04 피스톤링이 마모되면 실린더 벽의 오일을 긁어 내리지 못하여 연소실에서 연소되므로 윤활유 소비가 증가된다.

05 습식 흡입 스트레이너는 가느다란 철망으로 되어 있어 특별한 파손이 없는 한 세척하여 사용할 수 있다.

06 **냉각 방식**

- 공랭식 : 자연 통풍식, 강제 통풍식
- 수랭식 : 자연 순환식, 강제 순환식(압력 순환식, 밀봉 압력식)

07 엔진오일과 물이 흘러다니는 것의 기밀을 유지하는 것이 헤드 개스킷이다.

08 일반적인 등화장치는 직렬연결법이 사용되나 전조등 회로는 병렬연결이다.

09 ①·②·④는 실드형 예열플러그, ③은 코일형 예열플러그의 설명이다.

10 천연중화제인 베이킹 소다는 산성을 중화시키는 데 사용된다.

11 발전기는 크랭크축 풀리의 벨트에 의해 구동된다.

12 엔진오일 압력 경고등은 엔진오일량의 부족이 주원인이며, 오일 필터나 오일회로가 막혔을 때 또는 오일 압력 스위치의 배선 불량, 엔진오일의 압력이 낮은 경우 등이다.

13 ③ 유연성과 적당한 강도가 있을 것

14 가이드 링은 유체 클러치에서 와류를 줄여 전달효율을 향상시키는 장치이다.

15 장비에 부하가 걸릴 때 터빈 측에 하중이 작용하므로 토크 컨버터의 터빈 속도는 펌프 측 속도보다 느려진다.

16 **핸들의 조작이 무거운 원인**

- 유압계통 내에 공기가 유입되었다.
- 타이어의 공기압력이 너무 낮다.
- 유압이 낮다.
- 오일펌프의 회전이 느리다.
- 오일펌프의 벨트가 파손되었다.
- 오일이 부족하다.
- 오일 호스가 파손되었다.

17 타이어식 건설기계에서 조향바퀴의 토인은 타이로드 엔드의 길이로 조정한다.

19 ② 부동액은 냉각수와 50 : 50으로 혼합하여 사용하는 것이 바람직하다.
③ 냉각수 중 부동액의 혼합비율에 따라 어는점과 비등점이 달라진다.
④ 부동액에는 금속의 부식을 막기 위해 부식방지제 등의 첨가제가 첨가되어 있다.

20 유압펌프는 기계적 힘에 의하여 작동하고 작동 후는 유압에너지가 발생한다.

21 **안전밸브(릴리프 밸브)** : 유압회로의 최고압력을 제한하고 회로 내의 과부하를 방지하는 밸브

22 유량제어밸브를 실린더와 병렬로 연결하여 실린더의 속도를 제어하는 회로이다.

23 **유압모터** : 유체에너지를 받아 기계적인 에너지로 전환하여 회전운동을 시키는 것으로 무단변속이 용이하다.

24 스트레이너는 유압유에 포함된 불순물을 제거하기 위해 유압펌프 흡입관에 설치한다.

25 ④ 체적 탄성계수가 커야 한다.

26 브레이크액의 유압 전달 또는 차체나 현가장치처럼 상대적으로 움직이는 부분, 작동 및 움직임이 있는 곳에는 플렉시블 호스(Flexible Hose)를 사용하며 외부의 손상으로부터 튜브를 보호하기 위하여 보호용 리브를 부착하기도 한다.

27 "중대재해"란 산업재해 중 사망 등 재해 정도가 심한 것으로서 다음의 어느 하나에 해당하는 재해를 말한다.

- 사망자가 1명 이상 발생한 재해
- 3개월 이상의 요양이 필요한 부상자가 동시에 2명 이상 발생한 재해
- 부상자 또는 직업성 질병자가 동시에 10명 이상 발생한 재해

28 기계 주위에서 작업할 때는 넥타이를 매지 않으며 너풀거리거나 찢어진 바지를 입지 않는다.

29 작업장에서는 기름 또는 인쇄용 잉크류 등이 묻은 천조각이나 휴지 등은 뚜껑이 있는 불연성 용기에 담아두는 등 화재예방을 위한 조치를 하여야 한다.

30 "협착재해"란 기계의 움직이는 부분 사이 또는 움직이는 부분과 고정 부분 사이에 신체 또는 신체의 일부분이 끼이거나, 물리고, 말려 들어가서 발생하는 재해형태이다.

31 **안전보건표지**

비상구	인화성물질경고	보안경 착용

32 **윤활유의 색**

- 검은색 : 심한 오염
- 우유색 : 냉각수 침입
- 붉은색 : 가솔린 유입
- 회색 : 4에틸납, 연소 생성물 혼입

33 고압선로 주변에서 작업 시 붐 또는 권상 로프에 의해 감전될 위험이 가장 크다.

34 전기가 예고 없이 정전되었을 경우 퓨즈의 단선 유·무를 검사하고 스위치를 끈 다음 작업장을 정리한다.

35 벨트의 회전이 완전히 멈춘 상태에서 손으로 잡아야 한다.

37 **등록의 신청 등(건설기계관리법 시행령 제3조)**

건설기계를 등록하려는 건설기계의 소유자는 건설기계등록신청서(전자문서로 된 신청서를 포함한다)에 다음의 서류(전자문서를 포함한다)를 첨부하여 건설기계 소유자의 주소지 또는 건설기계의 사용본거지를 관할하는 특별시장·광역시장·도지사 또는 특별자치도지사(이하 "시·도지사"라 한다)에게 제출하여야 한다. 이 경우 시·도지사는 전자정부법 제36조제1항에 따른 행정정보의 공동이용을 통하여 건설기계등록원부 등본(등록이 말소된 건설기계의 경우에 한정한다)을 확인하여야 하고, 그 외의 첨부서류에 대하여도 행정정보의 공동이용을 통하여 확인할 수 있는 경우에는 그 확인으로 첨부서류를 갈음하여야 하며, 신청인이 확인에 동의하지 아니하는 경우에는 이를 첨부하도록 하여야 한다.

① 다음의 구분에 따른 해당 건설기계의 출처를 증명하는 서류. 다만, 해당 서류를 분실한 경우에는 해당 서류의 발행사실을 증명하는 서류(원본 발행기관에서 발행한 것으로 한정한다)로 대체할 수 있다.
   ㉠ 국내에서 제작한 건설기계 : 건설기계제작증
   ㉡ 수입한 건설기계 : 수입면장 등 수입사실을 증명하는 서류. 다만, 타워크레인의 경우에는 건설기계제작증을 추가로 제출하여야 한다.
   ㉢ 행정기관으로부터 매수한 건설기계 : 매수증서

② 건설기계의 소유자임을 증명하는 서류. 다만, ①의 서류가 건설기계의 소유자임을 증명할 수 있는 경우에는 당해 서류로 갈음할 수 있다.

③ 건설기계제원표

④ 자동차손해배상보장법 제5조에 따른 보험 또는 공제의 가입을 증명하는 서류(자동차손해배상보장법 시행령 제2조에 해당되는 건설기계의 경우에 한정하되, 법 제25조제2항에 따라 시장·군수 또는 구청장(자치구의 구청장을 말한다. 이하 같다)에게 신고한 매매용 건설기계를 제외한다)

38 **건설기계형식의 승인 등(건설기계관리법 제18조)**
건설기계를 제작·조립 또는 수입하려는 자는 해당 건설기계의 형식에 관하여 국토교통부령으로 정하는 바에 따라 국토교통부장관의 승인을 받아야 한다. 다만, 대통령령으로 정하는 건설기계의 경우에는 그 건설기계의 제작 등을 한 자가 국토교통부령으로 정하는 바에 따라 그 형식에 관하여 국토교통부장관에게 신고하여야 한다.

39 **유효기간(연식 20년 이하)**
- 1년 : 덤프트럭, 콘크리트믹스트럭, 굴삭기(타이어식)
- 6개월 : 타워크레인

40 건설기계등록번호표에는 용도·기종 및 등록 번호를 표시하여야 한다(건설기계관리법 시행규칙 제13조).

41 등록번호표를 반납하지 아니한 자에게는 50만원 이하의 과태료에 처한다(건설기계관리법 제44조).

42 시·도지사는 검사에 불합격된 건설기계(소유자)에 대하여는 국토교통부령으로 정하는 바에 따라 정비를 받을 것을 명령할 수 있다.

43 **공제사업(건설기계관리법 제32조의2)**
건설기계사업자가 설립한 협회는 대통령령으로 정하는 바에 따라 국토교통부장관의 허가를 받아 건설기계사업자의 건설기계 사고로 인한 손해배상책임의 보장사업 등 공제사업(共濟事業)을 할 수 있다.

44 **1년 이하의 징역 또는 1,000만원 이하의 벌금**
다음의 어느 하나에 해당하는 자는 1년 이하의 징역 또는 1,000만원 이하의 벌금에 처한다.
- 거짓이나 그 밖의 부정한 방법으로 등록을 한 자
- 등록번호를 지워 없애거나 그 식별을 곤란하게 한 자
- 구조변경검사 또는 수시검사를 받지 아니한 자
- 정비명령을 이행하지 아니한 자
- 사용·운행 중지 명령을 위반하여 사용·운행한 자
- 사업정지명령을 위반하여 사업정지기간 중에 검사를 한 자
- 형식승인, 형식변경승인 또는 확인검사를 받지 아니하고 건설기계의 제작 등을 한 자
- 사후관리에 관한 명령을 이행하지 아니한 자
- 내구연한을 초과한 건설기계 또는 건설기계 장치 및 부품을 운행하거나 사용한 자
- 내구연한을 초과한 건설기계 또는 건설기계 장치 및 부품의 운행 또는 사용을 알고도 말리지 아니하거나 운행 또는 사용을 지시한 고용주
- 부품인증을 받지 아니한 건설기계 장치 및 부품을 사용한 자
- 부품인증을 받지 아니한 건설기계 장치 및 부품을 건설기계에 사용하는 것을 알고도 말리지 아니하거나 사용을 지시한 고용주
- 매매용 건설기계를 운행하거나 사용한 자
- 폐기인수 사실을 증명하는 서류의 발급을 거부하거나 거짓으로 발급한 자
- 폐기요청을 받은 건설기계를 폐기하지 아니하거나 등록번호표를 폐기하지 아니한 자

- 건설기계조종사면허를 받지 아니하고 건설기계를 조종한 자
- 건설기계조종사면허를 거짓이나 그 밖의 부정한 방법으로 받은 자
- 소형 건설기계의 조종에 관한 교육과정의 이수에 관한 증빙서류를 거짓으로 발급한 자
- 술에 취하거나 마약 등 약물을 투여한 상태에서 건설기계를 조종한 자와 그러한 자가 건설기계를 조종하는 것을 알고도 말리지 아니하거나 건설기계를 조종하도록 지시한 고용주
- 건설기계조종사면허가 취소되거나 건설기계조종사면허의 효력정지처분을 받은 후에도 건설기계를 계속하여 조종한 자
- 건설기계를 도로나 타인의 토지에 버려둔 자

45 다음의 어느 하나에 해당하는 자에게는 100만원 이하의 과태료를 부과한다.

- 수출의 이행 여부를 신고하지 아니하거나 폐기 또는 등록을 하지 아니한 자
- 등록번호표를 부착·봉인하지 아니하거나 등록번호를 새기지 아니한 자
- 등록번호표를 가리거나 훼손하여 알아보기 곤란하게 한 자 또는 그러한 건설기계를 운행한 자
- 등록번호의 새김명령을 위반한 자
- 건설기계안전기준에 적합하지 아니한 건설기계를 사용하거나 운행한 자 또는 사용하게 하거나 운행하게 한 자
- 조사 또는 자료제출 요구를 거부·방해·기피한 자
- 검사유효기간이 끝난 날부터 31일이 지난 건설기계를 사용하게 하거나 운행하게 한 자 또는 사용하거나 운행한 자
- 특별한 사정 없이 건설기계임대차 등에 관한 계약과 관련된 자료를 제출하지 아니한 자
- 건설기계사업자의 의무를 위반한 자
- 안전교육 등을 받지 아니하고 건설기계를 조종한 자

46 **등록번호표 제작 등의 통지(건설기계관리법 시행규칙 제17조제3항)**

규정에 의하여 시·도지사로부터 통지서 또는 명령서를 받은 건설기계 소유자는 그 받은 날부터 3일 이내에 등록번호표제작자에게 그 통지서 또는 명령서를 제출하고 등록번호표 제작 등을 신청하여야 한다.

47 **구조변경 범위 등(건설기계관리법 시행규칙 제42조)**

주요 구조의 변경 및 개조의 범위는 다음과 같다. 다만, 건설기계의 기종변경, 육상작업용 건설기계규격의 증가 또는 적재함의 용량 증가를 위한 구조변경은 이를 할 수 없다.

- 원동기 및 전동기의 형식변경
- 동력전달장치의 형식변경
- 제동장치의 형식변경
- 주행장치의 형식변경
- 유압장치의 형식변경
- 조종장치의 형식변경
- 조향장치의 형식변경
- 작업장치의 형식변경. 다만, 가공작업을 수반하지 아니하고 작업장치를 선택부착하는 경우에는 작업장치의 형식변경으로 보지 아니한다.
- 건설기계의 길이·너비·높이 등의 변경
- 수상작업용 건설기계의 선체의 형식변경
- 타워크레인 설치기초 및 전기장치의 형식변경

48 **기종별 기호표시(건설기계관리법 시행규칙 [별표 2])**

- 01 : 불도저
- 02 : 굴삭기
- 03 : 로더
- 04 : 지게차
- 06 : 덤프트럭
- 09 : 롤러

49 **타이어 롤러** : 고무 타이어식 다짐기. 고무 타이어에 의해 흙을 다지는 롤러로, 자주식과 피견인식이 있다. 토질에 따라서 밸러스트나 타이어 공기압의 조정이 가능하여 점성토의 다짐에도 사용할 수 있으며, 또한 아스팔트 합재에 의한 포장 전압(轉壓)에도 사용된다.

50 전·후 주행 레버를 중립에 위치시킨다.

51 엔진에 이상이 있을 경우 ①, ②, ③과 배선단락 등을 점검한다. 유압오일 온도 경고등은 유압오일의 온도가 높을 때 불이 점등된다.

52 ① 인터로크 기능 점검은 롤러를 매우 저속으로 이동(전진 및 후진 양방향 모두)시키면서 운전자가 운전석을 이탈하게 되면 점검할 수 있다.

53 **반고정다짐**

- 후부 안내륜은 중간 안내륜과 구동륜을 잇는 접선보다 아래로 내려가는 일이 없으며, 위쪽으로만 움직일 수 있는 상태이다.
- 노면의 굴곡 부분에서는 구동륜으로 통상적인 중량 분배에 따른 예비다짐을 하며, 중간 안내륜이 통과할 때에 안내륜이 공중에 떠서 중간 안내륜의 배분 중량이 증대되므로 다짐효과가 커진다.
- 뒷바퀴가 통과하여 마무리다짐을 한다.

55 상부 롤러는 싱글 플랜지(Single Flange)형을 사용하고, 하부 롤러는 싱글 플랜지형과 더블 플랜지(Double Flange)형을 사용한다.

56 **트랙 슈의 종류**

단일돌기 슈, 이중돌기 슈, 삼중돌기 슈, 습지용 슈, 고무 슈, 암반용 슈, 평활 슈

57 다짐작업 시 정지시간은 짧게 한다.

58 ④는 진동식 타이어 롤러의 용도이다.

59 주행 방향 전환은 완만히 해야 한다.

60 엔진의 진공도 상태는 가동상태에서 점검한다.

좋은 책을 만드는 길, 독자님과 함께하겠습니다.

답만 외우는 롤러운전기능사 필기 CBT기출문제 + 모의고사 14회

개정4판1쇄 발행	2025년 01월 10일 (인쇄 2024년 10월 18일)
초 판 발 행	2021년 01월 05일 (인쇄 2020년 09월 02일)
발 행 인	박영일
책 임 편 집	이해욱
편 저	최진호
편 집 진 행	윤진영 · 김혜숙
표지디자인	권은경 · 길전홍선
편집디자인	정경일 · 조준영
발 행 처	(주)시대고시기획
출 판 등 록	제10-1521호
주 소	서울시 마포구 큰우물로 75 [도화동 538 성지 B/D] 9F
전 화	1600-3600
팩 스	02-701-8823
홈 페 이 지	www.sdedu.co.kr
I S B N	979-11-383-8001-0(13550)
정 가	14,000원

교통 / 건설기계 / 운전자격 시리즈

건설기계운전기능사

지게차운전기능사 필기 가장 빠른 합격 …… 별판 / 14,000원
유튜브 무료 특강이 있는 Win-Q 지게차운전기능사 필기 …… 별판 / 14,000원
답만 외우는 지게차운전기능사 필기 CBT기출문제+모의고사 14회 …… 4×6배판 / 13,000원
답만 외우는 굴착기운전기능사 필기 CBT기출문제+모의고사 14회 …… 4×6배판 / 14,000원
답만 외우는 기중기운전기능사 필기 CBT기출문제+모의고사 14회 …… 4×6배판 / 14,000원
답만 외우는 로더운전기능사 필기 CBT기출문제+모의고사 14회 …… 4×6배판 / 14,000원
답만 외우는 롤러운전기능사 필기 CBT기출문제+모의고사 14회 …… 4×6배판 / 14,000원
답만 외우는 천공기운전기능사 필기 CBT기출문제+모의고사 14회 …… 4×6배판 / 15,000원

도로자격 / 교통안전관리자

Final 총정리 기능강사 · 기능검정원 기출예상문제 …… 8절 / 21,000원
버스운전자격시험 문제지 …… 8절 / 13,000원
5일 완성 화물운송종사자격 …… 8절 / 13,000원
도로교통사고감정사 한권으로 끝내기 …… 4×6배판 / 35,000원
도로교통안전관리자 한권으로 끝내기 …… 4×6배판 / 36,000원
철도교통안전관리자 한권으로 끝내기 …… 4×6배판 / 35,000원

운전면허

답만 외우는 운전면허 필기시험 가장 빠른 합격 1종 · 2종 공통(8절) …… 8절 / 10,000원
답만 외우는 운전면허 합격공식 1종 · 2종 공통 …… 별판 / 12,000원

※ 도서의 이미지와 가격은 변동될 수 있습니다.